Landschafts- und Sportplatzbau
Band 1 · Kommentar zur VOB

LANDSCHAFTS- UND SPORTPLATZBAU

BAND 1

Kommentar zur VOB
Teile A und B DIN 1960/1961
Teil C DIN 18 320 Landschaftsbauarbeiten

BAND 2

Kommentar zu den
Landschaftsbau-Fachnormen
DIN 18 915 bis DIN 18 920

BAND 3

Kommentar zu den
Sportplatzbau-Fachnormen
DIN 18 035 Teil 1 bis 6 und 8

BAUVERLAG GMBH · WIESBADEN UND BERLIN

LANDSCHAFTS- UND SPORTPLATZBAU

Band 1
Kommentar zur VOB

Teile A und B DIN 1960/1961
Teil C DIN 18 320 Landschaftsbauarbeiten

von
Günter Hänsler
Landschaftsarchitekt BDLA
und
Alfred Niesel
Professor Dipl.-Ing.
Landschaftsarchitekt BDLA

BAUVERLAG GMBH · WIESBADEN UND BERLIN

CIP-Kurztitelaufnahme der Deutschen Bibliothek

Hänsler, Günter:

Landschafts- und Sportplatzbau / von Günter Hänsler u. Alfred Niesel. — Wiesbaden, Berlin: Bauverlag.

NE: Niesel, Alfred:

Bd. 1. Kommentar zur VOB Teile A und B DIN 1960/1961, Teil C DIN 18320 Landschaftsbauarbeiten. — 1979.
ISBN 3-7625-0817-8

Gesamtherstellung: Pfälzische Verlagsanstalt, Landau
ISBN 3-7625-0817-8

Geleitwort

Die durch die wirtschaftliche Entwicklung bedingte Einschränkung der natürlichen Lebensbedingungen einerseits und das zunehmende Umweltbewußtsein andererseits weisen der Planung und dem Bau von Erholungs-, Sport- und Spielflächen vor allem in Wohngebieten einen immer höheren Stellenwert zu. Hierdurch erwachsen dem Garten-, Landschafts- und Sportplatzbau einerseits neue Impulse, andererseits wird dieser Wirtschaftszweig zugleich vor steigende Anforderungen gestellt, die z. T. völlig neuartiger Natur sind. Wurden mit den DIN-Normen für den Landschafts- und Sportplatzbau unter Berücksichtigung des gegenwärtigen Kenntnisstandes die dafür erforderlichen technischen Regeln, Festlegungen und vertragsrechtlichen Rahmenbedingungen geschaffen, so begründet der vorliegende Kommentar in einer auch dem Nichtjuristen verständlichen Sprache diese Regeln, klärt strittige Fragen und weist Verhaltensmuster auf, die die Zusammenarbeit zwischen Auftraggeber und Auftragnehmer erleichtern.

Im Gegensatz zu anderen Wirtschaftszweigen verarbeitet der Garten-, Landschafts- und Sportplatzbau lebende Materialien. Diese sind aufgrund ihrer vegetationstechnischen Besonderheiten einer Normenarbeit besonders schwer zugänglich. Es ist daher nicht erstaunlich, daß gerade die Bearbeitung der Normen und deren Kommentierung neue Felder wissenschaftlicher Arbeit im Bereich des Garten-, Landschafts- und Sportplatzbaues deutlich werden ließ. Aufgrund dieser Erkenntnis wurde die Forschungsgesellschaft Landschaftsentwicklung — Landschaftsbau e. V. ins Leben gerufen, um unter Zusammenfassung aller interessierten Kräfte auf eine Deckung dieses Forschungsdefizites hinzuwirken.

In diesem Sinne möchte ich den Autoren meinen Dank für die vorgelegte Arbeit aussprechen, mit der sie einen bedeutenden Beitrag zur Entwicklung und Festigung der berufsständischen Interessen geleistet haben. Zugleich darf ich allen am Garten-, Landschafts- und Sportplatzbau Beteiligten diesen Kommentar, der unter Einschluß neuester Entwicklungen einen Gesamtüberblick über die vegetationstechnischen und bautechnischen Anforderungen im Landschafts- und Sportplatzbau gibt, anempfehlen. Ich bin davon überzeugt, daß er allen öffentlichen Auftraggebern, Landschaftsarchitekten und Ausführungsbetrieben eine wertvolle Hilfe in ihrer täglichen Arbeit sein wird.

Im Februar 1979

Günter Rode
Präsident der Forschungsgesellschaft
Landschaftsentwicklung — Landschaftsbau E. V.

Vorwort

Die Verfasser haben es übernommen, mit dem vorliegenden Werk die Allgemeine Technische Vorschrift (ATV) DIN 18 320 „Landschaftsbauarbeiten“ des Teiles C der Verdingungsordnung für Bauleistungen (VOB) und die ihr zugrundeliegenden Fachnormen möglichst praxisnah zu übermitteln. Die Verfasser fühlten sich zu dieser Arbeit durch ihre Mitwirkung an der Bearbeitung oder Aufstellung dieser Normen verpflichtet.

Wie es dem Charakter von Normen entspricht, enthalten diese, in knapper Normensprache ausgedrückt, nur die eigentlichen Festlegungen. Die Beweggründe, die zu diesen Festlegungen führten, die ihren Ursprung im fachlichen Wissen der Normenbearbeiter, den Mitarbeitern der Arbeitsausschüsse, haben und die in der Folge auch durch die Mitarbeit der breiten Öffentlichkeit durch das Einspruchsverfahren beeinflußt wurden, mußten einem Kommentar vorbehalten bleiben.

In der Zeit seit dem Erscheinen dieser Normen suchten die Verfasser an vielen Stellen und zu vielen Anlässen Kontakt zur Praxis. Dies geschah an ihren Arbeitsplätzen, in den Planungsbüros, bei der Bauführung, in der Lehre und der Forschung. In vielen Normenseminaren wurde in breitem Rahmen der Inhalt der Normen der beteiligten Fachwelt vorgestellt und mit ihr diskutiert. Mündliche und schriftliche Beratungen in Einzelfällen und zu Einzelfragen rundeten das Erfahrungsbild über den Inhalt der Normen und deren Verständnis durch die Praxis für die Verfasser ab. Dabei wurde schließlich deutlich, daß dieses Werk sich nicht nur auf die Kommentierung der DIN 18 320 und ihrer Fachnormen beziehen darf. Es wäre unvollständig, wenn nicht auch die Besonderheiten des Landschafts- und Sportplatzbaues in den Teilen A und B der VOB genannt werden würden, zumal diese in allen bekannten Kommentaren bisher vernachlässigt wurden oder wegen des großen Umfanges des Leistungsbereiches zwangsläufig zurücktreten mußten.

Die Verfasser bitten schließlich an dieser Stelle die fachkundigen Leser um Anregungen und Wünsche aus der Praxis, die zu einer eventuellen Verbesserung weiterer Auflagen beitragen können.

Den Herren, die schon zu diesem Band ihre Fachkenntnisse beigetragen haben, gebührt unser besonderer Dank.

Altdorf, im Februar 1979

G. Hänsler
A. Niesel

Inhaltsübersicht

VOB Teil A, Allgemeine Bestimmungen für die Vergabe von Bauleistungen, DIN 1960

VOB Teil B, Allgemeine Vertragsbedingungen für die Ausführung von Bauleistungen, DIN 1961

VOB Teil C, Allgemeine Technische Vorschriften für Bauleistungen, DIN 18 320 Landschaftsbauarbeiten

Gliederung und Verfasser des Gesamtwerkes

Das Kommentarwerk gliedert sich in drei gesondert erscheinende Bände:

Band 1: Kommentar zur VOB Teile A und B DIN 1960/1961
VOB Teil C DIN 18 320 „Landschaftsbauarbeiten"

Bearbeiter: Hänsler, Prof. Dipl.-Ing. Niesel

1. Kurzkommentar zu VOB/A
2. Kurzkommentar zu VOB/B
3. Kommentar zu VOB/C DIN 18 320 „Landschaftsbauarbeiten"
4. Weitere für den Landschafts- und Sportplatzbau wichtige ATV des Teiles C der VOB

Band 2: Kommentar zu den Landschaftsbau-Fachnormen

1. DIN 18 915 Blatt 1, 2, 3 „Landschaftsbau, Bodenarbeiten"; Bearbeiter: Prof. Dipl.-Ing. Niesel; Mitarbeiter: Dr. Beier, Dr. Liesecke.
2. DIN 18 916, „Landschaftsbau, Pflanzen- und Pflanzarbeiten"; Bearbeiter: Prof. Dipl.-Ing. Niesel; Mitarbeiter: Hänsler.
3. DIN 18 917 „Landschaftsbau, Rasen"; Bearbeiter: Hänsler; Mitarbeiter: Dr. Skirde.
4. DIN 18 918 „Landschaftsbau, Sicherungsbauweisen"; Bearbeiter: Hänsler.
5. DIN 18 919 „Landschaftsbau, Unterhaltungsarbeiten"; Bearbeiter: Prof. Dipl.-Ing. Niesel; Mitarbeiter: Dr. Skirde.
6. DIN 18 920 „Landschaftsbau, Schutz von Pflanzen bei Bauarbeiten"; Bearbeiter: Prof. Dipl.-Ing. Niesel.
7. Prüfungen und Messungen nach den Landschaftsbaunormen; Bearbeiter: Hänsler; Prof. Dipl.-Ing. Niesel.

Band 3: Kommentar zu den Sportplatzbau-Fachnormen

1. DIN 18 035 Bl. 1 „Sportplätze, Planung und Abmessungen"; Bearbeiter: Hänsler; Mitarbeiter: Pätzold.
2. DIN 18 035 Bl. 2 „Sportplätze, Bewässerung von Rasen und Tennenflächen"; Bearbeiter: Hänsler; Mitarbeiter: Dr. Skirde.
3. DIN 18 035 Bl. 3 „Sportplätze, Entwässerung"; Bearbeiter: Hänsler; Mitarbeiter: Dr. Skirde.
4. DIN 18 035 Bl. 4 „Sportplätze, Rasenflächen"; Bearbeiter: Dr. Liesecke; Mitarbeiter: Pätzold, Dr. Skirde.
5. DIN 18 035 Bl. 5 „Sportplätze, Tennenflächen"; Bearbeiter: Prof. Dipl.-Ing. Niesel; Mitarbeiter: Dipl.-Ing. Kolitzus.
6. DIN 18 035 Bl. 6 „Sportplätze, Kunststoff-Flächen"; Bearbeiter: Dipl.-Ing. Kolitzus; Mitarbeiter: Hänsler.
7. DIN 18 035 Bl. 8 „Sport-, Leichtathletische Einzelanlagen"; Bearbeiter: Hänsler.
8. Prüfungen und Messungen nach den Sportplatzbaunormen; Bearbeiter: Hänsler; Prof. Dipl.-Ing. Niesel.

Vorbemerkungen und Hinweise zur Benutzung des Kommentars

Der vorliegende Band I des Kommentars befaßt sich mit den Teilen A und B der VOB, soweit Landschafts- und Sportplatzbauarbeiten davon betroffen sind und mit der ATV DIN 18 320 — Landschaftsbauarbeiten — aus Teil C der VOB. Weitere Bände des Kommentares werden sich mit den Fachnormen des Landschafts- und Sportplatzbaues beschäftigen (DIN 18 915 — 18 920 und DIN 18 035). Die Kommentierung umfaßt also nicht den gesamten Tätigkeitsbereich des Landschafts- und Sportplatzbaues, denn die einschlägigen Firmen führen sowohl geschlossene Anlagen als Gesamtwerk als auch Teilbereiche als spezielle Facharbeiten aus. Als besonders wichtige Objektbereiche des Landschafts- und Sportplatzbaues können genannt werden:

1. Innerstädtische Freianlagen in Form von Bürgerparks, Freizeitparks, Fußgängerzonen, Kinderspielbereiche, Kleingärten und Friedhöfe, Grünzüge, Straßengrün und Außenanlagen an Schulen, Kindergärten und Krankenhäusern.
2. Freiflächen in Wohnsiedlungen in Form von Hausgärten, Grünflächen und Freizeitanlagen an Reihenhäusern, Wohnblocks und Hochhäusern sowie Dachgärten in diesen Bereichen.
3. Sport- und Freizeitanlagen in verschiedensten Formen.
4. Aufgaben in der freien Landschaft zu ihrer Gestaltung und Erhaltung, Begrünungen von Entnahmen und Lagerstätten und Sicherungen gegen Erosionen und Rutschungen.
5. Begleitende Aufgaben zur Eingliederung in die Landschaft in weitestem Sinne beim Straßenbau, Wasserbau, Bergbau, Industriebau und im Gewerbe.
6. Unterhaltung und Erhaltung der vorstehend genannten Anlagen durch Pflegearbeiten.

   Zu seinen Leistungen gehören dann u. a. bautechnische Arbeiten wie Erdarbeiten, Entwässerung, Wege und Plätze, Mauern und Treppen, Holzarbeiten und Sportplatzbau sowie die vegetationstechnischen Arbeiten in Form von Oberboden-, Pflanz-, Rasen-, Sicherungs- sowie Unterhaltungsarbeiten. Für diese Leistungen gelten dann die jeweils hierfür zutreffenden ATV.

Die Texte der zu kommentierenden Normen sind den Kommentartexten vorangestellt und sind in einer kleineren Schriftgröße gedruckt.

Beispiel:

„4.2.1: Einrichten und Räumen der Baustelle“

Alle Kommentar-Texte sind abschnittsweise mit einer Randnummer (z. B. Rdn 126) am Außenrand versehen. Längere Kommentare zu einem Abschnitt sind z. T. in Einzelthemen gegliedert. Diese haben dann eine eigene Randnummer erhalten.

Die Randnummern beginnen in jedem der drei Bände mit Rdn 1 und sind fortlaufend geführt. Mit ihnen soll ein Verweisen auf bestimmte Textstellen im Kommentar erleichtert werden.

Verzeichnis der verwendeten Abkürzungen

Abs.	Absatz
Anm.	Anmerkung
ATV	Allgemeine Technische Vorschrift (Norm des Teiles C der VOB)
BGB	Bürgerliches Gesetzbuch
BGH	Bundesgerichtshof
bzw.	beziehungsweise
d. h.	das heißt
DIN	Deutsches Institut für Normung, bzw. Norm des Deutschen Institutes für Normung
D-P-S-S	Daub/Piel/Soergel/Steffani, Kommentar zu VOB Teil B
DVA	Deutscher Verdingungsausschuß für Bauleistungen
EG	Europäische Gemeinschaft
evtl.	eventuell
ff.	und folgende
FLL	Forschungsgesellschaft für Landschaftsentwicklung-Landschaftsbau e. V.
FNBau	Fachnormen-Ausschuß Bauwesen (jetzt NABau = Normenausschuß Bauwesen)
HAH	Hauptausschuß Hochbau des DVA
HAT	Hauptausschuß Tiefbau des DVA
HGB	Handelsgesetzbuch
H-R-S	Heiermann/Riedl/Schwaab, Handkommentar zur VOB, Teile A und B, Fassung 1973
I—K	Ingenstau/Korbion, Kommentar zur VOB, Teil A und B, 7. Auflage 1974
LB	Leistungsbeschreibung
LV	Leistungsverzeichnis
MDR	Monatsschrift für Deutsches Recht
NABau	Normenausschuß Bauwesen des Deutschen Institutes für Normung (DIN)
NJW	Neue Juristische Wochenschrift
Nr.	Nummer
o. ä.	oder ähnlich(es)
o. z.	oben zitiert
Rdn	Randnummer
RGZ	Entscheidungssammlung des Reichsgerichtes in Zivilsachen
S	Seite
u. a.	unter anderem

u. ä.	und ähnlich(es)
usw.	und so weiter
u. U.	unter Umständen
VOB	Verdingungsordnung für Bauleistungen
VOL	Verdingungsordnung für Leistungen
z. B.	zum Beispiel
ZTV	Zusätzliche Technische Vorschriften
z. T.	zum Teil

Grundsätze der Anwendung der VOB

Bei der Abwicklung von Geschäften in Form von Bauleistungen besteht unter Beachtung der Vorschriften über das Werksvertragsrecht des Bürgerlichen Gesetzbuches (§§ 631 ff. BGB) grundsätzlich Vertragsfreiheit. Weil diese Vorschriften für die Besonderheiten der Bauleistungen nicht ausreichen und jeweils wechselnde Vertragsbestimmungen die Vertragspartner verunsichern, wurde die Verdingungsordnung für Bauleistungen vom damaligen Reichsverdingungsausschuß aufgestellt und 1926 vorgelegt. Ziel dieses Werkes, das durch mehrere Überarbeitungen jeweils dem neuesten Stand angeglichen wurde, ist es, bei der Vergabe und Ausführung von Bauleistungen einen ausgewogenen Interessenausgleich zwischen Auftraggeber und Auftragnehmer sowohl beim Vergabeverfahren als auch bei der Vertragsgestaltung zu schaffen. Der Versuch, diesem Werk Gesetzescharakter zu geben, ist bisher gescheitert und eine solche Entwicklung ist auch für die Zukunft kaum zu erwarten. Das bedeutet, daß grundsätzlich weiter Vertragsfreiheit besteht. **Die Anwendung der VOB muß grundsätzlich jeweils neu vereinbart werden.**

Von der grundsätzlichen Vertragsfreiheit machen leider einige Geschäftspartner Gebrauch in der Absicht, **einseitig Vorteile** aus anders gestalteten Verträgen zu ziehen. Das gilt nicht nur im Verhältnis vom Auftraggeber zum Auftragnehmer, der einen einseitigen Vertrag diktiert, sondern auch im Verhältnis zwischen Auftragnehmer und Auftraggeber, wenn ein Geschäft ohne die Einschaltung des neutralen Architekten, sondern im direkten Verhältnis zustande kommt und diesem Geschäft z. B. die „Allgemeinen Geschäftsbedingungen" des Auftragnehmers zugrunde gelegt werden. Die Übereinstimmung mit der VOB ist hier meist nur bei oberflächlicher Betrachtung gegeben, die Einschränkungen zu Lasten des Auftraggebers sind oft ganz erheblich.

Neben dem völligen Negieren der VOB ist bei anderen Auftraggebern durch Abänderung einzelner Vorschriften eine Aufweichung der VOB zu beobachten. Diese Beobachtung gilt nicht nur für den privaten Bereich, sondern auch für die öffentliche Hand und Auftraggeber, die mit öffentlichen Mitteln arbeiten. Zum **Rechtscharakter der VOB** ist im „VOB-Rechtsgutachten über die Bedeutung und Einhaltung der VOB im Garten-, Landschafts- und Sportplatzbau", das im Auftrage des Bundesverbandes Garten- und Landschaftsbau (BGL) vom Institut für Deutsches und internationales Baurecht e. V. Bonn erstellt wurde (18. 8. 1976) folgendes ausgeführt:

„Obwohl die VOB seit mehr als 50 Jahren besteht, ist sie zum gegenwärtigen Zeitpunkt weder ein Gesetz noch eine Verordnung. Nach der Rechtsprechung kann sie im Augenblick auch noch nicht als eine Art „Gewohnheitsrecht“ in der Bauwirtschaft betrachtet werden (RG Z 75, 411; BGH Z 37, 222). Das führt dazu, daß die VOB nur dann Vertragsgegenstand wird, wenn ihre Geltung ausdrücklich zwischen Auftraggeber und Auftragnehmer im Bauvertrag vereinbart wurde. Trotzdem hat die VOB in Kreisen der Auftraggeber und Auftragnehmer eine erhebliche Verbreitung gefunden, so daß man ihren **Normencharakter** und die sich daraus ergebende Häufigkeit der Anwendung nicht in Frage stellen kann.“

Für Auftraggeber, die öffentliche Mittel bei der Ausführung von Bauleistungen verwenden, kann diese Einschränkung in der Verpflichtung zur Anwendung der VOB nicht gelten. Sie sind in der Regel durch das Haushaltsrecht (§ 55 Bundeshaushaltsverordnung) verpflichtet, bei Abschluß von Verträgen nach einheitlichen Richtlinien zu verfahren. Das o. z. Rechtsgutachten führt dazu aus: „Aus den vorläufigen Verwaltungsvorschriften zu § 55 Bundeshaushaltsordnung folgt, daß einheitliche Richtlinien im Sinne von § 55, Abs. 2 Bundeshaushaltsordnung die Bedingungen und Bestimmungen der VOB sind.“ Entsprechende Bestimmungen enthalten auch die Gemeindehaushaltsverordnungen der Länder. Eine Aufstellung der Einführungserlasse für die VOB 73 durch die Bundes- und Länderminister enthält das o. z. Rechtsgutachten. Aus ihr geht hervor, daß in fast allen Bereichen die Verfügung zur Einführung der VOB 73 mit Wirkung vom 1. 1. 1974, in Einzelfällen erst zum 1. 4. 1975 oder 1. 10. 1974 erfolgte. Im Sommer 1975 hat der Bundesminister für Wirtschaft den bauvergebenden Stellen die Anweisung gegeben, die VOB bei der Vergabe und Ausführung von Bauleistungen anzuwenden.

Zur **Durchsetzung der Anwendung der VOB** ist zu bedenken, daß aus dem Grundsatz der Vertragsfreiheit heraus die Parteien die Möglichkeit haben, ihre Verträge nach eigenen Vorstellungen zu gestalten. Das Recht zur freien Vertragsgestaltung wird gelegentlich von privaten Auftraggebern in Anspruch genommen. Die Vereinbarung der VOB ist jedoch auch hier sehr anzuraten, weil sie die Besonderheiten der Bauleistung individueller behandelt und regelt als das BGB. Vor allem ermöglicht sie einen fairen Wettbewerb. Die Anwendung der VOB ist aber, wie schon betont, nicht zu erzwingen, also auch nicht einklagbar, sondern setzt immer Einigung voraus.

Private Auftraggeber, die öffentliche Mittel verwenden, sind ebenso frei in der Gestaltung der Verträge, sofern nicht die Verwendung der öffentlichen Mittel über die Zweckgebundenheit hinaus auch an die Einhaltung bestimmter Regeln gebunden ist. In der Regel wird eine Bindung an die haushaltsrechtlichen Vorschriften festgelegt und über diese wiederum im Rückschluß an die VOB, sofern sie nicht überhaupt ausdrücklich erwähnt wurde. Die privaten Auftraggeber sind somit dann den öffentlichen Auftraggebern gleichgestellt.

Öffentliche Auftraggeber sind durch die verbindlichen Bestimmungen des Haushaltsrechtes und gleichgewichtige Empfehlungen zur Anwendung der VOB bei der Vergabe von Bauleistungen und bei der Vertragsgestaltung gezwungen. In dem oben zitierten Rechtsgutachten wird aufgeführt, daß aufgrund dieser Tatsache nach dem Grundsatz von Treu und Glauben davon ausgegangen werden kann, daß die Anwendung der VOB Parteiwille sei. Wegen der behördeninternen Anordnung müsse man von einer „Verkehrssitte in bezug auf die Geltung der VOB gemäß § 151 BGB sprechen".

Trotz dieser Verpflichtung zur Anwendung der VOB besteht für den Auftragnehmer kein durchsetzbarer Anspruch auf Einhaltung der VOB durch die zuständige Behörde. Das ist vor allem darin begründet, daß hier lediglich eine **„Bindung der Behörde im Innenverhältnis"** besteht. Eine Bindung im Außenverhältnis zu einem gleichgeordneten Auftragnehmer ist nicht gegeben. Daraus ergeben sich für den Bewerber nur folgende Möglichkeiten, auf die Einhaltung der VOB einzuwirken:

1. **Die Dienstaufsichtsbeschwerde**

   Sie ist darauf gerichtet, die angerufene Aufsichtsbehörde zu veranlassen, die unterstellte Behörde anzuweisen, nach Dienstvorschrift zu verfahren, wozu sie aus dem Grundsatz der Gesetzmäßigkeit der Verwaltung und der verwaltungsmäßigen Bindung an den Rechtsstaat verpflichtet ist.

2. **Die Schadensersatzklage**

   Sie begründet sich aus dem Grundsatz des Verschuldens bei der Anbahnung eines Vertragsverhältnisses, wenn durch die Nichteinhaltung der VOB bei der Vergabe einem Bewerber Nachteile entstehen. Nach dem oben zitierten Rechtsgutachten „ergibt sich der Klageanspruch aus Grundsätzen des Verschuldens bei Vertragsabschluß, wenn von seiten des Auftraggebers seine Verpflichtung zur verkehrsüblichen Sorgfalt verletzt wird (OLG Hamm, Urteil vom 24. 11. 1971 — 12 U 142/71)".

Die Klage richtet sich in der Regel auf den Ersatz des Vertrauensschadens, der die Kosten für die Beschaffung der Verdingungsunterlagen, für die Baustellenbesichtigung, die Bearbeitung und die Einreichung sowie die Wahrnehmung des Eröffnungstermins beinhaltet (LG Offenburg, Urteil vom 3. 12. 1974 — 3 0 296/74 —; AG Böbingen, Urteil vom 3. 1. 1975 — 1 C 973/74 — abgedruckt im Rechts- und Steuerdienst Nr. 4 der Bauwirtschaft vom 13. 11. 1975). Voraussetzung dafür ist jedoch, daß der Bieter eine reelle Chance zum Erhalt des Auftrages hatte.

Einen Anspruch auf einen entgangenen Gewinn (erwarteter und nachzuweisender Gewinn) ist jedoch kaum zu konstruieren, da ein Anspruch auf Zuschlagserteilung in aller Regel nicht besteht.

VOB Teil A
Allgemeine Bestimmungen für die Vergabe von Bauleistungen
DIN 1960 — Fassung November 1973

Inhalt

Im Rahmen dieses Kommentares werden zu VOB Teil A nur die Bereiche behandelt, bei denen für den Landschafts- und Sportplatzbau besondere Hinweise notwendig erscheinen. Im übrigen wird auf andere Kommentare verwiesen, die diesen Teil sehr weit abhandeln. Es sei nur verwiesen auf

Heiermann/Riedl/Schwaab, Handkommentar zur VOB — Wiesbaden und Berlin: Bauverlag GmbH

Ingenstau/Korbion, VOB-Kommentar —Düsseldorf: Werner Verlag

Daub/Piel/Soergel/Steffani, Kommentar zur VOB — Wiesbaden und Berlin: Bauverlag GmbH

§ 1 Bauleistungen

1. **Bauleistungen sind Bauarbeiten jeder Art mit oder ohne Lieferung von Stoffen oder Bauteilen.**
2. **Lieferung und Montage maschineller Einrichtungen sind keine Bauleistungen.**

1 Die Leistungen des Landschafts- und Sportplatzbaues sind Bauleistungen im Sinne der VOB. Für sie bestehen in VOB Teil C mit DIN 18 320 „Landschaftsbauarbeiten" Allgemeine Technische Vorschriften (ATV)

Als Bauleistungen im Sinne von DIN 18 320 gelten

a) alle Leistungen zur Herstellung von Vegetationsflächen und Sportplätzen, einschließlich Fertigstellungspflege,

b) alle Leistungen zur Erzielung der Funktionsfähigkeit von Vegetationsflächen und Sportplätzen. Darunter fallen alle Unterhaltungsarbeiten nach DIN 18 919 bis zur Erreichung des geforderten Zustandes.

c) alle Leistungen zur Erhaltung der Funktionstüchtigkeit von Vegetationsflächen und Sportplätzen, die entweder in den einzelnen Fachnormen selbst oder in DIN 18 919 — Landschaftsbau — Unterhaltungsarbeiten bei Vegetationsflächen — beschrieben sind.

d) alle Leistungen zum Schutz von Bäumen, Pflanzenbeständen und Vegetationsflächen bei Baumaßnahmen (DIN 18 920).

Der Begriff Bauleistung ist also nicht nur auf die reine Bauarbeit zur Herstellung eines Bauwerkes bzw. im Rahmen von Landschafts- oder Sportplatzbauarbeiten zur Herstellung befestigter, gebauter und bepflanzter Freiflächen zu beschränken, sondern nach der Rechtsprechung des BGH auch zu beziehen auf alle Bauleistungen, die für die Erneuerung und den Bestand der Anlage von wesentlicher Bedeutung sind.

2 An dieser Stelle muß die Frage untersucht werden, ob Sportplätze Bauwerke im Sinne der VOB und der Rechtsprechung sind oder nicht. Die in den meisten Kommentaren vertretene Ansicht, daß ein Sportplatz kein Bauwerk ist, gestützt auf eine Gerichtsentscheidung (LG Braunschweig MDR 53, 480), ist in dieser Pauschalität unrichtig. Der vollständige Wortlaut der zitierten Entscheidung läßt den umgekehrten Schluß zu, denn danach ist ein Sportplatz nur dann kein Bauwerk, wenn er ausschließlich durch Erdarbeiten, Aufschüttungen und dgl. hergestellt wurde. Da jedoch kein Sportplatz bei Beachtung der gültigen Normen nur mit Erdarbeiten gebaut werden kann, müssen auch Sportplätze als Bauwerke betrachtet werden.

Wesentlich hierzu ist auch die grundlegende Definition für ein Bauwerk: **„Bauwerk ist eine unbewegliche, durch Verwendung von Arbeit und bodenfremdem Material in Verbindung mit dem Erdboden hergestellte Sache"** (RGZ 56, 43; BGH NJW 1964 1791 = MDR 1964, 742).

Diese grundlegende Definition gibt auch allen anderen vegetationstechnischen Leistungen den Charakter einer Bauleistung, da auch hier stets neben Arbeit „bodenfremdes Material" Verwendung findet, wie Bodenverbesserungsstoffe, Dünger, Saatgut, Pflanzen usw.

3 Das Liefern und Einbauen von ortsfesten Einrichtungs- oder Ausstattungsgegenständen, wie z. B. Bänke, Abfallkörbe, Spiel- und Sportgeräte, gilt ebenfalls als Bauleistung.

Die bloße Lieferung von nicht ortsfesten Gegenständen, wie z. B. Stühle, Bänke, Tennisnetze mit Pfosten (ohne Bodenhülse), Schiedsrichterstühle u. ä. ist in der Regel keine Bauleistung und fällt in den Geltungsbereich der VOL („Verdingungsordnung für Leistungen, ausgenommen Bauleistungen"). Wird jedoch z. B. die Lieferung und der Einbau eines Fußballtores einschl. Bodenhülse verlangt, ist die gesamte Leistung als Bauleistung zu betrachten, insbesondere wenn diese im Zusammenhang mit der Herstellung einer Sportanlage steht.

Dies gilt schließlich auch für eine Leistung wie z. B. „das Liefern und Aufstellen von (nicht ortsfesten) Tischen und Stühlen". Eine andere Auffassung hierzu würde dem Grundsatz der „Einheitlichen Vergabe", siehe VOB/A § 4, widersprechen.

4 Nicht als Bauleistungen gelten reine Lieferungen, wenn mit der Lieferung keine Leistungen zu ihrer Verarbeitung von Seiten des Lieferanten verbunden sind.

Dieses gilt für den Landschafts- und Sportplatzbau besonders in den Fällen, in denen der Bauherr Ausstattungsgegenstände, Pflanzen und Rasensamen bzw. Rasensoden selbst beschafft. Für solche Lieferungen ist nicht die VOB zugrundezulegen. Hierfür ist vielmehr die VOL („Verdingungsordnung für Leistungen, ausgenommen Bauleistungen") oder das Kaufvertragsrecht nach BGB § 433 ff. anzuwenden. Bei Lieferungen von Pflanzen nach VOL ist vertraglich zu regeln, wie mit den Pflanzen auf der Baustelle zu verfahren ist, wer abládt, wer lagert, wer einschlägt und wer den Pflanzeneinschlag unterhält.

Nicht als Bauleistung im Sinne von VOB Teil A gilt auch das Zurverfügungstellen von Baugeräten und Maschinen einschließlich Bedienungspersonal, wenn dieses außerhalb eines Bauvertrages für sich allein erfolgt. In solchen Fällen sind Mietverträge, bei Gestellung von Bedienungspersonal Dienstverschaffungsverträge abzuschließen. Bei diesen Verträgen ist der Mieter für die Anordnungen und die Sicherheit des Bedienungspersonals verantwortlich, es sei denn, daß z. B. bei der Mietung eines Krans zur Verpflanzung von Großbäumen besondere spezielle Fachkenntnisse des Bedienungspersonals erforderlich sind. Hier haftet der Vermieter des Gerätes für Schäden, die in seinen Tätigkeitsbereich fallen.

§ 2 Grundsätze der Vergabe

1. Bauleistungen sind an fachkundige, leistungsfähige und zuverlässige Bewerber zu angemessenen Preisen zu vergeben. Der Wettbewerb soll die Regel sein. Ungesunde Begleiterscheinungen, wie z. B. wettbewerbsbeschränkende Verhaltensweisen, sollen bekämpft werden.

6 Fachkundig für Leistungen nach VOB/C DIN 18 320 ist ein Bewerber nicht schon, wenn er über Geräte und Erfahrungen zur Bodenbewegung und Bodenbearbeitung verfügt, die er für Erd- und Bodenarbeiten für bautechnische Zwecke (Erdbauwerke, Einschnitte, Oberbodenaushub in Verbindung mit anderen Erdarbeiten) einsetzt.

Fachkunde in der Vegetationstechnik setzt voraus, daß grundlegende Kenntnisse im Umgang mit Vegetationsschichten und hier besonders über die Einbau- und Bearbeitungszeitpunkte, über Art und Wirkungsweise von Bodenverbesserungsstoffen und Düngern, im Erkennen und Verarbeiten von Pflanzen und in der Fertigstellungspflege bestehen.

7 Fachkundig ist ein Bewerber auch nicht schon, wenn er den Beruf des Gärtners in den verschiedenen Ausbildungsstufen Gehilfe, Meister, Techniker, graduierter Ingenieur und Diplom-Ingenieur erlernt hat. Fachkunde ist heute nur noch über eine spezielle Ausbildung in diesem Beruf zu erwerben. Laut Verordnung über die Berufsbildung im Gartenbau vom 26. 6. 1972 ist der Ausbildungsberuf „Gärtner" staatlich anerkannt. Die Ausbildung findet in verschiedenen Sparten statt. Es sind dies Zierpflanzenbau, Gemüsebau, Baumschule, Obstbau, Pflanzenzüchtung, **Garten- und Landschaftsbau** und Friedhofsgärtnerei. Fachkunde für Arbeiten des Landschafts- und Sportplatzbaus ist heute nur über die spezielle Ausbildung in der Fachsparte „Garten- und Landschaftsbau" zu erwerben.

Nach der Verordnung über die Ausbildung sollen in den Ausbildungsstätten des Garten- und Landschaftsbaus folgende Fertigkeiten und Kenntnisse vermittelt werden:

(7) In Ausbildungsstätten des Garten und Landschaftsbaues soll die Vermittlung der besonderen Fertigkeiten und Kenntnisse nach folgender Anleitung sachlich gegliedert werden:

I. Vorbereitende Arbeiten:
   a) Flächenaufteilung und Vermessung:
      aa) Fertigkeiten im Übertragen von Ausführungsplänen auf der Baustelle,
      bb) Fertigkeiten im Arbeiten mit Meßgeräten, insbesondere Fluchtstäben, Meßlatten, Bandmaß, Winkelspiegel, Prismen, Nivelliergeräten, Wasserwaage, Richtscheit und Setzlatte,
      cc) Fertigkeiten im Planlesen,
      dd) Kenntnisse über elementare Formeln zur Flächen- und Massenberechnung;
   b) Herrichten des Arbeitsplatzes, insbesondere der Baustelle:
      aa) Fertigkeiten im Ausgraben, Ballieren und Einschlagen von Gehölzen und Stauden,
      bb) Fertigkeiten im Bau von Schutzvorrichtungen,

cc) Fertigkeiten im Schälen und Lagern von Grassoden,

dd) Fertigkeiten im Fällen von Bäumen und im Roden,

ee) Fertigkeiten im Bau von Anfahrteinrichtungen,

ff) Fertigkeiten in der Sicherung des Mutterbodens,

gg) Kenntnisse über Arbeitsverfahren, Planen der Arbeitsvorgänge,

hh) Kenntnisse über Möglichkeiten zum Verpflanzen vorhandener Gehölze und über die dazu notwendigen Geräte und Maschinen;

2. Böden, Erden, Substrate:

a) Bodenbearbeitung:

aa) Fertigkeiten im Abtragen, Auftragen, Transportieren, Formen, Lockern und Verdichten

bb) Fertigkeiten im Lagern und Pflegen des Mutterbodens,

cc) Fertigkeiten im Umgang mit Geräten und Maschinen

b) Bodenverbesserung und Entwässerung:

aa) Kenntnisse über das Herstellen von Abzugsgräben und Dränungen,

bb) Kenntnisse über das Setzen und Anschließen von Oberflächeneinläufen;

3. Pflanzen:

a) Pflanzenkenntnisse:

Kenntnisse über Arten und Sorten;

b) Vermehrung:

aa) Kenntnisse über Grundlage der Pflanzenzüchtung und vermehrung,

bb) Kenntnisse über verschiedene Möglichkeiten zur Vermehrung der hauptsächlich verwendeten Pflanzen;

c) Verwendung:

aa) Fertigkeiten im Pflanzen von Großgehölzen, sonstigen Gehölzen, Rosen, Stauden, Blumenzwiebeln und Gruppenpflanzen,

bb) Fertigkeiten in der Raseneinsaat,

cc) Kenntnisse über Lebendverbau und Ingenieurbiologie unter Beachtung der Standort- und Klimaansprüche;

4. Kultur- und Pflegemaßnahmen:

a) Pflege des Standortes:

aa) Fertigkeiten im Sichern der Pflanzen durch Verankerung,

bb) Fertigkeiten im Frost- und Verdunstungsschutz,

cc) Fertigkeiten in Maßnahmen gegen Schäden durch Wild und Weidevieh,

dd) Fertigkeiten im Ausbringen von Schutz- und Deckansaaten,

ee) Fertigkeiten in der Bodenlokkerung,

ff) Fertigkeiten in der Unkrautbekämpfung,

gg) Kenntnisse über die Wirkung der Geräte, Maschinen und Mittel;

b) Arbeiten an der Pflanze:

aa) Fertigkeiten im Lagern und Einschlagen,

bb) Fertigkeiten im Schneiden, Formen und Binden von Gehölzen und Stauden,

cc) Fertigkeiten im Rasenschnitt,

dd) Kenntnis über die Auswirkungen der Methoden und des Zeitpunktes für die einzelnen Maßnahmen;

c) Wachstumsregulatoren:

aa) Fertigkeiten im Anwenden von Wuchs- und Hemmstoffen,

bb) Kenntnisse über Wirkung und optimalen Einsatz der Wachstumsregulatoren;

5. Maschinen und Geräte:
   a) Einsatz:
      aa) Fertigkeiten im Arbeiten mit und an den Maschinen und Geräten für Fällen, Roden, Bodenbearbeitung, Dränen, Planieren, Transport, Wegebau, Rasenbau, Rasenpflege, Düngung, Pflanzenschutz, Steinbearbeitung und Betonherstellung,
      bb) Kenntnisse über Aufbau, Zweck und Arbeitsweise der Maschinen und Geräte,
      cc) Kenntnisse über das Erkennen von Störungen;
   b) Wartung:
      aa) Fertigkeiten im Pflegen der Maschinen und Geräte,
      bb) Fertigkeiten in betriebsüblichen kleineren Reparaturen,
      cc) Kenntnisse über Bedienungsanleitungen und Wartungsvorschriften;

6. Werkstoffe und Hilfsmittel:
   a) Materialkunde:
      Kenntnisse über Materialien für Wege- und Platzbau, Mauern, Treppen, Fundierungen, Zäune, Verankerungen und Spielgeräte;
   b) Verwendung:
      aa) Fertigkeiten im Herstellen von Weg- und Platzbefestigungen innerhalb von Grün- und Sportanlagen einschließlich Unterbau mit wassergebundenen Decken, Platten, Pflaster, Bitumen und Kunststoffen,
      bb) Fertigkeiten im Mauer- und Treppenbau aus Natur- und Kunststein einschließlich Fundierung,
      cc) Fertigkeiten im Aufstellen von Schutzzäunen und Spielgeräten,
      dd) Kenntnisse über die Einwirkung von Frost, Wind- und Erddruck,
      ee) Kenntnisse über Wege- und Platzprofilierung,
      ff) Kenntnisse über Stufen- und Treppenabmessungen,
      gg) Kenntnisse über Gefälle und Dossierung;
   c) Be- und Verarbeitung:
      aa) Fertigkeiten im Be- und Verarbeiten von Natur- und Kunststein, insbesondere Trennen und Bossieren,
      bb) Fertigkeiten im Herstellen von Beton einschließlich Waschbeton und Sichtbeton,
      cc) Kenntnisse über Möglichkeiten der Be- und Verarbeitung von Hand und mit Maschinen, Betongüteklassen;

7. Aufbereitung und Markt:
   a) Ernte:
      Grundkenntnisse über Erntezeitpunkte und -methoden;
   b) Aufbereitung:
      Grundkenntnisse über Sortierungsvorschriften und Qualitätsnormen;
   c) Lagerung:
      Grundkenntnisse über Lagerungs- und Kühlmethoden;
   d) Absatz:
      Grundkenntnisse über Absatzformen und Vermarktungseinrichtungen;
   e) Gärtnerisches Gesamtwerk:
      aa) Fertigkeiten in der **vollständigen** Herstellung von Gärten, Grün- und Sportflächen und deren Unterhaltung,
      bb) Grundkenntnisse über Auftragsbeschaffung.

Es muß ausdrücklich darauf hingewiesen werden, daß grundsätzlich davon ausgegangen wird, daß Gärten, Grün- und Sportflächen vollständig als Gesamtwerk einschließlich aller Erd- und Bodenarbeiten, Ent- und Bewässerungen, Wege- und Platzarbeiten hergestellt und unterhalten werden.

Deshalb werden in der Verordnung die Anforderungen an einen Ausbildungsbetrieb des Garten- und Landschaftsbaus wie folgt definiert:

Zweiter Teil
Eignung der Ausbildungsstätte

§ 14 Besondere Anforderungen

(6) Garten- und Landschaftsbaubetriebe müssen in der Lage sein, Garten-, Grün- und Sportanlagen sowie Maßnahmen des Landschaftsbaues als landschaftsgärtnerisches Gesamtwerk in fachlicher und technischer Hinsicht ordnungsgemäß zu erstellen. Sie müssen die fachliche Pflege und Unterhaltung derartiger Anlagen gewährleisten und die Vermittlung der notwendigen Pflanzenkenntnisse ermöglichen.

In der gleichen Verordnung ist auch die Ausbildung zum „Gärtnermeister" festgelegt. Sie unterscheidet ebenfalls in die oben genannten Sparten. Die Fachkunde bringt daher nur der Gärtnermeister mit der speziellen Ausbildung im „Garten- und Landschaftsbau" mit.

Langjährige Tätigkeit in diesem Arbeitsbereich in Verbindung mit einer Umschulung oder Weiterbildung eines in einer anderen Sparte des Gartenbaus ausgebildeten Gärtners kann jedoch auch zur Fachkunde im Sinne des § 2 Absatz 1 führen. Der Nachweis muß gegebenenfalls durch erfolgreich ausgeführt Objekte geführt werden.

Auch in den weiterführenden bzw. höher qualifizierten Ausbildungen wird differenziert in die Sparten des produzierenden Gartenbaus und die Sparte des dienstleistenden Gartenbaus in Gestalt des Landschafts- und Sportplatzbaus. Die nächste Stufe über dem Meister ist der „Gartenbautechniker der Fachrichtung Garten- und Landschaftsbau" (bzw. der staatlich geprüfte Techniker für Landespflege).

An Fachhochschulen bestehen in der Regel getrennte Fachbereiche für das Studium des Gartenbaus und der Landespflege. Landespflege ist dabei der übergeordnete Begriff für den planenden, konstruktiven und ausführenden Bereich der Garten- und Landschaftsgestaltung und des Landschafts- und Sportplatzbaus. Die Gradierung erfolgt zum „Ing. grad. Landespflege". Eine besondere Qualifikation für das Arbeitsgebiet Landschafts- und Sportplatzbau bringen die Vertiefungseinrichtungen „Baubetrieb des Landschaftsbaus" und „Bauingenieurwesen des Landschaftsbaus". Das Grundstudium der Landespflege ist jedoch so angelegt, daß auch bei Wahl einer anderen Vertiefungsrichtung nach einer Einarbeitungsphase und Praxiserfahrung die speziellen Belange des Landschafts- und Sportplatzbaus fachlich einwandfrei vertreten werden können. Zum Inhalt dieses Grundstudiums gehören alle vegetationstechnischen und bautechnischen Maßnahmen aus dem Bereich Erd- und Bodenarbeiten, Pflanzenverwendung und Pflanzarbeiten, Rasenarbeiten, Wege- und Platzarbeiten, Mauerbau, Ent- und Bewässerung und Sportplatzbau.

Das Studium an Universitäten zum Diplom-Ingenieur Landespflege ist in der Regel so breit angelegt und mehr auf Planungsbereiche ausgelegt, daß die besondere Qualifikation für den Landschafts- und Sportplatzbau erst durch längere Praxiserfahrung nach dem Studium erworben werden kann.

Diese gesonderte Ausbildung hat sich erst in den letzten 15 bis 20 Jahren herausgebildet. Davor war ein Zusammengehen von Gartenbau und Landespflege in den Grundsemestern meistens üblich. Ältere Bewerber um Aufträge können deshalb noch nicht nach den neuesten Regeln gemessen werden. Hier kommt der Nachweis entsprechender Leistungen zum Zuge.

8 Für spezielle Leistungen des Landschafts- und Sportplatzbaus wie z. B. Sicherungsbauweisen, Sportplatzbau oder Unterhaltungsarbeiten in größerem Umfang sind jedoch höhere Ansprüche an die Fachkunde zu stellen als bei allgemeinen Arbeiten des Landschaftsbaus. Von solchen Bewerbern ist zu erwarten, daß sie sich über die allgemeine Qualifikation zum Landschaftsbau hinaus durch besondere Weiterbildung, Spezialausrüstung und besonders qualifizierte Mitarbeiter für die Arbeiten spezialisiert haben. Jeder Auftraggeber ist gut beraten, den Bewerber für diese spezielleren Leistungen auf seine Fachkunde nach den Regeln von VOB/A § 8 Nr. 3 zu überprüfen oder von diesem entsprechende Nachweise zu verlangen.

2. **Es ist anzustreben, die Aufträge so zu erteilen, daß die ganzjährige Bautätigkeit gefördert wird.**

9 Diese Forderung hat im wesentlichen einen konjunktur- und beschäftigungspolitischen Hintergrund, dem nichts hinzuzufügen ist.

Der jahreszeitlich bedingte Rhythmus der vegetationstechnischen Leistungen macht jedoch hierzu Einschränkungen, aber auch besondere Rücksichten erforderlich.

Für bestimmte Leistungen sind unter Beachtung der erforderlichen Vorleistungen entsprechend mögliche oder besonders geeignete Jahreszeiten zu beachten. Rasen sollte im Frühjahr/Frühsommer oder Spätsommer angesät werden, laubabwerfende Gehölze können ohne Sonderbehandlung (Container, Kühlhaus) nur im zeitigen Frühjahr oder im Spätherbst, also in der Vegetationsruhe gepflanzt werden. Diese Beispiele machen deutlich, daß eine ganzjährige Ausführung für bestimmte Leistungen nicht möglich ist. Andererseits muß der Auftraggeber auch aus wirtschaftlichen Gründen die aus dem Vegetationsablauf bedingten Gegebenheiten beachten. Während für eine Pflanzarbeit im Herbst eine Bodenbearbeitung im Frühsommer nicht immer günstig ist (zusätzliche Bodenpflege für die Zwischenzeit erforderlich), kann eine Bodenbearbeitung im Herbst mit erst im Frühjahr nachfolgender Pflanzung für bestimmte Böden ausgesprochen günstig sein.

Wie wirtschaftlich einerseits und wie vegetationsbegünstigend andererseits die Termingestaltung von Landschafts- und Sportplatzbauarbeiten ist, wird durch die Fachkunde des Auftraggebers bzw. des Ausschreibenden bestimmt. Auf die Notwendigkeit zum Geltendmachen von Bedenken wegen ungeeigneter Ausführungstermine wird unter Rdn 295 verwiesen.

§ 3 Arten der Vergabe

1. (1) Bei Öffentlicher Ausschreibung werden Bauleistungen im vorgeschriebenen Verfahren nach öffentlicher Aufforderung einer unbeschränkten Zahl von Unternehmern zur Einreichung von Angeboten vergeben.

   (2) Bei Beschränkter Ausschreibung werden Bauleistungen im vorgeschriebenen Verfahren nach Aufforderung einer beschränkten Zahl von Unternehmern zur Einreichung von Angeboten vergeben, gegebenenfalls nach öffentlicher Aufforderung, Teilnahmeanträge zu stellen (Beschränkte Ausschreibung nach öffentlichem Teilnahmewettbewerb).

   (3) Bei Freihändiger Vergabe werden Bauleistungen ohne ein förmliches Verfahren vergeben, gegebenenfalls nach öffentlicher Aufforderung, Teilnahmeanträge zu stellen (Freihändige Vergabe nach öffentlichem Teilnahmewettbewerb).

2. Der zuständige Bundesminister gibt bekannt, in welchen Vergabefällen bei Beschränkter Ausschreibung und Freihändiger Vergabe ein öffentlicher Teilnahmewettbewerb erforderlich ist; Nr. 6 bleibt unberührt.

3. Öffentliche Ausschreibung soll stattfinden, wenn nicht die Eigenart der Leistung oder besondere Umstände eine Abweichung rechtfertigen.

4. Beschränkte Ausschreibung soll stattfinden,
   a) wenn die Leistung nach ihrer Eigenart nur von einem beschränkten Kreis von Unternehmern in geeigneter Weise ausgeführt werden kann, besonders wenn außergewöhnliche Zuverlässigkeit oder Leistungsfähigkeit (z. B. Erfahrung, technische Einrichtungen oder fachkundige Arbeitskräfte) erforderlich ist,
   b) wenn die Öffentliche Ausschreibung für den Auftraggeber oder die Bewerber einen Aufwand verursachen würde, der zu dem erreichbaren Vorteil oder dem Wert der Leistung im Mißverhältnis stehen würde,
   c) wenn eine Öffentliche Ausschreibung kein annehmbares Ergebnis gehabt hat,
   d) wenn die Öffentliche Ausschreibung aus anderen Gründen (z. B. Dringlichkeit, Geheimhaltung) unzweckmäßig ist.

5. Freihändige Vergabe soll nur stattfinden, wenn die Öffentliche oder Beschränkte Ausschreibung unzweckmäßig ist, besonders

a) weil für die Leistung aus besonderen Gründen (z. B. Patentschutz, besondere Erfahrungen oder Geräte) nur ein bestimmter Unternehmer in Betracht kommt,
b) weil die Leistung nach Art und Umfang vor der Vergabe nicht eindeutig und erschöpfend festgelegt werden kann,
c) weil sich eine kleine Leistung von einer vergebenen größeren Leistung nicht ohne Nachteil trennen läßt,
d) weil die Leistung besonders dringlich ist,
e) weil nach Aufhebung einer Öffentlichen oder Beschränkten Ausschreibung eine erneute Ausschreibung kein annehmbares Ergebnis verspricht.

6. Die Verpflichtung, einen öffentlichen Teilnahmewettbewerb bei Beschränkter Ausschreibung oder Freihändiger Vergabe zu veranstalten (Nr. 2), besteht nicht, wenn
   a) nur ein Unternehmer für die Ausführung der Leistung in Betracht kommt (Nr. 5 a),
   b) im Ausnahmefall die Leistung nach Art und Umfang oder wegen der damit verbundenen Wagnisse nicht eindeutig und so erschöpfend beschrieben werden kann, daß eine einwandfreie Preisermittlung zwecks Vereinbarung einer festen Vergütung möglich ist (vgl. auch Nr. 5 b),
   c) an einen Auftragnehmer zusätzliche Leistungen vergeben werden sollen, die weder in seinem Vertrag noch in dem ihm zugrundeliegenden Entwurf enthalten sind, jedoch wegen eines unvorhergesehenen Ereignisses zur Ausführung der im Hauptauftrag beschriebenen Leistung erforderlich sind, sofern diese Leistungen
      — sich entweder aus technischen oder wirtschaftlichen Gründen nicht ohne wesentliche Nachteile für den Auftraggeber vom Hauptauftrag trennen lassen oder
      — für die Verbesserung der im Hauptauftrag beschriebenen Leistung unbedingt erforderlich sind, auch wenn sie getrennt vergeben werden könnten,

      vorausgesetzt, daß die geschätzte Vergütung für alle solche zusätzlichen Leistungen die Hälfte der Vergütung der Leistung nach dem Hauptauftrag nicht überschreitet (vgl. auch Nr. 5 c),
   d) wegen der Dringlichkeit die vorgeschriebenen Bewerbungs- und Angebotsfristen (§ 17 Nr. 2 Absatz 3, § 18 Nr. 3) aus zwingenden Gründen infolge vom Auftraggeber nicht voraussehbarer Ereignisse nicht eingehalten werden können (vgl. auch Nr. 5 d),
   e) bei Öffentlicher Ausschreibung beziehungsweise bei Beschränkter Ausschreibung oder Freihändiger Vergabe mit öffentlichem Teilnahmewettbewerb keine annehmbaren Angebote abgegeben oder keine ordnungsgemäßen Teilnahmeanträge gestellt worden sind und eine Wiederholung eines solchen Verfahrens kein brauchbares Ergebnis erwarten läßt (Nr. 5 e), vorausgesetzt, daß die ursprünglich vorgesehene Leistung nach Art, Umfang und Ausführungsbedingungen grundsätzlich nicht geändert wird,
   f) die auszuführende Leistung Geheimhaltungsvorschriften unterworfen ist.

§ 4 Einheitliche Vergabe, Vergabe nach Losen

1. Bauleistungen sollen so vergeben werden, daß eine einheitliche Ausführung und zweifelsfreie umfassende Gewährleistung erreicht wird; sie sollen daher in der Regel mit den zur Leistung gehörigen Lieferungen vergeben werden.

10 Im Landschaftsbau werden noch häufig die Pflanzen vom Auftraggeber beschafft und dem Auftragnehmer zur Pflanzung zur Verfügung gestellt. Dieses Verfahren widerspricht dem Sinne dieses Abschnittes, auch wenn es sich hier um eine Soll-Bestimmung handelt.

Grundsätzlich hat der Auftragnehmer auch für vom Auftraggeber beigestellte Pflanzen und Pflanzenteile die Gewährleistung zu übernehmen, er hat sie aber auch vor Untergang und Beschädigung bis zur Abnahme zu schützen. Die beigestellten Pflanzen müssen also bevor nach der Abnahme die Gewährleistungsfrist beginnt, zur Abnahme entsprechend DIN 18 916 angewachsen sein.

Bis zur Verfügungstellung auf der Baustelle können jedoch so viele Schädigungen an dem lebenden Baustoff Pflanze eingetreten sein, daß eine Gewährleistung für den Auftragnehmer bei bauseitiger Lieferung nicht ohne weiteres zumutbar ist. In der Regel wird der Auftragnehmer als der zumeist Fachkundigere deshalb Bedenken gegen die Beschaffenheit der vom Auftraggeber zur Verfügung gestellten Pflanzen, auch im wohlverstandenen Interesse des Auftraggebers, geltend machen müssen, wenn auch nur der geringste Zweifel an der Beschaffenheit der Pflanzen besteht. Diese Reaktion des Auftragnehmers ist richtig und muß aus der Natur der Sache heraus akzeptiert werden, denn einerseits ist das Ausräumen der Bedenken praktisch nicht möglich, andererseits widerspricht es guten Sitten, einen Partner für etwas gewährleisten zu lassen, dessen auch nur vermutete mangelhafte Beschaffenheit nicht mit voller Sicherheit überprüfbar ist. Die an Pflanzen auftretenden Schädigungen zwischen der Rodung in der Baumschule und der Anlieferung auf der Baustelle können vielfältiger Art sein, ohne daß der Abnehmer dies in jedem Falle erkennen kann. Als typische Beispiele sollen aufgeführt werden:

1. Früh- oder Spätfrostschäden an offen liegenden Wurzeln gerodeter Eichen, die auch von Fachleuten nicht erkennbar sind.

2. Falscher Rodungstermin für Betulaceen (Birken, Hainbuchen usw.). Der günstigste Pflanztermin ist für diese Pflanzen das Frühjahr bei Knospentrieb, wobei die Pflanzen erst kurz vorher gerodet sein dürfen. Bei Pflanzen, die infolge Räumung eines Quartiers in der Baumschule oder aus anderen Gründen schon im Herbst gerodet und über Winter in einem Einschlag gestanden haben, ist der Anwuchserfolg bei der Frühjahrspflanzung in der Regel trotz einwandfreier Fertigstellungspflege begrenzt. Für den Abnehmer solcher Pflanzen ist es jedoch nicht erkennbar, wann die Pflanzen gerodet wurden.

3. Bodendeckende Gehölze werden häufig in Gewächshäusern in einer Schnellkultur im Gegensatz zu den Festlegungen der DIN 18 916 — Landschaftsbau — Pflanzen und Pflanzarbeiten — angezogen. Bei Lieferung auf die Baustelle sind sie dann oft nicht ausgereift. Dieser

Umstand, der nicht ohne weiteres erkennbar ist, kann zum Ausfall der gesamten Lieferung führen.

Wenn dem Auftragnehmer auch selbstverständlich kein unzumutbares Wagnis durch Übernahme des Anwachsrisikos und der Gewährleistung in den vorstehenden Fällen aufgebürdet werden darf, muß erst recht erwartet werden, daß er sich in entsprechenden Fällen nach Treu und Glauben bemüht, aufgrund seiner besonderen Erfahrung und auch durch gezielte Rückfragen Klarheit zu schaffen.

Das Argument für eine Pflanzenlieferung durch den Auftraggeber ist in der Regel, daß viele Auftragnehmer nicht in der Lage wären, die geforderten Pflanzen in der geforderten Menge und Beschaffenheit zur Verfügung zu stellen. Bei der Ausführung, Abnahme und Abrechnung entstehen bei veränderten Liefermengen und bei Änderungen der Beschaffenheit, Sorte und Art erhebliche Schwierigkeiten.

Diese negativen Erfahrungen von Auslobern von Pflanzleistungen beruhen jedoch sehr häufig auf zu kurzen Angebotsfristen. Durch diese ist dann der Bieter nicht in der Lage, sich durch entsprechende Anfragen bei den Baumschulen zu vergewissern, ob die geforderten Pflanzen lieferbar sind. Er kann dann auch nicht schon bei der Angebotsabgabe auf Lieferschwierigkeiten hinweisen. Lieferengpässe im Frühjahr sind branchentypisch. Ihnen kann zumindest durch die Verwendung von Alternativ- oder Bedarfspositionen teilweise begegnet werden.

Zur vorherigen Klärung der Beschaffenheit der Pflanzen steht es dem Auslober frei, Probepflanzen, vor allem von Massengehölzen, anzufordern oder für Solitärs benennen zu lassen an denen die Beschaffenheit der gelieferten Pflanzen gemessen wird (siehe dazu Rdn 242).

Insgesamt muß festgestellt werden, daß bei frühzeitiger Ausschreibung und Vergabe Schwierigkeiten kaum entstehen und daß überall dort, wo eine frühzeitige Beschaffung seitens des Auftraggebers möglich ist, auch rechtzeitig eine Ausschreibung von Pflanzarbeiten einschließlich Lieferung der Pflanzen erfolgen kann.

2. Umfangreiche Bauleistungen sollen möglichst in Lose geteilt und nach Losen vergeben werden (Teillose).

11 Die Teilung in Teillose darf aus Gründen der Gewährleistung nicht in der Weise erfolgen, daß aufeinander aufbauende Leistungen als Teillose vergeben werden, da die Vorleistungen anderer Unternehmer gerade bei Landschafts- und Sportplatzbauarbeiten erheblichen Einfluß auf deren Erfolg haben. Deshalb ist die Aufteilung in Teillose nur in der Weise sinnvoll, daß im Aufbau abgeschlossene und der vollen Gewährleistung unterliegende Lose entstehen, also z. B. in sich abgeschlossene Lose bei Siedlungsbauten, geschlossene Abschnitte bei Straßenbegrünungen oder geschlossene Sportplätze unter Einschluß der dann erforderlichen Erdarbeiten.

3. **Bauleistungen verschiedener Handwerks- oder Gewerbezweige sind in der Regel nach Fachgebieten oder Gewerbezweigen getrennt zu vergeben (Fachlose). Aus wirtschaftlichen oder technischen Gründen können mehrere Fachlose zusammen vergeben werden.**

12 In einigen Bundesländern kommt es noch vor, daß typisch zum Landschaftsbau gehörende Leistungen hier vor allem Oberbodenarbeiten, an Erdbaufirmen vergeben werden und daß nur noch die Bodenverbesserung, Pflanzung und Einsaat mit der Fertigstellungspflege an Fachfirmen des Landschaftsbaues vergeben werden. An Oberbodenarbeiten für vegetationstechnische Zwecke werden aber so hohe fachliche Ansprüche gestellt, daß sie von einer Erdbaufirma recht häufig nicht fachgerecht ausgeführt werden können. Von der Qualität dieser Leistung ist aber in der Regel der Anwachserfolg bei Pflanzungen bzw. die Etablierung eines Rasens abhängig. Zur Erreichung einer zweifelsfreien, umfassenden Gewährleistung gehören deshalb Oberbodenarbeiten für vegetationstechnische Zwecke zum Fachlos des Landschaftsbaus.

13 Aus angeblich wirtschaftlichen Gründen werden die Gesamtleistungen auch an Generalunternehmer vergeben, die wiederum Leistungen untervergeben. Je nach Struktur des Generalunternehmers verbleiben den Landschaftsbaufirmen häufig ebenfalls nur die Arbeiten der Bodenverbesserung, die Pflanzarbeiten und die Saatarbeiten mit der Fertigstellungspflege. Es entsteht praktisch auch hier das gleiche Problem der Gewährleistung, auch wenn die Unterverträge nach VOB abgeschlossen wurden. Das Problem wird in solchen Fällen nur noch verstärkt, weil der Nachunternehmer seine Schwierigkeiten nicht direkt beim Bauherrn vertreten kann. Offen bleibt in jedem Falle bei der Vergabe von Landschafts- und Sportplatzbauarbeiten über einen Generalunternehmer die Frage der Wirtschaftlichkeit, die in jedem Einzelfall einer besonderen Untersuchung bedarf. In der Regel wird durch die Vergabe an einen Generalunternehmer versucht, Organisation und Gewährleistung in einer Hand zu bündeln. Praktisch werden dadurch aber die im Bauwesen anfallenden Probleme nur auf eine andere Ebene verschoben, ohne daß dabei Kosten gespart werden, da auch der Generalunternehmer erhebliche Verwaltungskosten hat und diese in seinen Preisen weitergibt. Eine Wirtschaftlichkeit ist deshalb selten nachzuweisen. Erfahrungsgemäß leiden aber die Leistungsergebnisse bei Landschaftsbauarbeiten bei dieser Art der Vergabe.

§ 5 Leistungsvertrag, Stundenlohnvertrag, Selbstkostenerstattungsvertrag

1. Bauleistungen sollen grundsätzlich so vergeben werden, daß die Vergütung nach Leistung bemessen wird (Leistungsvertrag), und zwar:
   a) in der Regel zu Einheitspreisen für technisch und wirtschaftlich einheitliche Teilleistungen, deren Menge nach Maß, Gewicht oder Stückzahl vom Auftraggeber in den Verdingungsunterlagen anzugeben ist (Einheitspreisvertrag),
   b) in geeigneten Fällen für eine Pauschalsumme, wenn die Leistung nach Ausführungsart und Umfang genau bestimmt ist und mit einer Änderung bei der Ausführung nicht zu rechnen ist (Pauschalvertrag).
2. Bauleistungen geringeren Umfangs, die überwiegend Lohnkosten verursachen, können im Stundenlohn vergeben werden (Stundenlohnvertrag).
3. (1) Bauleistungen größeren Umfangs dürfen ausnahmsweise nach Selbstkosten vergeben werden, wenn sie vor der Vergabe nicht eindeutig und so erschöpfend bestimmt werden können, daß eine einwandfreie Preisermittlung möglich ist (Selbstkostenerstattungsvertrag).

   (2) Bei der Vergabe ist festzulegen, wie Löhne, Stoffe, Gerätevorhaltung und andere Kosten einschließlich der Gemeinkosten zu vergüten sind und der Gewinn zu bemessen ist.

   (3) Wird während der Bauausführung eine einwandfreie Preisermittlung möglich, so soll ein Leistungsvertrag abgeschlossen werden. Wird das bereits Geleistete nicht in den Leistungsvertrag einbezogen, so ist auf klare Leistungsabgrenzung zu achten.

§ 6 Angebotsverfahren

1. Das Angebotsverfahren ist darauf abzustellen, daß der Bewerber die Preise, die er für seine Leistungen fordert, in die Leistungsbeschreibung einzusetzen oder in anderer Weise im Angebot anzugeben hat.
2. Das Auf- und Abgebotsverfahren, bei dem vom Auftraggeber angegebene Preise dem Auf- und Abgebot der Bewerber unterstellt werden, soll nur ausnahmsweise bei regelmäßig wiederkehrenden Unterhaltungsarbeiten, deren Umfang möglichst zu umgrenzen ist, angewandt werden.

14 Bei Auf- und Abgebotsverfahren als Angebotsverfahren sind vom Auftraggeber in einem detaillierten Leistungsverzeichnis genannte Preise Ausgangspunkte des Ausschreibungsverfahrens. Es besteht dabei die Gefahr, daß bei der Ermittlung der Ausgangspreise betriebswirtschaftliche Grundsätze vernachlässigt werden und die aufgeführten Preise praktisch als „Richtpreise“ gelten, die der Bieter nur noch durch ein Aufgebot im Rahmen der allgemeinen Teuerungsrate einer Inflation oder durch ein Abgebot zu nichtauskömmlichen Preisen dem wirtschaftlichen Zwang einer Rezession anpaßt. Wie in anderen Branchen auch ist das Auf- und Abgebotsverfahren im Landschafts- und Sportplatzbau nur einsetzbar, wenn es sich um wiederkehrende Unterhaltungsarbeiten und Instandsetzungen kleineren Umfanges handelt. Die Ausgangspreise für dieses Verfahren sollten nicht vom Auftraggeber „kalkuliert“ werden, sondern

durch mehrere vorausgegangene vergleichbare Ausschreibungen und Vergaben üblicher Art ermittelt werden und dadurch als hinreichend sicher bekannt sein.

15 Unterhaltungsarbeiten im Landschafts- und Sportplatzbau erfordern heute einen hohen Grad von Mechanisierung. Die Wirtschaftlichkeit eines solchen Maschineneinsatzes ist nur gesichert, wenn er langfristig kalkuliert werden kann. Deshalb ist es zweckmäßig, bei wiederkehrenden Unterhaltungsarbeiten statt eines unbefriedigenden jährlichen Auf- und Abgebotsverfahrens ein übliches Vergabeverfahren mit der Maßgabe eines mehrjährigen Unterhaltungsvertrages durchzuführen, wobei allerdings Lohn- und Stoffgleitklauseln erforderlich sind.

§ 7 Mitwirkung von Sachverständigen

1 Ist die Mitwirkung von besonderen Sachverständigen zweckmäßig, um

a) die Vergabe, insbesondere die Verdingungsunterlagen, vorzubereiten oder

b) die geforderten Preise einschließlich der Vergütungen für Stundenlohnarbeiten (Stundenlohnzuschläge, Verrechnungssätze) zu beurteilen oder

c) die vertragsgemäße Ausführung der Leistung zu begutachten,

so sollen die Sachverständigen in der Regel von den Berufsvertretungen vorgeschlagen werden; diese Sachverständigen dürfen weder unmittelbar noch mittelbar an der betreffenden Vergabe beteiligt sein.

2. Sachverständige im Sinn von Nr. 1 sollen in geeigneten Fällen auf Antrag der Berufsvertretungen gehört werden, wenn dem Auftraggeber dadurch keine Kosten entstehen.

16 Die in den letzten Jahren zu beobachtende rasch wachsende Zahl von neuen Bauverfahren und Baustoffen erfordert einen hohen Fachkundegrad bei der Planung der Leistungen des Landschafts- und Sportplatzbaues. Es ist sicherlich nicht von der Hand zu weisen, daß es hier auch auf der Planungsseite zu Spezialisierungen kommen muß. Einen Allround-Landschaftsarchitekten mit der Spannweite von der Landschafts- und Städteplanung bis zu speziellen Bauweisen des Sportplatzbaues oder der Sicherungsbauweisen kann man sich nicht mehr vorstellen. Wenn auch bis zu einer ehrlich (öffentlich) ausgewiesenen Spezialisierung bei den meisten der Planer noch ein weiter Weg ist, sollte jedoch auf dem Wege dorthin die Einschaltung von entsprechenden Sachverständigen in den Prozeß der Planung, Leistungsüberwachung und bei der Abnahme selbstverständlicher werden. Die Qualität der Leistungen, in der Planung sowie in der Ausführung, kann damit generell nur steigen.

§ 8 Teilnehmer am Wettbewerb

1. Alle Bewerber sind gleich zu behandeln. Der Wettbewerb soll insbesondere nicht auf Bewerber, die in bestimmten Bezirken ansässig sind, beschränkt werden.

2. (1) Bei Öffentlicher Ausschreibung sind die Unterlagen an alle Bewerber abzugeben, die sich gewerbsmäßig mit der Ausführung von Leistungen der ausgeschriebenen Art befassen.

(2) Bei Beschränkter Ausschreibung sollen im allgemeinen nur drei bis acht fachkundige, leistungsfähige und zuverlässige Bewerber aufgefordert werden. Werden von den Bewerbern umfangreiche Vorarbeiten verlangt, die einen besonderen Aufwand erfordern, so soll die Zahl der Bewerber möglichst eingeschränkt werden.

(3) Bei Beschränkter Ausschreibung und Freihändiger Vergabe soll unter den Bewerbern möglichst gewechselt werden.

3. (1) Von den Bewerbern können zum Nachweis ihrer Fachkunde, Leistungsfähigkeit und Zuverlässigkeit Angaben verlangt werden über:

a) den Umsatz des Bewerbers in den letzten drei abgeschlossenen Geschäftsjahren, soweit er Bauleistungen und andere Leistungen betrifft, die mit der zu vergebenden Leistung vergleichbar sind, unter Einschluß des Anteils bei Arbeitsgemeinschaften und anderen gemeinschaftlichen Bietern.

b) die Ausführung von Leistung in den letzten drei abgeschlossenen Geschäftsjahren, die mit der zu vergebenden Leistung vergleichbar sind.

c) die Zahl der in den letzten drei abgeschlossenen Geschäftsjahren jahresdurchschnittlich beschäftigten Arbeitskräfte, gegebenenfalls gegliedert nach Berufsgruppen,

d) die dem Bewerber für die Ausführung der zu vergebenden Leistung zur Verfügung stehende technische Ausrüstung,

e) die Eintragung in das Berufsregister ihres Sitzes oder Wohnsitzes.

(2) Die Nachweise nach Absatz 1 a, c und e können durch eine von der zuständigen Stelle ausgestellte Bescheinigung erbracht werden, aus der hervorgeht, daß der Bewerber in einer amtlichen Liste in einer Gruppe geführt wird, die den genannten Leistungsmerkmalen entspricht.

(3) Bei Öffentlicher Ausschreibung sind in der Aufforderung zur Angebotsabgabe die Nachweise zu bezeichnen, deren Vorlage mit dem Angebot verlangt oder deren spätere Anforderung vorbehalten wird. Bei Beschränkter Ausschreibung und Freihändiger Vergabe mit öffentlichem Teilnahmewettbewerb ist zu verlangen, daß die Nachweise bereits mit dem Teilnahmeantrag vorgelegt werden.

17 Neu in der VOB 73 ist die ausführliche Aufzählung der Anforderungen an den Nachweis der Fachkunde, Leistungsfähigkeit und Zuverlässigkeit, die vom Bewerber gefordert werden können. Dieser Katalog ermöglicht den Bewerbern solche Angaben rechtzeitig vorzubereiten und möglichst aktuell abrufbereit zu halten. Der Aufwand, der zur erstmaligen Aufstellung solcher Angaben erforderlich ist, darf nicht unterschätzt werden und kann in Zeiten betrieblicher Anspannung zu Belastungen führen.

Dem Ausschreibenden kann zu einer Nutzung von dieser Informationsmöglichkeit nur geraten werden, da er damit nachprüfbare Unterlagen zur Angebotswertung erhält.

4. (1) Von der Teilnahme am Wettbewerb können Bewerber ausgeschlossen werden,

a) über deren Vermögen das Konkursverfahren oder das Vergleichsverfahren eröffnet oder die Eröffnung beantragt worden ist,

b) die sich in Liquidation befinden,

c) die nachweislich eine schwere Verfehlung begangen haben, die ihre Zuverlässigkeit als Bewerber in Frage stellt,

d) die ihre Verpflichtung zur Zahlung von Steuern und Abgaben sowie der Beiträge zur gesetzlichen Sozialversicherung nicht ordnungsgemäß erfüllt haben.

e) die im Vergabeverfahren vorsätzlich unzutreffende Erklärungen in bezug auf ihre Fachkunde, Leistungsfähigkeit und Zuverlässigkeit abgegeben haben.

(2) Der Auftraggeber kann von den Bewerbern oder Bietern entsprechende Bescheinigungen der zuständigen Stellen oder Erklärungen verlangen.

(3) Der Nachweis, daß Ausschlußgründe im Sinn von Absatz 1 nicht vorliegen, kann auch durch eine Bescheinigung nach Nr. 3 Absatz 2 geführt werden, es sei denn, daß dies widerlegt wird.

5. Justizvollzugsanstalten, Fürsorgeheime (-anstalten), Aus- und Fortbildungsstätten und ähnliche Einrichtungen sowie Betriebe der öffentlichen Hand und Verwaltung sind zum Wettbewerb mit gewerblichen Unternehmern nicht zuzulassen.

§ 9 Leistungsbeschreibung

Allgemeines

1. Die Leistung ist eindeutig und so erschöpfend zu beschreiben, daß alle Bewerber die Beschreibung im gleichen Sinne verstehen müssen und ihre Preise sicher und ohne umfangreiche Vorarbeiten berechnen können.

18 Die Abgrenzung von eindeutigen und vor allem erschöpfenden Beschreibungen einer Leistung von solchen, die diese Anforderung nicht erfüllen, ist nicht leicht, weil es hier sehr unterschiedliche Auffassungen und Handlungsweisen gibt. Grundsätzlich kann und muß der Auslober einer Leistung davon ausgehen, daß der Bieter fachkundig und daher eine lehrbuchartige Beschreibung der Leistung nicht erforderlich ist. Er kann auch voraussetzen, daß die der Leistung zugrundeliegenden Normen bekannt sind und der Bewerber mit der einschlägigen Fachliteratur vertraut ist. Soweit Leistungen in diesen Normen eindeutig und zweifelsfrei beschrieben sind, sollte diese Beschreibung nicht im Leistungsverzeichnis wiederholt werden (siehe auch Rdn 22, letzter Absatz). Der Ausschreibende muß sein Augenmerk vielmehr darauf verwenden, die Leistung in den Bereichen genau zu definieren, zu denen die Normen zusätzliche Angaben oder grundsätzliche Entscheidungen für eine Leistung von einem Ausschreibenden verlangen. In solchen Fällen fehlen in den Normen genaue Festlegungen und es wird darauf hingewiesen, daß in der Leistungsbeschreibung besondere Angaben erforderlich sind. Als Beispiele sollen aufgeführt werden:

19 1. DIN 18 915, Blatt 3 — Landschaftsbau, Bodenarbeiten für vegetationstechnische Zwecke — Bodenbearbeitungsverfahren — Absatz 4.4.3. Vegetationsschicht.

„Nach dem Schichteneinbau und nach Abschluß der in den Abschnitten 5 bis 8 genannten Bodenarbeiten ist das Planum der Vegetationsschicht nach den jeweiligen Anforderungen an die Höhengenauigkeit und Ebenflächigkeit herzustellen. Diese ist dem Verwendungszweck anzupassen".

In der Leistungsbeschreibung sind also technische Angaben zur Höhengenauigkeit und zur Ebenflächigkeit erforderlich.

20 2. DIN 18 917 — Landschaftsbau, Rasen — Absatz 3.5. Regel-Saatgutmischungen für die Rasentypen.

„In den Regel-Saatgutmischungen sollen nur solche Sorten verwendet werden, die nach der Beschreibenden Sortenliste für Rasengräser des Bundessortenamtes in der Bewertung ihrer Eigenschaften eine auf den Verwendungszweck bezogene besondere Eignung aufweisen. Auf die dort beschriebenen besonderen Raseneigenschaften wie .... ist besonders zu achten."

Neben der Aufführung der für den jeweiligen Rasentyp geforderten Rasenarten und ihrer Gewichtsanteile in der Mischung müssen demzufolge noch die gewünschten Sorten angegeben werden. Es reicht also nicht eine Angabe im Leistungsverzeichnis wie „Regel-Saatgutmischung für Spielrasen".

Daneben sollte noch angegeben werden, welche Aussaatmenge gefordert und ob gegebenenfalls die Einsaat in zwei Saatgängen verlangt wird. Es muß aber nicht beschrieben werden, wie das Saatgut einzuarbeiten (Igeln, Kreilen usw.) und die Fläche danach anzudrücken ist (Walzen, Antreten usw.).

Es handelt sich also auch hier um technische, ergänzende Angaben.

21 3. DIN 18 919 — Landschaftsbau Unterhaltungsarbeiten bei Vegetationsflächen —, Absatz 4.1.2. Entfernen von Steinen und Unrat.

„Wenn Steine und Unrat aus gelockerten Flächen entfernt werden sollen, sind hierfür im Einzelfall die Anzahl der Säuberungen und die Mindestgröße und die Art der zu entfernenden Stoffe anzugeben."

Hier sind in der Norm überhaupt keine Festlegungen erfolgt, sondern nur Hinweise gegeben, daß eine Regelung im Rahmen eines Leistungsverzeichnisses erforderlich ist, wenn an die Sauberkeit der Flächen bestimmte Anforderungen gestellt werden sollen.

Hinweise zu Bereichen, zu denen zusätzliche Aussagen und Angaben vom Auslober im Einzelfall besonders erforderlich sind, enthalten alle „Allgemeinen Technischen Vorschriften (ATV)" unter dem Kapitel „0. Hinweise für die Leistungsbeschreibung". Da auch diese Aufstellung nicht vollständig ist, muß jeweils sorgfältig abgewogen werden, was in die Leistungsbeschreibung aufzunehmen ist.

22 Vielfach wird bei Ausschreibungen nicht bedacht, daß Normen die Leistungen zwar beschreiben, aber keine Aussagen darüber machen, wieweit

Leistungen als zusammengehörend zu betrachten sind. Deshalb ist bei der Beschreibung einer Leistung genau anzugeben, was zu ihr gehört. Häufig wird statt der genauen Definition des Leistungsumfanges der zu erbringenden Leistung geschrieben: „einschließlich der erforderlichen Nebenarbeiten". Die VOB kennt den Begriff der Nebenarbeit nicht, sondern nennt in jeder ATV unter Abschnitt 4.1 eine Reihe von Nebenleistungen, die auch ohne ausdrückliche Erwähnung zur Leistung gehören (siehe Rdn 317 ff.). Alles, was über diese Nebenleistungen hinaus als Leistung gefordert wird, muß in der Leistungsbeschreibung erwähnt sein. Es reicht also nicht, wenn ausgeschrieben wird:

„Gebrauchsrasen nach DIN 18 917 herstellen". Zur eindeutigen und erschöpfenden Beschreibung dieser Leistung gehören noch die Angaben, welche Gräsersorten verwendet, und wieviel Gramm Saatgut je m^2 aufgebracht werden sollen, ob in ein oder zwei getrennten Arbeitsgängen einzusäen ist und wie die Fertigstellungspflege auszuführen ist, mit Einzelangaben zu Düngerart und -menge, Anzahl der Wässerungen, Anzahl der Schnitte und Umfang des Kantenstechens.

Nicht erforderlich zu erwähnen ist, daß das Saatgut gleichmäßig aufzubringen, daß auf gleichmäßigen Mischungszustand zu achten, daß das Saatgut gleichmäßig nicht tiefer als 0,5—1 cm einzuarbeiten und anzudrücken ist.

Als Richtschnur für den Umfang der Beschreibung können heute die Standardleistungsbücher des „Gemeinsamen Ausschusses für Elektronik im Bauwesen (GAEB)" gelten, da bei der Aufstellung und Prüfung Fachleute aus den verschiedensten Tätigkeitsbereichen beteiligt waren und sich für ihr Gewerk, das der fachlichen Gliederung des Teiles C der VOB entspricht, auf diese Formulierungen geeinigt haben.

23 Die Forderung, daß die Bieter die Leistung ohne umfangreiche Vorarbeiten berechnen können sollen, zielt darauf hinaus, daß pauschalierende Positionen, wie z. B. „1 Pergola lt. Plan Nr. 4 herstellen" oder „300 m^2 Pflanzung laut Pflanzplan Nr. 6 herstellen" unterbleiben. In solchen Fällen sind die Bieter gezwungen, vor der Preisermittlung Massenauszüge anzufertigen, auf deren Grundlage sie erst kalkulieren können. Derartige Leistungen sollen also in Einzelpositionen aufgegliedert werden, d. h. der Massenauszug wird vom Auslober der Leistung für alle Bieter vorgenommen, was einerseits wirtschaftlicher ist, als wenn jeder Bieter diese Leistung selbst erbringen muß und andererseits eine größere Sicherheit für die Vergleichbarkeit der Angebote bietet.

24 Ist eine Lieferung von Stoffen, Bauteilen, Pflanzen und/oder Pflanzenteilen durch den Auftraggeber vorgesehen und soll dem Auftragnehmer nur die Verarbeitung bzw. der Einbau bzw. das Pflanzen dieser Stoffe usw. übertragen werden, müssen diese zweifelsfrei beschrieben werden.

So reicht z. B. nicht bei der bauseitigen Lieferung von Pflanzen nur die Angabe der Anzahl der Pflanzen, ohne daß diese näher bezeichnet werden, wie z. B. Stammbüsche, Hochstämme, Sträucher usw. mit und ohne Ballen, Topfballen usw. Nicht ausreichend ist z. B. auch die bloße Angabe des Wertes (in DM) der Pflanzenlieferung, nach der dann ein Pauschalpreis für die Pflanzarbeit (in % vom Wert der Pflanzenlieferung) angegeben werden soll. Mit nur den vorgenannten Angaben könnte der für die Pflanzarbeit erforderliche Leistungsumfang nicht kalkuliert sondern bestenfalls nur geschätzt werden. Dies gilt auch für die zur Pflanzarbeit gehörenden Nebenarbeiten (siehe Rdn 32).

Notwendig ist bei bauseitiger Pflanzenlieferung nicht nur die Angabe der Pflanzengrößen, sondern auch von deren Arten. Da jede Pflanzenart ein anderes Verhalten hinsichtlich des Anwachsergebnisses aufweist, ist die Kenntnis der zu pflanzenden Arten unerläßlich für die Kalkulation des Anwachsrisikos, das insbesondere auch bei bauseitig gelieferten Pflanzen zu beachten ist, (siehe dazu auch Rdn 125).

2. **Dem Auftragnehmer soll kein ungewöhnliches Wagnis aufgebürdet werden für Umstände und Ereignisse, auf die er keinen Einfluß hat und deren Einwirkung auf die Preise und Fristen er nicht im voraus schätzen kann.**

25 Jede unternehmerische Tätigkeit ist mit einem Wagnis verbunden. Dabei müssen jedoch verschiedene Arten von Wagnis unterschieden werden. Allgemeine Wagnisse fallen bei jedem Objekt in mehr oder weniger starkem Umfang an und heben sich in ihrem Einfluß auf den Erfolg der Leistung in der Gesamtheit der Jahresleistung gegenseitig auf.

Das hervorstechende allgemeine Wagnis des Landschafts- und Sportplatzbaues ist der normale Witterungsverlauf, der den Arbeitsfortschritt und den wirtschaftlichen Erfolg erheblich beeinflussen kann, aber als branchenübliches typisches Wagnis von jedem Fachmann bei der Kalkulation berücksichtigt werden muß und auch berücksichtigt wird. Da der Witterungsverlauf nicht auf alle Einzelleistungen einer Baustelle wesentlichen Einfluß hat, kann dieses Wetterrisiko im Ausgleich mit verschiedenen gleichlaufenden Baustellen mit unterschiedlichem Arbeitsfortschritt relativ niedrig gehalten werden. Einem großen Wetterrisiko sind alle Erdarbeiten (nach DIN 18 300) und Bodenarbeiten (nach DIN 18 320) und alle vegetationstechnischen Leistungen ausgesetzt, geringer wird das Wetterrisiko, sobald nach Beendigung der Bodenarbeiten der Schichtenaufbau für Wege, Plätze und Beläge beginnt. Obwohl der Auftragnehmer auf den Witterungsverlauf keinen Einfluß hat, kann er aufgrund seiner branchentypischen Erfahrungen die möglichen Einflüsse auf Preise und Fristen normalerweise abschätzen. Fahrlässig handelt z. B. ein Auftragnehmer, der bei gesetzten Fristen eine Kapazitätsplanung ohne Beachtung des Wetterrisikos vornimmt. Seine eventuelle Einlassung, er habe die

Termine wegen des nicht abschätzbaren Witterungsverlaufes nicht einhalten können, bestünden zu Unrecht.

Schließlich zählen Witterungseinflüsse während der Ausführungszeit, mit denen bei Abgabe des Angebotes normalerweise, d. h. nach dem 20jährigen Mittel gerechnet werden muß, nach VOB/B § 6, Nr. 2 ausdrücklich nicht als Behinderung, (siehe auch Rdn 131—132).

26 Besondere Wagnisse beschränken sich auf eine einzelne Baustelle und beziehen sich in der Regel auf enggesetzte Termine oder besonders schwierige Boden- oder Wasserverhältnisse sowie Standorteinflüsse (Unwetterneigung, Wild, Weidevieh u. ä.). Sie finden z. B. ihren Niederschlag in der Kalkulation, wenn nicht mit normalem Arbeitsverlauf, sondern mit erheblichen Schwierigkeiten zu rechnen ist. Die möglichen Ursachen der besonderen Risiken müssen allen Bietern gleichermaßen durch die Ausschreibung bekanntgemacht werden, damit sie durch die Preisgestaltung diesen erhöhten Risiken und Wagnissen Rechnung tragen können. Das besondere Wagnis einer Baustelle kann z. B. durch die Mitteilung der Ergebnisse von Bodenuntersuchungen in Form von Angaben zur Korngrößenverteilung, Wasserempfindlichkeit, Lagerungsdichte, Verdichtbarkeit usw. deutlich gemacht werden. Die Wertung der Ergebnisse bleibt dabei den Bietern überlassen. Andererseits reicht es nicht zum Erkennen des besonderen Wagnisses einer Baustelle aus, wenn lediglich auf das Besichtigen der Baustelle als Erkenntnisquelle hingewiesen wird. Eine erste, zumindest warnende Erkenntnisquelle für das besondere Wagnis einer Baustelle ist die Nennung der Bodenklasse (DIN 18 300) sowie der Bodengruppe (DIN 18 915).

27 Von einem ungewöhnlichen Wagnis kann nur gesprochen werden, wenn die preis- und terminbeeinflussenden Ereignisse dem Einfluß des Auftragnehmers entzogen sind und ihr Eintritt unvorhersehbar war. War im Vorhergesagten der Witterungsverlauf als allgemeines Wagnis für den Landschafts- und Sportplatzbau eingestuft worden, so gilt diese Einstufung für Pflanz- und Rasenarbeiten nicht unbedingt. Nach DIN 18 916 — Landschaftsbau — Pflanzen und Pflanzarbeiten und DIN 18 917 — Landschaftsbau — Rasen — ist eine Fertigstellungspflege bis zur Abnahme durchzuführen. Im Rahmen dieser Fertigstellungspflege sind die Pflanzen und der Rasen bei Trockenheit zu wässern. Der Umfang dieser Leistung ist im voraus nicht zu schätzen. Er kann bei reinen Pflanzarbeiten z. B. in der freien Landschaft oder an Straßen die Kosten der Pflanzenlieferung und der Pflanzleistung weit übersteigen oder in günstigen Jahren überhaupt nicht ins Gewicht fallen. Dieses Wagnis ist für jedes Jahr typisch und auf alle Baustellen zutreffend. Ein solches Wagnis ist allenfalls im Ausgleich mehrerer Jahre ausgleichbar. Es rückt damit in trokkenen Jahren in den Bereich der „Höheren Gewalt" bzw. der „unabwendbaren, vom Auftragnehmer nicht zu vertretenden Umstände" und ist da-

mit als „ungewöhnliches Wagnis“ einzustufen (siehe auch Rdn 133 ff.). Deshalb ist es notwendig, die Leistung des Wässerns als Einzelleistung auszuschreiben. Es widerspricht dem Sinne von § 9, Nr. 2, wenn statt dessen ausgeschrieben wird: „... einschließlich der Wässerung bis zur Abnahme“.

28 I-K weisen in ihrem Kommentar jedoch darauf hin, daß es sich in § 9 Nr. 2 nur um eine „Soll-Bestimmung“ handelt, der Auslober einer solchen Leistung also nicht verpflichtet ist, nach dieser dringenden Empfehlung zu handeln. Der Bieter tut in solchen Fällen gut daran, die Möglichkeit des ungewöhnlichen Wagnisses bei seiner Preisgestaltung entsprechend zu berücksichtigen. Das führt dann bei sachgerechter Kalkulation in Zeiten der Hochkonjunktur, und wenn die Ursache des Wagnisses (z. B. ungewöhnliche Witterung) nicht eintritt, zu überhöhten Preisen und zu riskanten Preisen in Zeiten der Rezession mit der Folge von Firmenzusammenbrüchen und daraus wiederum erhöhten Kosten für den Auftraggeber zur Ausbesserung der entstandenen Schäden.

Ein Nichtbeachten der Regeln der Nr. 2 widerspricht dem übergeordneten Sinn der Bestimmung, den Auftragnehmer von bekannten und/oder möglichen Risiken frei zu halten und zu gleichmäßig kalkulierten, gut vergleichbaren Angebotspreisen zu kommen. Ein Nichtbeachten ist somit letztlich auch für den Auftraggeber von Nachteil.

Leistungsbeschreibung mit Leistungsverzeichnis

3. **Die Leistung soll in der Regel durch eine allgemeine Darstellung der Bauaufgabe (Baubeschreibung) und ein in Teilleistungen gegliedertes Leistungsverzeichnis beschrieben werden.**

29 Jede Partnerschaft auf der Baustelle setzt voraus, daß Einigkeit über das Ziel der Leistung besteht. Dazu ist es sinnvoll, durch eine allgemeine Darstellung der Bauaufgabe im Rahmen von Vorbemerkungen eine Einführung und einen Überblick über die erwartete Leistung zu geben. In der Regel läßt sich für den Bieter schon daraus ableiten, welche Qualitätsansprüche gestellt werden und ob er ausreichend fachkundig für diese Leistung ist. Zur allgemeinen Darstellung der Bauaufgabe sollte auch eine Massenübersicht über die wesentlichsten Positionen gehören.

Bei der Aufgliederung des Leistungsverzeichnisses in Teilleistungen sind die besonderen Hinweise von § 9, Nr. 4 bis Nr. 9 zu beachten.

4. **(1) Um eine einwandfreie Preisermittlung zu ermöglichen, sind alle sie beeinflussenden Umstände festzustellen und in den Verdingungsunterlagen anzugeben.**

(2) Erforderlichenfalls ist die Leistung auch zeichnerisch oder durch Probestücke darzustellen oder anders zu erklären, z. B. durch Hinweise auf ähnliche Leistungen, durch Massen- oder statische Berechnungen. Zeichnungen und Proben, die für die Ausführung maßgebend sein sollen, sind eindeutig zu bezeichnen.

(3) Erforderlichenfalls sind auch der Zweck und die vorgesehene Beanspruchung der fertigen Leistung anzugeben.

(4) Boden- und Wasserverhältnisse sind so zu beschreiben, daß der Bewerber den Baugrund und seine Tragfähigkeit, die Grundwasserverhältnisse und die Einflüsse benachbarter Gewässer auf die bauliche Anlage und die Bauausführung hinreichend beurteilen kann; erforderlichenfalls sind auch die zu beachtenden wasserrechtlichen Vorschriften anzugeben.

(5) Gegebenenfalls sind auch andere Verhältnisse der Baustelle hinreichend genau anzugeben, wie:

im Baugelände vorhandene Anlagen, insbesondere Abwasser- und Versorgungsleitungen,

Zugangswege,

notwendige Verbindungswege zwischen Arbeitsplätzen und der vorgeschriebenen Lagerstelle,

Anschlußgleise,

Plätze für Unterkünfte,

Lagerplätze,

benutzbare Wasserstellen,

Anschlüsse für Energie,

etwaige Entgelte für die Benutzung von Einrichtungen oder Plätzen.

30 Die Beschreibung einer Teilleistung in einem Leistungsverzeichnis beginnt in der Regel mit der Darstellung des Zweckes der Leistung und mit der Angabe, welche Beanspruchung für dieses Bauteil zu erwarten ist. So ist es z. B. für den Bieter, der neben der Ermittlung seines Preises auch die Leistung auf Übereinstimmung mit den Regeln der Technik überprüfen muß, wichtig, ob von ihm ein Gebrauchsrasen, ein Zierrasen, ein Landschaftsrasen, ein Parkplatzrasen oder ein Spielrasen verlangt wird.

Als nächstes sind die geforderten Dimensionen und Maße anzugeben, wobei Skizzen und Zeichnungen als zusätzliche Hilfsmittel zur Verdeutlichung der Leistung herangezogen werden können, wenn dadurch die Beschreibung eindeutiger wird. Nach Praxiserfahrung ist bei baulichen Leistungen, wie z. B. dem Bau einer Pergola, eines Brunnens, eines Tores usw. sogar dringend zu einer zeichnerischen Darstellung der Leistung zu raten. Schlosser, Zimmerer und andere Handwerker, die oft als Nachunternehmer auftreten, können eine Leistung oft besser anhand von Zeichnungen beurteilen und kalkulieren als aus einer verbalen Beschreibung. Unzureichend ist dagegen, statt einer Beschreibung lediglich auf eine Zeichnung zu verweisen. Es sollte in jedem Falle eine Baustoff-/Bauteilliste aufgestellt werden.

Im nächsten Arbeitsschritt sind alle die Leistung beeinflussenden Faktoren anzugeben. Im Landschafts- und Sportplatzbau sind das vor allem die Boden- und Wasserverhältnisse und die Geländeneigung. Sofern eine bodenmechanische oder bodenphysikalische Untersuchung stattgefunden hat, sind die Untersuchungsergebnisse in Form von Körnungslinien, Proctorwerten, Konsistenzgrenzen u. a. dem Leistungsverzeichnis beizugeben. Die Angabe der Bodengruppe allein genügt nicht in jedem Falle dem hier gestellten Anspruch, daß der Bewerber die Einflüsse auf die Bauausführung und die baulichen Anlagen, d. h. die erforderlichen technischen Maßnahmen, z. B. zur Verbesserung des Bodens, hinreichend beurteilen kann. Der Verweis darauf, daß der Bewerber durch Besichtigung der Baustelle, zu der er in der Regel durch zusätzliche Vertragsbedingungen verpflichtet wird, die Verhältnisse abschätzen könne, ist nicht immer zutreffend, da Feldversuche als Spaten- und Fingerproben Laboruntersuchungen nicht ersetzen können und die Erkenntnisse aus Felduntersuchungen häufig nicht ausreichen. Bei Erdarbeiten treten häufig die Schwierigkeiten erst bei Abträgen in größerer Tiefe auf, die durch Spatenproben nicht erreichbar sind.

Es ist jedoch nicht erforderlich z. B. jeder Position die Bodengruppe, die Geländeneigung u. ä. anzugeben, wenn diese auf der ganzen Baustelle bzw. bei jeder Position gleich sind. Hier genügt dann eine vorangehende Nennung der örtlichen Verhältnisse in einer allgemeinen Baustellenbeschreibung. In diesem Zusammenhang muß besonders darauf hingewiesen werden, daß die Normen des Landschafts- und Sportplatzbaues den Planer verpflichten, entsprechende Voruntersuchungen vorzunehmen (siehe Kommentar zu DIN 18 915, sowie Kommentare zu DIN 18 035).

31 Besondere Erwähnung bedarf die Vorschrift aus § 9, Nr. 4 Abs. 5, daß gegebenenfalls auch die im Baugelände vorhandenen Anlagen, insbesondere Abwasser- und Versorgungsleitungen anzugeben sind. Sind solche Anlagen vorhanden, wird vom Auftragnehmer eine besondere Sorgfalt bei entsprechender Leistungsminderung im Nahbereich der Leitungen verlangt, die bei der Kalkulation berücksichtigt werden muß. Stellt sich erst nach Auftragserteilung heraus, daß Leitungen vorhanden sind und entsprechende Vorsicht geboten ist, haben sich die vertraglichen Voraussetzungen geändert. Der Auftragnehmer hat gegebenenfalls Anspruch auf Preisänderungen. Zur vertraglichen Regelung der Suche nach Leitungen, deren Lage nicht genau bekannt ist, siehe auch Rdn 395.

5. **Leistungen, die nach den Vertragsbedingungen, den Technischen Vorschriften oder der gewerblichen Verkehrssitte zu der geforderten Leistung gehören (B § 2 Nr. 1), brauchen nicht besonders aufgeführt zu werden.**

32 Die Fachnormen des Landschafts- und Sportplatzbaus beschreiben die Leistungen in der Regel eindeutig, allerdings ist nicht festgelegt, was als zusammengehörende Leistung aufzufassen ist. Unter Rdn 18 bis 22 wurde zu diesem Punkt schon Stellung genommen. Eindeutig gehören zur Leistung die dem Vertrag zugeordneten Teile der in VOB/B § 2 Nr. 2 genannten Unterlagen. Soweit im Einzelnen Zweifel an der Zugehörigkeit zur Leistung bestehen könnten, muß die Leistungsbeschreibung eindeuti-

ge Bestimmungen enthalten. Nach der Verkehrssitte des Landschaftsbaus gehören zur Leistung „Pflanzarbeit" das Ausheben der Pflanzgrube in der normgerechten Größe, der erforderliche Rückschnitt von Wurzeln und oberirdischen Teilen, das Pflanzen selbst, das Anwässern, einschließlich Herstellens der Gießränder, sowie als Teilleistung Schutzmaßnahmen wie Schutz gegen Austrocknen, Wildverbiß, die in die Leistung eingehen, (siehe auch Rdn 33).

33 Wird (im Regelfalle) vom Auftraggeber erwartet, daß Schutzvorrichtungen wie Verankerungen (Baumpfähle, Dreiböcke usw.), Wildverbißschutz (durch Vorrichtungen wie Drahthosen u. ä.) und Schutz gegen Weidevieh (z. B. Stangengevierte) auch nach der Abnahme auf der Baustelle verbleiben, sind sie nicht mehr als Nebenleistungen im Sinne dieses Abschnittes zu betrachten. Sie sind als gesonderte Leistung zu vergeben, d. h., auch als solche auszuschreiben. Dies gilt insbesondere dann, wenn der Auftraggeber eine bestimmte Art der Ausführung bei diesen Schutzvorrichtungen fordert, wie z. B. bestimmte Abmessungen (Höhe, Dicke) oder bestimmte Ausbildung (Dreiböcke oder Drahtanker).

34 Die darüber hinausgehenden Leistungen der Fertigstellungspflege gehören nicht zur Leistung der Pflanzarbeit. Für diese Leistungen sind besonder Ansätze erforderlich. Im einzelnen wird zur Frage, welche Leistungen als zusammengehörend im Sinne dieses Abschnittes aufzufassen sind, in der Kommentierung der einzelnen Fachnormen Stellung genommen (siehe dazu auch Rdn 51).

6. Werden vom Auftragnehmer besondere Leistungen verlangt, wie

Beaufsichtigung der Leistungen anderer Unternehmer,

Sicherungsmaßnahmen zur Unfallverhütung für Leistungen anderer Unternehmer,

besondere Schutzmaßnahmen gegen Witterungsschäden, Hochwasser und Grundwasser,

Versicherung der Leistung bis zur Abnahme zugunsten des Auftraggebers oder Versicherung eines außergewöhnlichen Haftpflichtwagnisses,

besondere Prüfung von Stoffen und Bauteilen, die der Auftraggeber liefert,

oder verlangt der Auftraggeber die Abnahme von Stoffen oder Bauteilen vor Anlieferung zur Baustelle, so ist dies in den Verdingungsunterlagen anzugeben; gegebenenfalls sind hierfür besondere Ansätze (Ordnungszahlen) vorzusehen.

35 In Einzelfällen kann es zu einer Beauftragung des Auftragnehmers zur Beaufsichtigung anderer Unternehmer kommen. So könnte z. B. dem Landschaftsbau-Auftragnehmer aufgetragen werden, daß er darauf achten soll, daß bei der Verfüllung von Arbeitsräumen und Gräben (durch den Rohbau-Unternehmer oder Erdbau-Unternehmer) aus diesen zuvor Bauabfälle herausgeräumt werden, geeigneter Boden eingebracht wird und dieser lagenweise verdichtet wird. Grundsätzlich sollte jedoch nur in Einzelfällen von einer solchen Regelung Gebrauch gemacht werden, da

sich damit u. U. Verschiebungen hinsichtlich der Gewährleistungsverpflichtung unter den Unternehmern ergeben können. Auch ist es einem Auftragnehmer nicht zuzumuten, daß er für ihn fachfremde Leistungen überwacht.

36 Häufiger ist schon eine Beauftragung des Landschaftsbau-Auftragnehmers zur Vornahme von Sicherungsmaßnahmen zur Unfallverhütung, die nicht nur für Leistungen des Auftragnehmers wirken, sondern auch Leistungen anderer Unternehmer schützen, wie z. B Sicherungen gegen nachrutschenden Boden mit Verkehrssicherungen. Gehen diese Sicherungen über das Maß hinaus, das für den Unfallschutz der Auftragnehmerleistungen erforderlich ist, ist für den zusätzlich notwendigen Teil der Sicherungsmaßnahmen ein besonderer Ansatz in der Leistungsbeschreibung vorzusehen.

37 Die Schutzmaßnahmen gegen normales Tagwasser sind in der Regel eine Nebenleistung. Die besondere Witterungsanfälligkeit der Landschaftsbauleistungen, insbesondere der Bodenarbeiten machte jedoch eine Einschränkung dieses allgemeinen Grundsatzes erforderlich, wie sie aus VOB/C DIN 18 320 Abschnitt 4.1.9. hervorgeht, (siehe auch Rdn 345 ff.).

Ist die Sicherung gegen Tagwasser mit einfachen Mitteln wie z. B. Gräben (ohne Verbau) nicht mehr ausreichend und werden Sicherungsbaumaßnahmen erforderlich wie sie in DIN 18 918 aufgeführt sind, sind diese nicht mehr als Nebenleistung zu betrachten und erfordern besondere Ansätze in der Leistungsbeschreibung.

38 Sicherungen gegen andere Witterungsschäden wie Frost, Regen (z. B. bei wasserempfindlichen Kunststoffbelagarbeiten) u. ä. müssen dann besondere Ansätze in der Leistungsbeschreibung erhalten, wenn die Ausführung solcher witterungsgefährdeter Leistungen ausdrücklich vom Auftraggeber verlangt wird, z. B. aus Termingründen, die der Auftraggeber zu vertreten hat. Hierbei ist jedoch zu beachten, daß Behinderungen aus Witterungsgründen, mit dem der Auftragnehmer in der vorgesehenen Bauzeit normalerweise rechnen muß, außer Betracht bleiben (siehe dazu Rdn 131).

39 Auch dann sind Sicherungsmaßnahmen gegen Hochwasser und Grundwasser mit besonderen Ansätzen in die Leistungsbeschreibung aufzunehmen, wenn mit diesen während der Bauzeit nur bedingt zu rechnen ist.

Gegebenenfalls sind diese Ansätze als Eventual- bzw. Bedarfspositionen zu kennzeichnen.

40 Verlangt der Auftraggeber eine besondere Versicherung der Leistung bis zur Abnahme, also eine Versicherung über das gewöhnliche Haftpflichtrisiko des Auftragnehmers hinaus, muß hier ein besonderer Ansatz in der Leistungsbeschreibung vorgesehen werden. Zu beachten ist jedoch, daß

in der Regel vegetationstechnische Leistungen nicht von derartigen Versicherungen (Bauwesenversicherungen) gedeckt werden.

41 Bei besonders gefahrgeneigten Leistungen, wie z. B. Baumfällarbeiten, empfiehlt sich neben besonderen Ansätzen für die Kosten einer entsprechenden Haftpflichtversicherung das Verlangen des Nachweises, daß der Auftragnehmer tatsächlich eine solche Versicherung in ausreichender Höhe (Personen-, Sach- und Vermögensschäden) abgeschlossen hat.

42 Verlangt der Auftraggeber vom Auftragnehmer besondere Prüfungen beigestellter Stoffe, wie z. B. Laboruntersuchungen an beigestelltem Boden zur Prüfung auf Eignung für Sportrasentragschichten, oder die Prüfung von beigestellten Pflanzen bei der Anlieferung in Bezug auf deren Beschaffenheit und Anzahl, müssen für derartige Zusatzleistungen besondere Ansätze in die Leistungsbeschreibung aufgenommen werden.

43 Verlangt der Auftraggeber die Abnahme von Stoffen, Bauteilen, Pflanzen und Pflanzenteilen vor der Anlieferung zur Baustelle, muß dies in der Leistungsbeschreibung gefordert werden. So kann z. B. die Besichtigung von Solitärgehölzen in einer weit entfernt liegenden Baumschule erhebliche Kosten (Fahrtkosten, Zeitaufwand, Tagegeld) verursachen. Auch das manchmal verlangte Mischen von Saatgut in einer Mischanlage unter Aufsicht des Auftraggebers kann zusätzliche Kosten erfordern.

44 Für alle in Rdn 35 bis 43 genannten Fälle sind in den Verdingungsunterlagen besondere Ansätze vorzusehen. Dies sollte in der Regel in der Leistungsbeschreibung geschehen oder auch an anderer Stelle in den Ausschreibungsunterlagen, wie z. B. in „Besonderen Vertragsbedingungen", „Zusätzlichen Technischen Vorschriften". Es muß jedoch die Klarheit und Übersichtlichkeit dieser zusätzlichen Anforderungen des Auftraggebers gewahrt sein. Handelt es sich um eine spezielle Anforderung zu einer bestimmten Leistung, sollte diese auch in unmittelbarem Bezug zu dieser Leistung angeordnet werden, d. h. entweder vor oder hinter diese Leistung im Leistungsverzeichnis oder aber auch in den Text der Beschreibung der betreffenden Leistung.

7. (1) Bei der Beschreibung der Leistung sind die verkehrsüblichen Bezeichnungen anzuwenden und die einschlägigen Normen zu beachten; insbesondere sind die Hinweise für die Leistungsbeschreibung in den Allgemeinen Technischen Vorschriften zu berücksichtigen.

45 Zu einer eindeutigen Beschreibung einer Leistung gehört auch die Verwendung von allgemein gültigen Bezeichnungen, d. h. von solchen Bezeichnungen, die im Kreise der beteiligten Fachleute verkehrsüblich sind. Die Anwendung der einschlägigen Normen zwingt dabei insbesondere zur Allgemeingültigkeit der zu verwendenden Begriffe, von nur regional- oder ortsüblichen Begriffen sollte man möglichst keinen Gebrauch machen.

46 Der Hinweis auf die Notwendigkeit der Beachtung der einschlägigen Normen bezieht sich jedoch nicht nur auf die Verwendung normengerechter Begriffe, sondern auch auf die Beachtung der einschlägigen Normen in Bezug auf die Auswahl der Baustoffe, Bauteile, Pflanzen, Pflanzenteile und die Art der geforderten Bauverfahren.

Mit einer konsequenten Beachtung der Normen kann der Text der Beschreibung einzelner Leistungen kurz gehalten werden, da meist wesentliche Leistungsmerkmale bereits in den Normen festgelegt sind und den beteiligten Fachleuten nach Art und Umfang bekannt sein müssen (siehe auch Rdn 18).

47 Der hier festgelegte Zwang zur Beachtung der einschlägigen Normen bei der Beschreibung der Leistungen schließt aber auch den Zwang zu einer normengerechten Planung ein. Nur eine normengerecht geplante Leistung kann auch normengerecht ausgeschrieben und normengerecht beschrieben werden.

48 Die Hinweise für die Leistungsbeschreibung sind in den Allgemeinen Technischen Vorschriften im Abschnitt 0 enthalten. Sie geben Hinweise darauf, an welcher Stelle besondere Angaben zusätzlich zu den Festlegungen der Normen erforderlich sind. Da sie nicht vollständig sind, sondern nur allgemeiner Natur sein können, was durch den Hinweis „insbesondere" erfolgt, sind die Aussagen der Normen und die Kommentare zu ihnen besonders zu beachten.

Andererseits wird durch die Neuaufnahme dieser Bestimmung und durch den Gebotscharakter („sind") dem Auftraggeber eine besonders betonte Verpflichtung zur Befolgung der Hinweise zur Leistungsbeschreibung auferlegt.

(2) Bestimmte Erzeugnisse oder Verfahren sowie bestimmte Ursprungsorte und Bezugsquellen dürfen nur dann ausdrücklich vorgeschrieben werden, wenn dies durch die Art der geforderten Leistung gerechtfertigt ist.

49 Die Festlegung von Ursprungsorten ist z. B. im Sportplatzbau vor allem bei Ausgangsbaustoffen für Rasensportplätze häufig unumgänglich, weil in der Regel vor der Ausschreibung der Leistung durch verschiedene Versuche eine Rezeptur mit Baustoffen (Sande, Torf, Oberboden u. a.) festgelegt wird, die in der näheren Umgebung des Sportplatzes anstehen, um eine wirtschaftliche Herstellung der Drän- und Rasentragschicht zu sichern.

(3) Bezeichnungen für bestimmte Erzeugnisse oder Verfahren (z. B. Markennamen) dürfen ausnahmsweise, jedoch nur mit dem Zusatz „oder gleichwertiger Art" verwendet werden, wenn eine Beschreibung durch hinreichend genaue, allgemeinverständliche Bezeichnungen nicht möglich ist.

50 Wegen unterschiedlicher Formgebung und Qualitäten ist bei Ausstattungsgegenständen im Landschafts- und Sportplatzbau die Nennung bestimmter Erzeugnisse nicht zu umgehen. Durch die Normen des Landschafts- und Sportplatzbaues ist es jedoch möglich, in vielen Fällen auf die Nennung bestimmter Fabrikate zu verzichten. Das trifft besonders auf Spiel- und Sportplatzbeläge zu, die nach bestimmten Qualitätsmerkmalen ausgeschrieben werden können. Zur Beurteilung und Wertung von Angeboten ist es jedoch häufig sinnvoll, vom Bieter die Produktbezeichnung in das Angebot eintragen zu lassen.

8. (1) Im Leistungsverzeichnis ist die Leistung derart aufzugliedern, daß unter einer Ordnungszahl (Position) nur solche Leistungen aufgenommen werden, die nach ihrer technischen Beschaffenheit und für die Preisbildung als in sich gleichartig anzusehen sind. Ungleichartige Leistungen sollen unter einer Ordnungszahl (Sammelposition) nur zusammengefaßt werden, wenn eine Teilleistung gegenüber einer anderen für die Bildung eines Durchschnittspreises ohne nennenswerten Einfluß ist.

51 Die nachstehende Position ist ein Beispiel für eine unzulässige Sammelposition, die außerdem noch § 9.1 widerspricht.

„Pos. ....

Pflanzarbeit

Hierfür werden berechnet .... % der Pos. 52 (Pos. 52 enthält die Lieferung von Pflanzen verschiedenster Arten und Größen) mit DM ....

Im Preis sind enthalten Beifuhr, Verpackung, evtl. Zwischeneinschlag, Herstellen der Pflanzlöcher mindestens das anderthalbfache der Ballen- bzw. Wurzelgröße, Anpfählen usw. einschließlich liefern und versetzen der notwendigen Baumpfähle und Bindematerialien. Pflanzflächen sind bis zur Abnahme ohne besondere Vergütung zu pflegen und zu wässern."

Ziel der Festlegungen in § 9 Nr. 8 Abschn. 1 ist es, überschaubare, kalkulierbare Positionen zu schaffen, die bei der Wertung der Angebote auch einen Vergleich zulassen. Dieser Forderung wird die vorstehende Position nicht gerecht, weil in ihr verschiedenartige Leistungen und Lieferungen enthalten sind, die sowohl in ihrer technischen Beschaffenheit als auch in ihrer Bedeutung für die Preisbildung erheblich voneinander abweichen.

In dieser Sammelposition sind enthalten:

a) Pflanzarbeit mit Angießen und Wiederherrichten der Pflanzfläche,

b) Sichern der Bäume und Großgehölze, die nur einen Teil der Gesamtpflanzenlieferung ausmachen, einschließlich der Lieferung der entsprechenden Baumpfähle und des Bindematerials und

c) Fertigstellungspflege mit den so unterschiedlichen Einzelleistungen des Lockerns und Säuberns, des Wässerns einschließlich der Wasserlieferung, des Düngens einschließlich der Düngerlieferung, des Nachschneidens und des Nachrichtens der Verankerung.

Diese Teilleistungen sind in sich schon so unterschiedlich, daß sie nur sehr schwer in den Einzelpreis einer Sammelposition einzubringen sind. Schwerwiegender wird bei dieser Art der Ausschreibung noch, daß die Kosten der verschiedenen Teilleistungen auf verschieden große, auch bei gleicher Größe verschieden teuren Pflanzen mit einem einheitlichen Prozentsatz umgelegt werden müssen. Diese Art der Ausschreibung von Pflanzarbeiten ist im Landschaftsbau weit verbreitet, ohne daß bisher dagegen ernstlich opponiert wurde. Das besagt aber nicht, daß damit ein den Grundregeln der VOB zuwiderlaufendes Gewohnheitsrecht abgeleitet werden könnte oder sollte. War früher das prozentuale Angebot der Pflanzenleistung nur auf diese beschränkt, so wird im genannten Beispiel auch noch die Fertigstellungspflege einbezogen. Zur kostengerechten Kalkulation, d. h. Errechnung des Prozentsatzes muß der Bieter folgende Vorleistungen erbringen:

1. Auszug gleichartiger Pflanzengrößen aus der Pflanzenliste zur Ermittlung der Lohnkosten und der Maschinenkosten für Transportarbeiten und Aushubarbeiten bei größeren Pflanzgruben.

2. Auszug der zur Sicherung der Bäume und Großgehölze erforderlichen Baumpfähle oder Drahtsicherungen und Ermittlung der dafür erforderlichen Material- und Lohnkosten.

3. Ermittlung der Größe der Pflanzflächen zur Berechnung der Lohnkosten für die Lockerungs- und Säuberungsleistung unter vorheriger Rückfrage, in welchem Umfang diese Leistung erbracht werden soll, da die DIN 18 916 — Landschaftsbau — Pflanzen und Pflanzarbeiten — nur eine Regelzahl für die Dauer einer Vegetationsperiode angibt, die Abnahme aber schon früher als am Ende der Vegetationsperiode stattfinden kann.

4. Rückfrage beim Ausschreibenden, welcher Dünger und welche Düngermengen vorgesehen werden sollen zur Ermittlung der Dünger- und Lohnkosten, denn in DIN 18 916 wird zwar eine Düngung im Rahmen der Fertigstellungspflege gefordert, aber eine Festlegung über Art und Menge im Rahmen des Leistungsverzeichnisses verlangt.

5. Abschätzung des Witterungsrisikos zur Bemessung der Lohn- und Wasserkosten.

6. Ermittlung der Pflanzenpreise durch Auswertung der vorlaufenden Position, die die Pflanzenlieferung enthält.

7. Umlage der unter 1—5 ermittelten Kosten auf die Kosten der unter 6. festgestellten Pflanzenlieferung durch einen errechneten Prozentsatz.

Statt dieser Sammelposition ist es also erforderlich, die Leistungen in Einzelpositionen aufzugliedern. Bei den Pflanzarbeiten bieten sich dazu zwei Möglichkeiten an. Entweder wird die Pflanzleistung direkt an die Pflanzenlieferung für jede Einzelpflanze — nach Art und Größe getrennt — gebunden unter Einschluß des Aushubes der Pflanzengruben, u. U. auch der Sicherung und der Wiederherrichtung der Pflanzflächen, oder die Pflanzenlieferung wird von der Pflanzleistung getrennt, unter gleichzeitiger Aufgliederung der Pflanzleistung in Positionen mit gleichartigen Pflanzengrößen.

In gesonderten Positionen sind dann die Leistungen der Fertigstellungspflege aufzuführen. Dabei können z. B. das Lockern und Säubern von Pflanzflächen und das Nachrichten von Pflanzenverankerungen sowie das Nachschneiden in einer Sammelposition zusammengefaßt werden, weil das Nachrichten in der Regel kaum erforderlich ist, und das Nachschneiden, wenn überhaupt erforderlich, im Aufwand bezogen auf die Gesamtleistung absolut unerheblich ist (siehe dazu Neue Landschaft-Arbeitsblätter 10.4.1.1 und 10.4.1.2).

(2) Für die Einrichtung größerer Baustellen mit Maschinen, Geräten, Gerüsten, Baracken und dergleichen und für die Räumung solcher Baustellen sowie für etwaige zusätzliche Anforderungen an Zufahrten (z. B. hinsichtlich der Tragfähigkeit) sind besondere Ansätze (Ordnungszahlen) vorzusehen.

52 Nach den Allgemeinen Technischen Vorschriften ist das Einrichten der Baustelle und das Räumen nach Beendigung der Leistung eine Nebenleistung, wenn nicht ein besonderer Ansatz dafür erfolgt. Nach § 9, Nr. 8, Abschn. 2 sind für die Einrichtung größerer Baustellen besondere Ansätze vorzunehmen. Eine eindeutige Definition, was als größere Baustelle anzusehen ist, gibt es nicht. I-K sprechen von einer größeren Baustelle erst, wenn sie „einer über das übliche Maß hinausgehenden Einrichtung bedarf, für deren Erstellung und Räumung erhebliche Kosten aufzuwenden sind."

Nach der Arbeitsstättenverordnung (ArbStättV) vom 20.3.75 ist eine Kleinbaustelle definiert als Baustelle mit nicht mehr als vier Arbeitnehmern bei einer Beschäftigung von längstens einer Woche. Für alle darüber hinausgehenden Baustellen werden besondere Einrichtungen zum Schutz der Arbeitnehmer verlangt. Deshalb ist es sicher sinnvoll, bei allen über der Größenordnung einer Kleinbaustelle im Sinne der Arbeitsstättenverordnung liegenden Baustellen oder Baustellen, soweit sie den Einsatz größerer Maschinen — also nicht nur handgeführter Kleinmaschinen — erfordern, aus Gründen der besseren Kalkulierbarkeit und der daraus resultierenden Preiswahrheit einen besonderen Ansatz für die Einrichtung, Vorhaltung der Einrichtung und Räumung der Baustelle vorzusehen.

Ein besonderer Ansatz für das Einrichten, Vorhalten und Räumen einer Baustelle ist in jedem Falle erforderlich bei Unterhaltungsarbeiten nach

DIN 18 919, weil nach DIN 18 320 — Landschaftsbauarbeiten — Absatz 4.3.11 das Vorhalten von Aufenthalts- und Lagerräumen bei Unterhaltungsarbeiten keine Nebenleistung ist. In der Regel wird bei diesen Leistungen davon ausgegangen, daß der Auftraggeber leicht verschließbare Aufenthalts- und Lagerräume zur Verfügung stellt. Zu diesem Problemkreis sind auch die Ausführungen zu Rdn 392 ff. zu beachten

(3) Sollen Lohn- und Gehaltsnebenkosten (z. B. Wegegelder, Fahrtkosten, Auslösungen) gesondert vergütet werden, so ist die Art der Vergütung (z. B. durch Pauschalsumme oder auf Nachweis) in den Verdingungsunterlagen zu bestimmen.

9. Für Änderungsvorschläge und Nebenangebote gilt § 17 Nr. 4 Absatz 3.

Leistungsbeschreibung mit Leistungsprogramm

10. Wenn es nach Abwägen aller Umstände zweckmäßig ist, abweichend von Nr. 3 zusammen mit der Bauausführung auch den Entwurf für die Leistung dem Wettbewerb zu unterstellen, um die technisch, wirtschaftlich und gestalterisch beste sowie funktionsgerechte Lösung der Bauaufgabe zu ermitteln, kann die Leistung durch ein Leistungsprogramm dargestellt werden.

11. (1) Das Leistungsprogramm umfaßt eine Beschreibung der Bauaufgabe, aus der die Bewerber alle für die Entwurfsbearbeitung und ihr Angebot maßgebenden Bedingungen und Umstände erkennen können und in der sowohl der Zweck der fertigen Leistung als auch die an sie gestellten technischen, wirtschaftlichen, gestalterischen und funktionsbedingten Anforderungen angegeben sind, sowie gegebenenfalls ein Musterleistungsverzeichnis, in dem die Mengenangaben ganz oder teilweise offengelassen sind.

(2) Nr. 4 bis 9 gelten sinngemäß.

12. Von dem Bieter ist ein Angebot zu verlangen, das außer der Ausführung der Leistung den Entwurf nebst eingehender Erläuterung und eine Darstellung der Bauausführung sowie eine eingehende und zweckmäßig gegliederte Beschreibung der Leistung — gegebenenfalls mit Mengen- und Preisangaben für Teile der Leistung — umfaßt. Bei Beschreibung der Leistung mit Mengen- und Preisangaben ist vom Bieter zu verlangen, daß er

a) die Vollständigkeit seiner Angaben, insbesondere die von ihm selbst ermittelten Mengen, entweder ohne Einschränkung oder im Rahmen einer in den Verdingungsunterlagen anzugebenden Mengentoleranz vertritt und daß er

b) etwaige Annahmen, zu denen er in besonderen Fällen gezwungen ist, weil zum Zeitpunkt der Angebotsabgabe einzelne Teilleistungen nach Art und Menge noch nicht bestimmt werden können (z. B. Aushub-, Abbruch- oder Wasserhaltungsarbeiten), — erforderlichenfalls anhand von Plänen und Mengenermittlungen — begründet.

53 Auf das Für und Wider zu dieser Art der Leistungsbeschreibung soll hier nicht im einzelnen eingegangen werden. Für Bauvorhaben des Landschafts- und Sportplatzbaues wird sie in der Regel ohnehin kaum angewendet. Häufiger werden allerdings Leistungen des Landschafts- und Sportplatzbaues als Teile eines größeren Bauvorhabens davon betroffen.

Dabei wird dann leider oft dem Bereich des Landschafts- und/oder Sportplatzbaues im Leistungsprogramm nicht ausreichend Beachtung geschenkt. Wenn dann bei der Wertung der Angebote, insbesondere bei der Prüfung der Angebote auf Vollständigkeit und Übereinstimmung mit den Regeln der Technik für den Landschafts- und/oder Sportplatzbau ebenfalls nicht ausreichende Sorgfalt aufgebracht wird — was wegen fehlender fachlicher Qualifikation von Ausschreibenden und Angebotsprüfern oft der Fall ist — steht dann am Ende ein unzulängliches Werk, unzulänglich in Form, technischer Beschaffenheit und Funktionsfähigkeit. Diesen Ausführungen mag man Subjektivität vorwerfen können, sie beruhen jedoch auf Praxiserfahrung.

§ 10 Vertragsbedingungen

1. In den Verdingungsunterlagen ist vorzuschreiben, daß die allgemeinen Vertragsbedingungen für die Ausführung von Bauleistungen (VOB/B) und die Allgemeinen Technischen Vorschriften für Bauleistungen (VOB/C) Bestandteile des Vertrages werden. Das gilt auch für etwaige Zusätzliche Vertragsbedingungen und etwaige Zusätzliche Technische Vorschriften, soweit sie Bestandteile des Vertrages werden sollen.

54

Nachdem bereits in § 9 ein Teil der Verdingungsunterlagen — die Leistungsbeschreibung — genannt wurde, wird hier geregelt, was weiter zu den Verdingungsunterlagen gehören muß und noch gehören kann. Zwangsläufig dazu gehören müssen die „Allgemeinen Vertragsbedingungen für die Ausführung von Bauleistungen" (VOB/B) und die „Allgemeinen Technischen Vorschriften für Bauleistungen" (VOB/C) und zwar diese in ihrer Gesamtheit, wobei jeweils die Vorschriften der ATV Geltung erhalten, die einen fachlichen Bezug zur geforderten Leistung haben.

Während in VOB/B und VOB/C die Tatbestände geregelt werden, die nach langjähriger Erfahrung bei allen Bauvorhaben auftreten oder auftreten können, kann es das einzelne Bauvorhaben mit sich bringen, daß dort besondere Verhältnisse auftreten, die besondere zusätzliche vertragsrechtliche oder technische Vorschriften erforderlich machen. Auch können Auftraggeber, die regelmäßig mit der Vergabe und Durchführung von Bauvorhaben allgemeiner Art, aber auch insbesondere spezieller Art, wie z. B. des Landschafts- und Sportplatzbaues, befaßt sind, zusätzliche vertragsrechtliche und technische Regeln aufstellen. Diese gelten dann allgemein für den Bereich dieses Auftraggebers und können dann für diesen eine Verfahrensvereinheitlichung gegenüber seinem Auftragnehmerkreis bedeuten, was letzlich auch für diesen Vorteile bringen kann.

Diese „Zusätzlichen Vertragsbedingungen" und „Zusätzlichen Technischen Vorschriften" können und dürfen die VOB/B und VOB/C nicht ersetzen oder diese verändern. sondern nur ergänzen (siehe auch Rdn 56 und Rdn 57).

55 Alle Behörden des Bundes und der Länder sowie die Gemeinden, Landkreise, Zweckverbände, Schulverbände u. ä. sind verpflichtet, die VOB in der jeweils zum Zeitpunkt des Vertragsabschlusses geltenden neuesten Ausgabe in allen ihren Teilen anzuwenden und zwar grundsätzlich unverändert.

2. (1) Die Allgemeinen Vertragsbedingungen bleiben grundsätzlich unverändert. Sie können von Auftraggebern, die ständig Bauleistungen vergeben, für die bei ihnen allgemein gegebenen Verhältnisse durch Zusätzliche Vertragsbedingungen ergänzt werden. Diese dürfen den Allgemeinen Vertragsbedingungen nicht widersprechen.

56 Wenn in diesem Absatz gefordert wird, daß die „Allgemeinen Vertragsbedingungen" unverändert bleiben, so besagt das, daß der Auftraggeber nicht die ihm unangenehmen Passagen ausschließen darf und nur die ihm vorteilhaft erscheinenden Regeln belassen kann. Ein typisches Beispiel für eine solche Handlungsweise ist die Aufhebung des § 2 VOB/B durch folgenden Passus in den „Zusätzlichen Vertragsbedingungen": „Massenmehrungen oder -minderungen haben keinen Einfluß auf den Einheitspreis".

Es ist der Sinn der „Allgemeinen Vertragsbedingungen", daß sich die Vertragsparteien auf die Regeln einigen, die allgemein als sinnvoll für das Bauwesen erkannt und festgelegt sind.

In der Natur der „Allgemeinen Vertragsbedingungen" liegt es jedoch, daß nicht alle Belange geregelt werden können. Auftraggeber, die regelmäßig Aufträge vergeben, können deshalb für sie typische „Zusätzliche Vertragsbedingungen" aufstellen, die die „Allgemeinen Vertragsbedingungen" **ergänzen.** Diese „Zusätzlichen Vertragsbedingungen" regeln offene Punkte der „Allgemeinen Vertragsbedingungen" in einer ständig wiederkehrenden Weise, z. B. wie der Zahlungsverkehr laufen soll, wie die Abnahme erfolgen soll oder in welcher Weise Sicherheit zu leisten ist. Es wird ausdrücklich gefordert, daß diese Ergänzungen nicht im Widerspruch zu den „Allgemeinen Vertragsbedingungen" stehen dürfen. I-K interpretieren diese Festlegung so, daß nicht nur eine Ergänzung erlaubt ist, sondern in gewissen Grenzen auch Änderungen der „Allgemeinen Vertragsbedingungen" zulässig sind. Sie verweisen aber darauf, daß diesen Änderungen sehr enge Grenzen nach BGB § 138, 243 gesetzt sind, weil sonst nicht mehr von „Allgemeinen Vertragsbedingungen" gesprochen werden kann.

Eine solche Änderung kann z. B. die zuvor zitierte Einschränkung des § 2 VOB/B sein, die bei sehr kleinen Objekten durchaus sinnvoll ist, weil der Verwaltungsaufwand für derartige Preisänderungen häufig in keinem Verhältnis zu möglichen Preisvorteilen steht. Diese Einschränkung sollte aber auf Objekte sehr kleinen Umfanges beschränkt sein, denn bei größeren Objekten kann eine Massenminderung die Kalkulationsbasis soweit verändern, daß der Preis nicht mehr auskömmlich ist.

Aus Gründen der Überschaubarkeit sollte grundsätzlich darauf verzichtet werden, die Festlegungen zu VOB/B noch einmal zu wiederholen in der Auffassung, daß sie dem Auftragnehmer nicht hinreichend bekannt sind. Die vertragsschließenden Parteien können und müssen davon ausgehen, daß die „Allgemeinen Vertragsbedingungen" allen im Bauwesen Tätigen bekannt sind.

57 „Zusätzliche Vertragsbedingungen" haben den Charakter von ständig wiederkehrenden Vertragsbedingungen. Ein Bieter geht deshalb in der Regel davon aus, daß sie unverändert vom Auslober verwendet werden. Deshalb ist es auch erforderlich, daß auf Änderungen gegenüber dem bisherigen Gebrauch aufmerksam gemacht wird, z. B. in der Form, daß die Fassungsnummer oder das Ausgabedatum ausdrücklich vermerkt werden.

(2) Für die Erfordernisse des Einzelfalles sind die Allgemeinen Vertragsbedingungen und etwaige Zusätzliche Vertragsbedingungen durch Besondere Vertragsbedingungen zu ergänzen. In diesen sollen sich Abweichungen von den Allgemeinen Vertragsbedingungen auf die Fälle beschränken, in denen dort besondere Vereinbarungen ausdrücklich vorgesehen sind und auch nur soweit es die Eigenart der Leistung und ihre Ausführung erfordern.

58 „Besondere Vertragsbedingungen" sind auf den Einzelfall zu beschränken. Sie sind als solche zu kennzeichnen und nicht in Vorbemerkungen einzukleiden, die lediglich der Erläuterung der Aufgabe dienen. In den „Besonderen Vertragsbedingungen" können auch die ergänzenden Festlegungen von „Zusätzlichen Vertragsbedingungen" enthalten sein, wenn ein Auftraggeber nicht als ständiger Vergeber von Bauleistungen auftritt und die Erstellung von „Zusätzlichen Vertragsbedingungen" deshalb wenig sinnvoll ist. In solchen Fällen werden die notwendigen Ergänzungen zu den „Allgemeinen Vertragsbedingungen" als „Besondere Vertragsbedingungen" festgelegt.

3. Die Allgemeinen Technischen Vorschriften bleiben grundsätzlich unverändert. Sie können durch Zusätzliche Technische Vorschriften ergänzt werden. Für die Erfordernisse des Einzelfalles sind Ergänzungen und Änderungen in der Leistungsbeschreibung festzulegen.

59 Jeder am Bau Beteiligte ist verpflichtet, die anerkannten Regeln der Technik anzuwenden. Diese Regeln sind in vielen Fällen in den „Allgemeinen Technischen Vorschriften" definiert oder bei den „Allgemeinen Technischen Vorschriften" neuer Form in den dazugehörigen Fachnormen, auf die jeweils verwiesen wird. Die Technik ist jedoch einem ständigen Wandel durch neue Erkenntnisse unterworfen. Deshalb ist es notwendig, sich durch „Zusätzliche Technische Vorschriften" den neueren Erkenntnissen anzupassen. Wie bei den „Zusätzlichen Vertragsbedingungen" ergänzen oder ändern die „Zusätzlichen Technischen Vorschriften" die „Allgemeinen Technischen Vorschriften" in einer ständig wiederkehrenden Form

immer dann, wenn ein Auftraggeber ständig gleiche Leistungen ausschreibt, die in Ergänzung oder auch Abänderung der gültigen Normen ausgeführt werden sollen (siehe dazu auch Rdn 56 bis Rdn 58).

Auch hier sollte durch Nennung der gültigen Fassung auf evtl. Änderungen oder Erweiterungen hingewiesen werden, um jeden Zweifel an der Korrektheit der Ausschreibung auszuschließen.

4. (1) In den Zusätzlichen Vertragsbedingungen oder in den Besonderen Vertragsbedingungen sollen, soweit erforderlich, folgende Punkte geregelt werden:

a) Unterlagen (A § 20 Nr. 3, B § 3 Nr. 5),

b) Benutzung von Lager- und Arbeitsplätzen, Zufahrtswegen, Anschlußgleisen, Wasser- und Energieanschlüssen (B § 4 Nr. 4),

c) Weitervergabe an Nachunternehmer (B § 4 Nr. 8),

d) Ausführungsfristen (A § 11, B § 5),

e) Haftung (B § 10 Nr. 2),

f) Vertragsstrafen und Beschleunigungsvergütungen (A § 12, B § 11),

g) Abnahme (B § 12),

h) Vertragsart (A § 5), Abrechnung (B § 14),

i) Stundenlohnarbeiten (B § 15),

k) Zahlung (B § 16),

l) Sicherheitsleistung (A § 14, B § 17),

m) Gerichtsstand (B § 18 Nr. 1),

n) Lohn- und Gehaltsnebenkosten (A § 9 Nr. 8 Absatz 3),

o) Änderung der Vertragspreise (A § 15).

60 Die Aufzählung der Punkte, die in „Zusätzlichen" oder „Besonderen Vertragsbedingungen" geregelt werden sollen, ist nicht als vollständige Liste aufzufassen, sondern muß als Hinweis auf wichtige zu regelnde Punkte verstanden werden, denn es kann eine Reihe weiterer Bereiche geben, die u.U. geregelt werden müssen, wie z. B. der Einsatz von EDV-Anlagen bei der Abrechnung, Lohn- und Preisgleitklauseln.

(2) Im Einzelfall erforderliche besondere Vereinbarungen über die Gewährleistung (A § 13 Nr. 2, B § 13 Nr. 1, 4, 7) und über die Verteilung der Gefahr bei Schäden, die durch Hochwasser, Sturmfluten, Grundwasser, Wind, Schnee, Eis und dergleichen entstehen können (B § 7) sind in den Besonderen Vertragsbedingungen zu treffen. Sind für bestimmte Bauleistungen gleichgelagerte Voraussetzungen im Sinne von § 13 Nr. 2 gegeben, so können die besonderen Vereinbarungen auch in Zusätzlichen Technischen Vorschriften vorgesehen werden.

5. Sollen Streitigkeiten aus dem Vertrag unter Ausschluß des ordentlichen Rechtsweges im schiedsrichterlichen Verfahren ausgetragen werden, so ist es in besonderer, nur das Schiedsverfahren betreffender Urkunde zu vereinbaren, soweit nicht § 1027 Absatz 2 der Zivilprozeßordnung auch eine andere Form der Vereinbarung zuläßt.

61 Streitfälle auf dem Gebiet des Bauwesens zwischen den Beteiligten eignen sich in besonderem Maße für die Erledigung im Wege des Schiedsgerichtsverfahrens. Die solchen Streitfällen zugrunde liegenden Fragen sind nicht selten eher technischer als rechtlicher Natur; vor den ordentlichen Gerichten müssen deshalb Sachkundige um ihre Mitwirkung gebeten werden, was die Verfahren im allgemeinen langwieriger und kostenaufwendiger macht. Das Interesse der von solchen Streitigkeiten Betroffenen wird jedoch oft dahin gehen, daß endgültige und vergleichsweise kostengünstige Entscheidungen bald getroffen werden. So schafft deshalb z. B. die Schiedsgerichtsordnung für das Bauwesen die Möglichkeit, ein Gremium anzurufen, in dem die jeweils sachkundigen Personen unmittelbar bei der Entscheidung mitwirken. Für diese Fälle trifft die Schiedsgerichtsordnung die geeigneten Vorkehrungen. Es ist bedauerlich, daß für den Bereich des Landschafts- und Sportplatzbaues noch keine Schiedsgerichtsordnung besteht, obwohl hier die Verhältnisse mit denen des Bauwesens völlig vergleichbar sind.

§ 11 Ausführungsfristen

1. (1) Die Ausführungsfristen sind ausreichend zu bemessen; Jahreszeit, Arbeitsverhältnisse und etwaige besondere Schwierigkeiten sind zu berücksichtigen. Für die Bauvorbereitung ist dem Auftragnehmer genügend Zeit zu gewähren.

(2) Außergewöhnlich kurze Fristen sind nur bei besonderer Dringlichkeit vorzusehen.

62 In diesem Absatz wird gefordert, daß die Ausführungsfristen ausreichend zu bemessen sind und dabei die Jahreszeit, Arbeitsverhältnisse und etwaige besondere Schwierigkeiten zu berücksichtigen sind. Im Landschafts- und Sportplatzbau entstehen in der Regel immer dann besondere Schwierigkeiten, wenn auf Baustellen bindige, wasserempfindliche Böden anstehen. Durch DIN 18 915 ist der Auftragnehmer verpflichtet, den Boden nur dann zu bewegen oder zu bearbeiten, wenn er einen Wassergehalt besitzt, der der Ausrollgrenze entspricht oder geringer ist. Der Auftragnehmer kann also bei nassem Wetter den Arbeitsfortschritt nicht selbst bestimmen. Während im Sommer in der Regel nach Regenfällen durch Verdunstung nach wenigen Tagen die Bearbeitbarkeit des Bodens wieder gegeben ist, ergeben sich im Herbst, Winter und frühen Frühjahr u. U. Situationen, die den Auftragnehmer außerstande setzen, gesetzte Fristen bei vegetationstechnischen Maßnahmen ohne Verstoß gegen die Regeln der Technik einzuhalten. Zur Beurteilung einer konkreten Sachlage müssen jedoch nachfolgende Grundsätze beachtet werden:

Bei gesetzten Ausführungsfristen ist der Auftragnehmer verpflichtet, seine Kapazitätsplanung so einzurichten, daß z. B. bei bindigen und sehr wasserempfindlichen Böden, bei denen Bearbeitbarkeitsgrenzen zu beachten sind, eine entsprechende Reservekapazität zur Verfügung steht.

Bei schwierigen Bodenverhältnissen kann die für die Leistung zur Verfügung stehende Zeit auf einen nur noch geringen Teil der gesamten Ausführungsfrist zusammenschrumpfen.

Sind trotz der dargelegten Schwierigkeiten sehr kurze Ausführungsfristen erforderlich, so kann der Auslober einer solchen Leistung das hierbei entstehende besondere Wagnis bei seiner Vertragsgestaltung unterschiedlich behandeln.

a) Er kann im Leistungsverzeichnis Bedarfspositionen vorsehen, die nur bei Eintritt ungewöhnlicher Feuchtigkeitsverhältnisse zur Anwendung gelangen, z. B. besondere Vorkehrungen gegen Wasseraufnahme bei Oberbodenlagern in Form von Abdeckungen, Kalkungen zur Bindung von Wasser oder Sandzugaben zur Abmagerung und besseren Entwässerung des Oberbodens, Einbau eines zusätzlichen Unterbaues u. ä.

b) Er kann aber auch auf das **besondere Wagnis** dieser Baustelle hinweisen und dem Auftragnehmer die Wahl der Mittel zur Erreichung der festgesetzten Frist überlassen. Dieses besondere Wagnis findet seinen Niederschlag in höheren Preisen, durch die Zusatzmaßnahmen des Auftragnehmers, die nicht gesondert vergütet werden, abgedeckt sind (siehe Rdn 26).

Außergewöhnlich kurze Fristen können im Einzelfall aber auch zu einem ungewöhnlichen Wagnis für den Auftragnehmer führen und fallen damit unter die Regelung nach § 9.1. (siehe Rdn 27).

(3) Soll vereinbart werden, daß mit der Ausführung erst nach Aufforderung zu beginnen ist (B § 5 Nr. 2), so muß die Frist, innerhalb derer die Aufforderung ausgesprochen werden kann, unter billiger Berücksichtigung der für die Ausführung maßgebenden Verhältnisse zumutbar sein; sie ist in den Verdingungsunterlagen festzulegen.

2. (1) Wenn es ein erhebliches Interesse des Auftraggebers erfordert, sind Einzelfristen für in sich abgeschlossene Teile der Leistung zu bestimmen.

(2) Wird ein Bauzeitenplan aufgestellt, damit die Leistungen aller Unternehmer sicher ineinandergreifen, so sollen nur die für den Fortgang der Gesamtarbeit besonders wichtigen Einzelfristen als vertraglich verbindliche Fristen (Vertragsfristen) bezeichnet werden.

3. Ist für die Einhaltung von Ausführungsfristen die Übergabe von Zeichnungen oder anderen Unterlagen wichtig, so soll hierfür ebenfalls eine Frist festgelegt werden.

§ 12 Vertragsstrafen und Beschleunigungsvergütungen

1. Vertragsstrafen für die Überschreitung von Vertragsfristen sollen nur ausbedungen werden, wenn die Überschreitung erhebliche Nachteile verursachen kann. Die Strafe ist in angemessenen Grenzen zu halten.

2. Beschleunigungsvergütungen (Prämien) sollen nur vorgesehen werden, wenn die Fertigstellung vor Ablauf der Vertragsfristen erhebliche Vorteile bringt.

§ 13 Gewährleistung

1. Auf Gewährleistung über die Abnahme hinaus soll verzichtet werden bei Bauleistungen, deren einwandfreie, vertragsgemäße Beschaffenheit sich bei der Abnahme unzweifelhaft feststellen läßt und bei denen auch später keine Mängel zu erwarten sind.

63 Eine solche Regelung ist im Landschafts- und Sportplatzbau denkbar bei Leistungen wie die Abfuhr von Boden, das Herstellen eines Rohplanums mit Aufträgen von geringen Dicken ohne dabei erforderliche Verdichtungsleistungen, u. ä.

2. Andere Verjährungsfristen als nach § 13 Nr. 4 der Allgemeinen Vertragsbedingungen sollen nur vorgesehen werden, wenn dies wegen der Eigenart der Leistung erforderlich ist. In solchen Fällen sind alle Umstände gegeneinander abzuwägen, insbesondere, wenn etwaige Mängel wahrscheinlich erkennbar werden und wieweit die Mängelursachen noch nachgewiesen werden können, aber auch die Wirkung auf die Preise und die Notwendigkeit einer billigen Bemessung der Verjährungsfristen für Gewährleistungsansprüche.

64 Während bei bautechnischen Leistungen im Sportplatzbau sowie bei Sicherungsbauweisen mit nicht lebenden Stoffen und/oder Bauteilen in der Regel eine zweijährige Gewährleistungsfrist zu vereinbaren ist, wird für vegetationstechnische Leistungen wie Ansaaten und Pflanzungen mit den dazugehörigen Bodenarbeiten in der Regel nur eine einjährige Gewährleistungsfrist zur Anwendung kommen.

Setzt sich die Leistung jedoch aus bautechnischen und vegetationstechnischen Leistungen zusammen, können für diese unterschiedlichen Leistungsteile in Ausnahmefällen auch unterschiedliche Gewährleistungsfristen vereinbart werden.

Oft ergibt sich, daß die bautechnischen Leistungen wesentlich früher fertig sind als die vegetationstechnischen Leistungen (einschl. Fertigstellungspflege). Dann ist es oft zweckmäßig, die Gewährleistungsfrist für den vegetationstechnischen Teil so zu bemessen, daß deren Ende mit dem Ende der Gewährleistungsfrist des bautechnischen Teiles zusammenfällt.

Im übrigen richtet sich die Länge der Gewährleistungsfrist immer nach dem überwiegenden Leistungsteil. Überwiegen also bautechnische Leistungen, beträgt die Gewährleistungsfrist für die gesamte Leistung in der Regel zwei Jahre, überwiegen vegetationstechnische Leistungen, kann eine einjährige Frist vereinbart werden. Als Maßstab für das Überwiegen wird in der Regel die Abrechnungssumme der einzelnen Teile dienen.

65 Bei Leistungen, über deren Lebensdauer noch keine gesicherten Erfahrungen vorliegen, wie z. B. neuartige Kunststoff-Beläge für Sportflächen hat sich eine fünfjährige Gewährleistungsfrist als verkehrsübliche Regelung erwiesen (siehe auch Rdn 142—144).

Eine generelle Verlängerung der Gewährleistungsfrist auf fünf Jahre, wie sie im BGB vorgesehen ist, widerspricht jedoch dem Anliegen der VOB, die Ausnahmen von den in VOB/B § 13 Nr. 4 gesetzten Fristen nur in Erwägung zieht, wenn in der üblichen Gewährleistungsfrist ein etwaiger Mangel wahrscheinlich nicht erkennbar wird und der Nachweis der Mangelursache nicht möglich sein wird. Bei der Untersuchung der Frage, ob eine Verlängerung der Gewährleistungsfristen bei Landschafts- und Sportplatzbauarbeiten sinnvoll sein kann, muß das mögliche Gesamtwerk betrachtet werden.

Mängel in der Vegetationstechnik werden nach bisherigen Erfahrungen innerhalb der üblichen Gewährleistungsfristen erkennbar. Das geht aus den nachfolgenden Überlegungen hervor. Mängel bei Bodenarbeiten nach DIN 18 915 wirken sich direkt auf die anschließenden Rasen- und Pflanzarbeiten aus. Lediglich ein Mangel in der Zusammensetzung einer künstlichen oder verbesserten Vegetationsschicht kann erst später, z. B. erst nach Inanspruchnahme der Rasenfläche und dabei auftretender Verdichtung mit folgendem Wasserstau erkennbar werden. Die Inanspruchnahme liegt aber in der Gewährleistungszeit und damit auch die Möglichkeit zum Erkennen des Mangels.

Treten sonst Mängel bei Rasen nach der Abnahme auf, beruhen sie in der Regel auf Fehlern in der Unterhaltungspflege. Es ist dann meist schwierig, den Beweis dafür anzutreten, daß der augenblickliche Mangel in der Anlage des Rasens beruht.

Mängel bei Pflanzarbeiten treten nach der Abnahme z. B. in der Form auf, daß einmal durchgetriebene Pflanzen im folgenden Jahr eingehen. Die Ursache hierfür ist in der Regel kaum zu erkennen, es sei denn, sie beruht auf offensichtlichen Pflanzfehlern wie z. B. zu tiefem Pflanzen von Rhododendron.

Zu geringes Wurzelwerk bei der Pflanzung wird als Mangelursache kaum heranzuziehen sein, weil eine Pflanze, die durchgetrieben hat (im Gegensatz zum einfachen Austrieb), gleichzeitig auch neue Wurzeln gebildet hat und somit in der Lage ist, auch im nächsten Frühjahr weiterzuwachsen.

Eine solche Mangelursache kann nur bei solchen Pflanzen zum Zuge kommen, bei denen aufgrund ihrer besonderen Eigenschaften im Jahr des Pflanzens mit einem Austrieb oder Durchtrieb in der Regel nicht gerechnet werden kann und bei denen DIN 18 916 — Landschaftsbauarbeiten

— Pflanzarbeiten — ausdrücklich als abnahmefähigen Zustand definiert, daß sie zur Zeit der Abnahme voll im Saft stehen müssen. Der Erfolg der Leistung ist also zur Zeit der Abnahme noch nicht voll erkennbar. Wenn trotzdem die Abnahme erfolgt, geschieht das, um unzumutbare Verzögerungen in der Abnahme zu vermeiden. Treibt die Pflanze auch im Folgejahr nicht aus, also in der Gewährleistungsfrist, kann man dann davon ausgehen, daß der Mangel in der Pflanze oder in der Pflanzarbeit beruht.

Bei der Bemessung der Gewährleistungsfrist für Pflanzarbeiten muß zudem bedacht werden, daß Pflanzenausfälle auch in unsachgemäßer Unterhaltungspflege zu suchen sein können. Diese Ausfälle berühren dann die Gewährleistung nicht. Eine absolute Klärung der Ursache von Pflanzenausfällen nach der Abnahme ist immer sehr schwer. Deshalb kann nur geraten werden, die Abnahme der Pflanzarbeiten erst vorzunehmen, wenn Sicherheit für das erfolgte Anwachsen besteht. Eine Verlängerung der Gewährleistungsfrist nützt nichts.

Für Sicherungsbauweisen, soweit sie aus lebenden Pflanzen oder Pflanzenteilen hergestellt oder als Saatverfahren durchgeführt wurden, gilt das Vorhergesagte sinngemäß.

Eine Verlängerung der Gewährleistungsfrist über den von VOB/B gesetzten Rahmen hinaus ist bei vegetationstechnischen Arbeiten also nicht erforderlich.

Für die bautechnischen Leistungen innerhalb eines Gesamtbauwerkes des Landschafts- und Sportplatzbaus kann ebenfalls davon ausgegangen werden, daß etwaige Mängel in der zweijährigen Gewährleistungsfrist erkennbar und in den Ursachen nachgewiesen werden können. Voraussetzung dafür ist jedoch, daß die in den einzelnen Normen vorgesehenen Prüfungen rechtzeitig und gewissenhaft durchgeführt werden. Diese Prüfungen geben die Sicherheit und gelten als Nachweis, daß die Leistungen fachgerecht durchgeführt werden. Eine Verlängerung über den in VOB/B § 13 Nr. 4 gesetzten Rahmen ist auch hier nicht gerechtfertigt, wenn man von bestimmten hochwertigen Leistungen absieht (siehe 1. Absatz).

Auf den Zusammenhang von Dauer der Gewährleistungsfrist und Höhe der Kosten bzw. der Preise muß in diesem Zusammenhang deutlich hingewiesen werden. Die Gewährleistung ist in der Regel verbunden mit einer Sicherheitsleistung, die dem Auftragnehmer Kosten verursacht, ganz gleich in welcher Art oder Form er sie stellt oder stellen muß. Bei einem Objekt in Höhe von 1 Mio DM stellen sich die Kosten der Sicherheit bei nachstehenden Annahmen wie folgt:

Objektsumme	=	DM 1 Mio
Sicherheit 5 %	=	DM 50 000,—
Zinskosten der Sicherheit 5 %/a	=	DM 2 500,—
Zinskosten bei 2jähriger Laufzeit	=	DM 5 000,—
Zinskosten bei 5jähriger Laufzeit	=	DM 12 500.—

Das Kreditvolumen nur für Sicherheitsleistungen liegt bei einem Jahresumsatz von 4 Mio und 5 % Sicherheit jährlich bei DM 200 000,—. Das sind bei fünf Jahren Laufzeit Kredite für Sicherheitsleistungen in Höhe von 1 Mio.

Mittelständische Betriebe können solche Sicherheitssummen aus eigenem Vermögen nicht aufbringen, sie sind also auf Bankbürgschaften angewiesen. Der Bieter wird nun versuchen, die dafür anfallenden Zinskosten im Angebot unterzubringen. Damit steigt der Preis der Leistung, ohne daß für den Auftraggeber ein entsprechender Gegenwert entsteht, wenn kein zwingender Grund für eine Verlängerung der Gewährleistungsfrist besteht. Stellt sich die Marktsituation aber so, daß die Kosten nicht mehr oder nur in geringem Umfang auf die Preise abwälzbar sind, dann ergibt sich in der Regel eine Verfälschung des Wettbewerbs zugunsten des finanzstarken Großunternehmers und zu Lasten des mittelständischen Gewerbes. Das kann und darf nicht Sinn der Gewährleistungsfristen sein.

Unter dem gleichen Aspekt sind auch sogenannte Bietungs- und Vertragserfüllungsbürgschaften zu sehen.

§ 14 Sicherheitsleistung

1. Auf Sicherheitsleistung soll ganz oder teilweise verzichtet werden, wenn Mängel der Leistung voraussichtlich nicht eintreten oder wenn der Auftragnehmer hinreichend bekannt ist und genügende Gewähr für die vertragsmäßige Leistung und die Beseitigung etwa auftretender Mängel bietet.
2. Die Sicherheit soll nicht höher bemessen und ihre Rückgabe nicht für einen späteren Zeitpunkt vorgesehen werden, als nötig ist, um den Auftraggeber vor Schaden zu bewahren. Sie soll 5. v. h. der Auftragssumme nicht überschreiten.
3. Wenn bei der Abnahme die Leistung nicht beanstandet wird, soll die Sicherheit ganz oder zum größeren Teil zurückgegeben werden.

§ 15 Änderung der Vergütung

Sind wesentliche Änderungen der Preisermittlungsgrundlagen zu erwarten, deren Eintritt oder Ausmaß ungewiß ist, so kann eine angemessene Änderung der Vergütung in den Verdingungsunterlagen vorgesehen werden. Die Einzelheiten der Preisänderungen sind festzulegen.

§ 16 Grundsätze der Ausschreibung

1. Der Auftraggeber soll erst dann ausschreiben, wenn alle Verdingungsunterlagen fertiggestellt sind und wenn innerhalb der angegebenen Fristen mit der Ausführung begonnen werden kann.
2. Ausschreibungen für vergabefremde Zwecke (z. B. Ertragsberechnungen) sind unzulässig.

§ 17 Bekanntmachung

1. (1) Öffentliche Ausschreibungen sind durch Tageszeitungen, amtliche Veröffentlichungsblätter oder Fachzeitschriften bekanntzumachen.

(2) Diese Bekanntmachungen sollen mindestens folgende Angaben enthalten:

a) Art und Umfang der Leistung (einschließlich der etwaigen Teilung in Lose) sowie den Ausführungsort,

b) etwaige Bestimmungen über die Ausführungszeit,

c) Bezeichnung (Anschrift) der zur Angebotsabgabe auffordernden Stelle, der den Zuschlag erteilenden Stelle sowie der Stelle, bei der die Angebote einzureichen sind,

d) Bezeichnung (Anschrift) der Stelle, die die Vergabeunterlagen (Anschreiben und Verdingungsunterlagen; vgl. Nr. 4) abgibt, sowie des Tages, bis zu dem sie bei ihr spätestens angefordert werden können,

e) Bezeichnung (Anschriften) der Stellen, bei denen die Vergabeunterlagen eingesehen werden können,

f) Art der Vergabe (A § 3),

g) Ort und Zeit des Eröffnungstermins (Ablauf der Angebotsfrist, A § 18 Nr. 2) sowie Angabe, welche Personen zum Eröffnungstermin zugelassen sind,

h) Zuschlags- und Bindefrist (A § 19),

i) die Höhe einer etwaigen Entschädigung für die Verdingsunterlagen und die Zahlungsweise (A § 20 Nr. 1 Absatz 1),

k) etwaige Vorbehalte wegen der Teilung in Lose und Vergabe der Lose an verschiedene Bieter,

l) die Höhe etwa geforderter Sicherheitsleistungen,

m) etwa vom Auftraggeber zur Vorlage mit dem Angebot für die Beurteilung der Eignung (Fachkunde, Leistungsfähigkeit und Zuverlässigkeit, A § 2 Satz 1) des Bieters verlangte Unterlagen (A § 8 Nr. 3 und 4),

n) die wesentlichen Zahlungsbedingungen oder Angabe der Unterlagen, in denen sie enthalten sind (z. B. B § 16).

In den vom zuständigen Bundesminister bestimmten Vergabefällen muß die Bekanntmachung außer den unter a bis n bezeichneten Angaben enthalten:

o) die Bestimmung, daß die Angebote in deutscher Sprache abzufassen sind, sowie

p) die Angabe des Tages der Absendung der Bekanntmachung an das „Amt für amtliche Veröffentlichungen der Europäischen Gemeinschaften“.

2. (1) Bei Beschränkten Ausschreibungen und Freihändigen Vergaben mit öffentlichem Teilnahmewettbewerb sind die Unternehmer durch Bekanntmachungen in Tageszeitungen, amtlichen Veröffentlichungsblättern oder Fachzeitschriften aufzufordern, ihre Teilnahme am Wettbewerb zu beantragen.

(2) Diese Bekanntmachungen sollen mindestens folgende Angaben enthalten:

a) Art und Umfang der Leistung (einschließlich der etwaigen Teilung in Lose) sowie den Ausführungsort,

b) etwaige Bestimmungen über die Ausführungszeit,

c) Bezeichnung (Anschrift) der zur Angebotsabgabe auffordernden Stelle und der den Zuschlag erteilenden Stelle,

d) Bezeichnung (Anschrift) der Stelle, bei der der Teilnahmeantrag zu stellen ist,

e) Art der Vergabe (A § 3),

f) Tag, bis zu dem der Teilnahmeantrag bei der zur Angebotsabgabe auffordernden Stelle eingegangen sein muß,

g) Tag, an dem die Aufforderung zur Angebotsabgabe spätestens abgesandt wird,

h) etwaige Vorbehalte wegen der Teilung in Lose und Vergabe der Lose an verschiedene Bieter,

i) etwa vom Auftraggeber zur Vorlage mit dem Teilnahmeantrag für die Beurteilung der Eignung (Fachkunde, Leistungsfähigkeit und Zuverlässigkeit, A § 2 Nr. 1 Satz 1) des Bieters verlangte Unterlagen (A § 8 Nr. 3 und 4).

In den vom zuständigen Bundesminister bestimmten Vergabefällen muß die Bekanntmachung außer den unter a bis i bezeichneten Angaben enthalten:

k) die Angabe des Tages der Absendung der Bekanntmachung an das „Amt für amtliche Veröffentlichungen der Europäischen Gemeinschaften".

(3) In den vom zuständigen Bundesminister bestimmten Vergabefällen beträgt die Frist für die Einreichung von Teilnahmeanträgen (Bewerbungsfrist) mindestens 18 Werktage, gerechnet vom Tag der Absendung der Bekanntmachung an, in Fällen besonderer Dringlichkeit ausnahmsweise 12 Werktage.

3. In den vom zuständigen Bundesminister bestimmten Vergabefällen ist der Auftraggeber verpflichtet, die Bekanntmachung nach Nr. 1 oder 2 gleichzeitig an die inländischen Veröffentlichungsblätter und an das „Amt für amtliche Veröffentlichungen der Europäischen Gemeinschaften" zu übersenden.

4. (1) Die Verdingungsunterlagen sind den Bewerbern mit einem Anschreiben (Aufforderung zur Angebotsabgabe) zu übergeben, das alle Angaben enthält, die außer den Verdingungsunterlagen für den Entschluß zur Abgabe eines Angebots notwendig sind, namentlich über

a) Art und Umfang der Leistung sowie den Ausführungsort,

b) etwaige Bestimmungen über die Ausführungszeit,

c) Bezeichnung (Anschrift) der zur Angebotsabgabe auffordernden Stelle und der den Zuschlag erteilenden Stelle,

d) Bezeichnung (Anschrift) der Stellen, bei denen Verdingungsunterlagen eingesehen werden können, die nicht abgegeben werden,

e) Art der Vergabe (A § 3),

f) etwaige Ortsbesichtigungen,

g) genaue Aufschrift der Angebote,

h) Ort und Zeit des Eröffnungstermins (Ablauf der Angebotsfrist, A § 18 Nr. 2) sowie Angabe, welche Personen zum Eröffnungstermin zugelassen sind (A § 22 Nr. 1 Satz 1),

i) etwa vom Auftraggeber zur Vorlage mit dem Angebot für die Beurteilung der Eignung (Fachkunde, Leistungsfähigkeit und Zuverlässigkeit, A § 2 Nr. 1 Satz 1) des Bieters verlangte Unterlagen (A § 8 Nr. 3 und 4),

k) die Höhe etwa geforderter Sicherheitsleistungen,

l) Änderungsvorschläge und Nebenangebote (vgl. Absatz 3),

m) etwaige Vorbehalte wegen der Teilung in Lose und Vergabe der Lose an verschiedene Bieter,

n) Zuschlags- und Bindefrist (A § 19),

o) sonstige Erfordernisse, die die Bewerber bei der Bearbeitung ihrer Angebote beachten müssen (vgl. auch A § 18 Nr. 2 und 4, A § 19 Nr. 1, A § 21).

In den vom zuständigen Bundesminister bestimmten Vergabefällen muß außerdem angegeben werden:

p) unter Bezugnahme auf § 25 der Hinweis, daß der Auftraggeber den Zuschlag auf das Angebot erteilen wird, das unter Berücksichtigung aller technischen und wirtschaftlichen, gegebenenfalls auch gestalterischen und funktionsbedingten Gesichtspunkte als das annehmbarste erscheint, möglichst ergänzt durch nähere Bezeichnung der Umstände, auf die der Auftraggeber bei der Beurteilung der Angebote besonderen Wert legt, wie beispielsweise Bauunterhaltungs- oder Betriebskosten, Lebensdauer, Ausführungsfrist, künstlerische Gestaltung,

q) daß die Angebote in deutscher Sprache abzufassen sind.

(2) Auftraggeber, die ständig Bauleistungen vergeben, sollen die Erfordernisse, die die Bewerber bei der Bearbeitung ihrer Angebote beachten müssen, in Bewerbungsbedingungen zusammenfassen und dem Anschreiben beifügen (vgl. auch A § 18 Nr. 2 und 4, A § 19 Nr. 1 und A § 21).

(3) Wenn der Auftraggeber Änderungsvorschläge oder Nebenangebote wünscht, ausdrücklich zulassen oder ausschließen will, so ist dies anzugeben; ebenso ist anzugeben, wenn Nebenangebote ohne gleichzeitige Abgabe eines Hauptangebotes ausnahmsweise ausgeschlossen werden. Soweit der Bieter eine Leistung anbietet, deren Ausführung nicht in Allgemeinen Technischen Vorschriften oder in den Verdingungsunterlagen geregelt ist, sind von ihm im Angebot entsprechende Angaben über Ausführung und Beschaffenheit dieser Leistung zu verlangen.

(4) Die Aufforderung zur Angebotsabgabe ist bei Beschränkter Ausschreibung sowie bei Freihändiger Vergabe mit öffentlichem Teilnahmewettbewerb an alle ausgewählten Bewerber am gleichen Tag abzusenden.

5. Jeder Bewerber soll die Leistungsbeschreibung doppelt und alle anderen für die Preisermittlung wesentlichen Unterlagen einfach erhalten. Wenn von den Unterlagen (außer der Leistungsbeschreibung) keine Vervielfältigungen abgegeben werden können, sind sie in ausreichender Weise zur Einsicht auszulegen, wenn nötig nicht nur am Geschäftssitz des Auftraggebers, sondern auch am Ausführungsort oder an einem Nachbarort.

6. Die Namen der Bewerber, die Verdingungsunterlagen erhalten oder eingesehen haben, sind geheimzuhalten.

7. (1) Erbitten Bewerber zusätzliche sachdienliche Auskünfte über die Vergabeunterlagen, so sind die Auskünfte unverzüglich zu erteilen. In den vom zuständigen Bundesminister bestimmten Vergabefällen müssen rechtzeitig beantragte Auskünfte spätestens sechs Tage — in Fällen besonderer Dringlichkeit (Nr. 2 Absatz 3) vier Tage — vor Ablauf der Angebotsfrist erteilt werden.

(2) Werden einem Bewerber wichtige Aufklärungen über die geforderte Leistung oder die Grundlagen der Preisermittlung gegeben, so sind sie auch den anderen Bewerbern unverzüglich mitzuteilen, soweit diese bekannt sind.

§ 18 Angebotsfrist

1. Für die Bearbeitung und Einreichung der Angebote sind ausreichende Fristen vorzusehen, auch bei kleinen Bauleistungen nicht unter zehn Werktagen. Dabei ist insbesondere der zusätzliche Aufwand für die Besichtigung von Baustellen oder die Beschaffung von Unterlagen für die Angebotsbearbeitung zu berücksichtigen.

66 Auf die Einhaltung ausreichender Fristen für die Angebotsbearbeitung muß ausdrücklich hingewiesen werden. Wenn ein Auftraggeber verlangt, daß bei Pflanzarbeiten die geforderten Pflanzengrößen, die Arten und Sorten genau einzuhalten sind und Ersatz ausgeschlossen ist, dann darf der Bieter nicht nur Pflanzenpreise aus Katalogen zur Preisermittlung entnehmen, sondern muß sich durch Einholung von Angeboten vergewissern können, ob die geforderten Pflanzen in Größe, Art und Sorte zu beschaffen sind. Da eine Baumschule selten in der Lage ist, eine Partie voll aus eigenen Beständen zu liefern, ist der zeitliche Aufwand zur Feststellung der Liefermöglichkeiten und Preise erheblich. Angebotsfristen von nur wenigen Tagen und die Forderung nach Einhaltung von Größen, Arten und Sorten bei Pflanzen stehen also in einem Widerspruch zueinander. Bieter, die sich infolge zu kurzer Angebotsfristen nicht über Liefermöglichkeiten vergewissern konnten, müssen diese Tatsache jedoch in einem Begleitschreiben vermerken, da sie sich sonst durch ihr Angebot dieser vertraglichen Forderung voll unterwerfen und für die Erfüllung des Vertrages aufgrund ihres Angebotes haften, wenn ihnen der Zuschlag erteilt wird. Sie laufen aber dabei Gefahr, daß ihr Angebot wegen unzulässiger Änderung der Verdingungsunterlagen nicht gewertet wird.

2. Die Angebotsfrist läuft ab, sobald im Eröffnungstermin der Verhandlungsleiter mit der Öffnung der Angebote beginnt.

3. In den vom zuständigen Bundesminister bestimmten Vergabefällen dürfen folgende Fristen für die Angebotsabgabe nicht unterschritten werden:

a) bei Öffentlicher Ausschreibung 31 Werktage, gerechnet von dem Tag ab, an dem die Bekanntmachung nach § 17 Nr. 1 zur Veröffentlichung abgesandt worden ist,

b) bei Beschränkter Ausschreibung oder Freihändiger Vergabe mit öffentlichem Teilnahmewettbewerb 18 Werktage, in Fällen besonderer Dringlichkeit ausnahmsweise 9 Werktage, gerechnet von dem Tag ab, an dem die Aufforderung zur Angebotsabgabe abgesandt worden ist.

Ist für die Angebotsabgabe eine Ortsbesichtigung oder die Einsichtnahme in ausgelegte Verdingungsunterlagen (A § 17 Nr. 1 e bzw. Nr. 4 d) notwendig, so sind diese Fristen angemessen zu verlängern.

4. Bis zum Ablauf der Angebotsfrist können Angebote schriftlich, fernschriftlich oder telegrafisch zurückgezogen werden.

§ 19 Zuschlags- und Bindefrist

1. Die Zuschlagsfrist beginnt mit dem Eröffnungstermin.
2. Die Zuschlagsfrist soll so kurz wie möglich und nicht länger bemessen werden, als der Auftraggeber für eine zügige Prüfung und Wertung der Angebote (A §§ 23 bis 25) benötigt. Sie soll nicht mehr als 24 Werktage betragen; eine längere Zuschlagsfrist soll nur in begründeten Fällen festgelegt werden. Das Ende der Zuschlagsfrist soll durch Angabe des Kalendertages bezeichnet werden.
3. Es ist vorzusehen, daß der Bieter bis zum Ablauf der Zuschlagsfrist an sein Angebot gebunden ist (Bindefrist).
4. Nr. 1 bis Nr. 3 gelten bei Freihändiger Vergabe entsprechend.

67 Die Forderung, daß die Zuschlagsfrist so kurz wie möglich bemessen werden soll, ist besonders zu beachten bei Arbeiten, die von der Jahreszeit abhängen, also z. B. bei Pflanz- und Saatarbeiten und bei Kunststoffbelägen.

1. Pflanzarbeiten

Bei Ausschreibung von Pflanzarbeiten im Frühjahr ist aus Gründen der Beschaffung und der Ausführung der Leistung besondere Eile bei der Vergabe geboten, da erfahrungsgemäß bei später Ausschreibung und langen Zuschlagsfristen nicht mehr mit vollständigen, ersatzfreien Lieferungen gerechnet werden kann, zumal sich die Baumschulen in der Regel Zwischenverkauf vorbehalten und dann auch Auftragnehmer, die sich sorgfältig vor Angebotsabgabe vergewissert haben, ob alle verlangten Pflanzen lieferbar sind, Schwierigkeiten bei der Lieferung haben. Außerdem ist der Erfolg einer Pflanzung abhängig vom Pflanztermin. Späte Frühjahrspflanzungen erfordern einen höheren Aufwand bei der Fertigstellungspflege und bedingen scharfen Rückschnitt der Pflanzen, um den Anwuchserfolg zu sichern.

2. Saatarbeiten

Saatarbeiten sind in ihrem Erfolg an bestimmte Saattermine gebunden (siehe dazu Kommentar DIN 18 917). Es ist deshalb in vielen Fällen dringend erforderlich, die Zuschlagfristen so kurz wie möglich zu bemessen, um noch eine fachgerechte Leistung zu erhalten bzw. Bedenken des Auftragnehmers gegen den Saattermin zu vermeiden. Das gilt vor allem für die Herbstansaat.

3. Kunststoffbeläge

Kunststoffbeläge sind in der Regel bei ihrer Herstellung temperatur- und feuchtigkeitsabhängig. Deshalb gilt auch hier, daß bei jahreszeitlich zu erwartenden tieferen Temperaturen und feuchterem Wetter die Zuschlagsfrist so kurz wie möglich zu bemessen ist, damit die geforderte Leistung noch fach- und termingerecht erbracht werden kann.

In den genannten Fällen ist es jedoch auch von seiten des Bieters erforderlich, auf evtl. Folgen zu lang bemessener Zuschlagsfristen hinzuweisen und unter Umständen Bedenken gegen die gesetzten Termine geltend zu machen. Das wird in der Regel in Form eines Begleitschreibens erfolgen müssen, in dem der Bieter z. B. darauf hinweist, daß er Lieferungen und Leistungen nur bei Zuschlagserteilung bis zu einem bestimmten Termin erbringen kann.

§ 20 Kosten

1. (1) Bei Öffentlicher Ausschreibung darf für die Leistungsbeschreibung und die anderen Unterlagen eine Entschädigung gefordert werden; sie darf die Selbstkosten der Vervielfältigung nicht überschreiten. In der Bekanntmachung (A § 17 Nr. 1) ist anzugeben, wie hoch sie ist; ferner ist in der Bekanntmachung sowie im Anschreiben (A § 17 Nr. 4) anzugeben, ob und unter welchen Bedingungen sie erstattet wird.

   (2) Bei Beschränkter Ausschreibung und Freihändiger Vergabe sind alle Unterlagen unentgeltlich abzugeben.

2. (1) Für die Bearbeitung des Angebots wird keine Entschädigung gewährt. Verlangt jedoch der Auftraggeber, daß der Bewerber Entwürfe, Pläne, Zeichnungen, statische Berechnungen, Massenberechnungen oder andere Unterlagen ausarbeitet, insbesondere in den Fällen des § 9 Nr. 10 bis 12, so ist einheitlich für alle Bieter in der Ausschreibung eine angemessene Entschädigung festzusetzen. Ist eine Entschädigung festgesetzt, so steht sie jedem Bieter zu, der ein der Ausschreibung entsprechendes Angebot mit den geforderten Unterlagen rechtzeitig eingereicht hat.

   (2) Diese Grundsätze gelten für die Freihändige Vergabe entsprechend.

3. Der Auftraggeber darf Angebotsunterlagen und die in den Angeboten enthaltenen eigenen Vorschläge eines Bieters nur für die Prüfung und Wertung der Angebote (A §§ 23 und 25) verwenden. Eine darüber hinausgehende Verwendung bedarf der vorherigen schriftlichen Vereinbarung.

§ 21 Inhalt der Angebote

1. (1) Die Angebote sollen nur die Preise und die geforderten Erklärungen enthalten. Sie müssen mit rechtsverbindlicher Unterschrift versehen sein. Änderungen des Bieters an seinen Eintragungen müssen zweifelsfrei sein.

   (2) Änderungen an den Verdingungsunterlagen sind unzulässig.

   (3) Der Auftraggeber soll allgemein oder im Einzelfall zulassen, daß Bieter für die Angebotsabgabe eine selbstgefertigte Abschrift oder statt dessen eine selbstgefertigte Kurzfassung des Leistungsverzeichnisses benutzen, wenn sie in besonderer Erklärung den vom Auftraggeber verfaßten Wortlaut der Urschrift des Leistungsverzeichnisses als allein verbindlich anerkennen; Kurzfassungen müssen jedoch die Ordnungszahlen (Positionen) vollzählig, in der gleichen Reihenfolge und mit den gleichen Nummern wie in der Urschrift wiedergeben.

(4) Muster und Proben der Bieter müssen als zum Angebot gehörig gekennzeichnet sein.

2. Etwaige Änderungsvorschläge oder Nebenangebote müssen auf besonderer Anlage gemacht und als solche deutlich gekennzeichnet werden.

3. (1) Arbeitsgemeinschaften und andere gemeinschaftliche Bieter haben eins ihrer Mitglieder als bevollmächtigten Vertreter für den Abschluß und die Durchführung des Vertrages zu bezeichnen. Reichen Vereinigungen von Unternehmern Angebote ein, so haben sie das Mitglied zu bezeichnen, das als Auftragnehmer in Betracht kommen soll.

(2) Fehlt die Bezeichnung im Angebot, so ist sie vor der Zuschlagserteilung beizubringen.

§ 22 Eröffnungstermin

1. Bei Ausschreibungen ist für die Öffnung und Verlesung (Eröffnung) der Angebote ein Eröffnungstermin abzuhalten, in dem nur die Bieter und ihre Bevollmächtigten zugegen sein dürfen. Bis zu diesem Termin sind die Angebote, die beim Eingang auf dem ungeöffneten Umschlag zu kennzeichnen sind, unter Verschluß zu halten.

2. Zur Eröffnung zuzulassen sind nur Angebote, die dem Verhandlungsleiter bei Öffnung des ersten Angebots vorliegen.

3. (1) Der Verhandlungsleiter stellt fest, ob der Verschluß der Angebote unversehrt ist.

(2) Die Angebote werden geöffnet und in allen wesentlichen Teilen gekennzeichnet. Name und Wohnort der Bieter und die Endbeträge der Angebote oder ihrer einzelnen Abschnitte, ferner andere den Preis betreffende Angaben werden verlesen. Es wird bekanntgegeben, ob und von wem Änderungsvorschläge oder Nebenangebote eingereicht sind. Weiteres aus dem Inhalt der Angebote soll nicht mitgeteilt werden.

(3) Muster und Proben der Bieter müssen im Termin zur Stelle sein.

4. (1) Über den Eröffnungstermin ist eine Niederschrift zu fertigen. Sie ist zu verlesen; in ihr ist zu vermerken, daß sie verlesen und als richtig anerkannt worden ist oder welche Einwendungen erhoben worden sind.

(2) Sie ist vom Verhandlungsleiter zu unterschreiben; die anwesenden Bieter und Bevollmächtigten sind berechtigt, mit zu unterzeichnen.

5. Angebote, die bei der Öffnung des ersten Angebots nicht vorgelegen haben (Nr. 2), sind in der Niederschrift oder in einem Nachtrag besonders aufzuführen. Die Eingangszeiten und die etwa bekannten Gründe, aus denen die Angebote nicht vorgelegen haben, sind zu vermerken. Der Umschlag und andere Beweismittel sind aufzubewahren.

6. Den Bietern und ihren Bevollmächtigten ist die Einsicht in die Niederschrift und ihre Nachträge (Nr. 5 und A § 23 Nr. 4) zu gestatten; den Bietern können die Namen der Bieter und die Endbeträge der Angebote sowie die Zahl ihrer Änderungsvorschläge und Nebenangebote mitgeteilt werden. Die Niederschrift darf nicht veröffentlicht werden.

7. Die Angebote und ihre Anlagen sind sorgfältig zu verwahren und geheimzuhalten; dies gilt auch bei Freihändiger Vergabe.

§ 23 Prüfung der Angebote

1. Angebote, die im Eröffnungstermin dem Verhandlungsleiter bei Öffnung des ersten Angebotes nicht vorgelegen haben, und Angebote, die den Bestimmungen des § 21 Nr. 1 Absatz 1 nicht entsprechen, brauchen nicht geprüft zu werden.

2. Die übrigen Angebote sind rechnerisch, technisch und wirtschaftlich zu prüfen, gegebenenfalls mit Hilfe von Sachverständigen (A § 7).

3. (1) Stimmt der Gesamtbetrag einer Ordnungszahl (Position) mit dem Einheitspreis nicht überein, so ist der Einheitspreis maßgebend. Ist der Einheitspreis in Ziffern und in Worten angegeben und stimmen diese Angaben nicht überein, so gilt der dem Gesamtbetrag der Ordnungszahl entsprechende Einheitspreis. Entspricht weder der in Worten noch der in Ziffern angegebene Einheitspreis dem Gesamtbetrag der Ordnungszahl, so gilt der in Worten angegebene Einheitspreis.

   (2) Bei Vergabe für eine Pauschalsumme gilt diese ohne Rücksicht auf etwa angegebene Einzelpreise.

   (3) Absätze 1 und 2 gelten auch bei Freihändiger Vergabe.

4. Die aufgrund der Prüfung festgestellten Angebotsendsummen sind in der Niederschrift über den Eröffnungstermin zu vermerken.

§ 24 Verhandlung mit Bietern

1. (1) Nach Öffnung der Angebote bis zur Zuschlagserteilung darf der Auftraggeber mit einem Bieter nur verhandeln, um sich über seine technische und wirtschaftliche Leistungsfähigkeit, das Angebot selbst, etwaige Änderungsvorschläge und Nebenangebote, die geplante Art der Durchführung, etwaige Ursprungsorte oder Bezugsquellen von Stoffen oder Bauteilen und um sich über die Angemessenheit der Preise, wenn nötig durch Einsicht in die vorzulegenden Preisermittlungen (Kalkulationen), zu unterrichten.

   (2) Die Ergebnisse solcher Verhandlungen sind geheimzuhalten. Sie sollen, wenn es zweckmäßig ist, schriftlich niedergelegt werden.

2. Verweigert ein Bieter die geforderten Aufklärungen und Angaben, so kann sein Angebot unberücksichtigt bleiben.

3. Andere Verhandlungen, besonders über Änderung der Angebote oder Preise, sind unstatthaft, außer wenn sie bei Nebenangeboten, Änderungsvorschlägen oder Angeboten aufgrund eines Leistungsprogramms nötig sind, um unumgängliche technische Änderungen geringen Umfangs und daraus sich ergebende Änderungen der Preise zu vereinbaren.

§ 25 Wertung der Angebote

1. (1) Ausgeschlossen werden:
   a) Angebote, die im Eröffnungstermin dem Verhandlungsleiter bei Öffnung des ersten Angebotes nicht vorgelegen haben,
   b) Angebote, die dem § 21 Nr. 1 Absatz 1 nicht entsprechen,
   c) Angebote von Bietern, die sich bei der Berufsgenossenschaft nicht angemeldet haben,
   d) Angebote von Bietern, die in bezug auf die Ausschreibung eine Abrede getroffen haben, die eine unzulässige Wettbewerbsbeschränkung darstellt,
   e) Änderungsvorschläge und Nebenangebote, soweit der Auftraggeber dies nach § 17 Nr. 4 Absatz 3 erklärt hat.

   (2) Außerdem können Angebote von Bietern nach § 8 Nr. 4 ausgeschlossen werden.

2. (1) Bei der Auswahl der Angebote, die für den Zuschlag in Betracht kommen, sind nur Bieter zu berücksichtigen, die für die Erfüllung der vertraglichen Verpflichtungen die notwendige Sicherheit bieten. Dazu gehört, daß sie die erforderliche Fachkunde, Leistungsfähigkeit und Zuverlässigkeit besitzen und über ausreichende technische und wirtschaftliche Mittel verfügen.

   (2) Angebote, deren Preise in offenbarem Mißverhältnis zur Leistung stehen, werden ausgeschieden. In die engere Wahl kommen nur solche Angebote, die unter Berücksichtigung rationellen Baubetriebs und sparsamer Wirtschaftsführung eine einwandfreie Ausführung einschließlich Gewährleistung erwarten lassen. Unter diesen Angeboten soll der Zuschlag auf das Angebot erteilt werden, das unter Berücksichtigung aller technischen und wirtschaftlichen, gegebenenfalls auch gestalterischen und funktionsbedingten Gesichtspunkten als das annehmbarste erscheint. Der niedrigste Angebotspreis allein ist nicht entscheidend.

3. Änderungsvorschläge und Nebenangebote, die der Auftraggeber bei der Ausschreibung gewünscht oder ausdrücklich zugelassen hat, sind ebenso zu werten wie die Hauptangebote. Sonstige Änderungsvorschläge und Nebenangebote können berücksichtigt werden.

4. Arbeitsgemeinschaften und andere gemeinschaftliche Bieter sind Einzelbewerbern gleichzusetzen, wenn sie die Arbeiten im eigenen Betrieb oder in den Betrieben der Mitglieder ausführen.

5. Die Bestimmungen der Nr. 2 gelten auch bei Freihändiger Vergabe. Die Nrn. 1, 3 und 4 sind entsprechend auch bei Freihändiger Vergabe anzuwenden.

§ 26 Aufhebung der Ausschreibung

1. Die Ausschreibung kann aufgehoben werden:
   a) wenn kein Angebot eingegangen ist, das den Ausschreibungsbedingungen entspricht,

b) wenn sich die Grundlagen der Ausschreibung wesentlich geändert haben,

c) wenn andere schwerwiegende Gründe bestehen.

2. Die Bieter sind von der Aufhebung der Ausschreibung unter Bekanntgabe der Gründe unverzüglich zu benachrichtigen.

§ 27 Nicht berücksichtigte Angebote

1. Bieter, deren Angebote ausgeschlossen worden sind (A § 25 Nr. 1) und solche, deren Angebote nicht in die engere Wahl kommen, sollen sobald wie möglich verständigt werden. Die übrigen Bieter sind zu verständigen, sobald der Zuschlag erteilt worden ist.
2. Nicht berücksichtigte Angebote und Ausarbeitungen der Bieter dürfen nur mit ihrer Zustimmung für eine neue Vergabe oder für andere Zwecke benutzt werden.
3. Entwürfe, Ausarbeitungen, Muster und Proben zu nicht berücksichtigten Angeboten sind herauszugeben, wenn dies im Angebot oder innerhalb von 24 Werktagen nach Ablehnung des Angebots verlangt wird.

§ 28 Zuschlag

1. Der Zuschlag ist möglichst bald, mindestens aber so rechtzeitig zu erteilen, daß dem Bieter die Erklärung noch vor Ablauf der Zuschlagsfrist (A § 19) zugeht.
2. (1) Wird auf ein Angebot rechtzeitig und ohne Abänderungen der Zuschlag erteilt, so ist damit nach allgemeinen Rechtsgrundsätzen der Vertrag abgeschlossen, auch wenn spätere urkundliche Festlegung vorgesehen ist.

   (2) Werden dagegen Erweiterungen, Einschränkungen oder Änderungen vorgenommen oder wird der Zuschlag verspätet erteilt, so ist der Bieter bei Erteilung des Zuschlages aufzufordern, sich unverzüglich über die Annahme zu erklären.

§ 29 Vertragsurkunde

1. Eine besondere Urkunde braucht über den Vertrag nur dann gefertigt zu werden, wenn der Vertragsinhalt nicht schon durch das Angebot mit den zugehörigen Unterlagen, das Zuschlagsschreiben und andere Schriftstücke eindeutig und erschöpfend festgelegt ist.
2. Die Urkunde ist doppelt auszufertigen und von den beiden Vertragsparteien zu unterzeichnen. Die Beglaubigung einer Unterschrift kann in besonderen Fällen verlangt werden.

VOB Teil B
Allgemeine Vertragsbedingungen für die Ausführung von Bauleistungen DIN 1961 — Fassung November 1973

Inhalt

Wie auch im Kommentarteil zu VOB Teil A werden hier ebenfalls nur die Bereiche behandelt, die einen besonderen Bezug zum Landschafts- und Sportplatzbau haben. Zu den allgemein gültigen Fragen wird auf andere Kommentare verwiesen, die diese dann ausführlich abhandeln, wie z. B.

Heiermann/Riedl/Schwaab: Handkommentar zur VOB. — Wiesbaden und Berlin: Bauverlag GmbH

Ingenstau/Korbion: VOB-Kommentar. — Düsseldorf: Werner Verlag

Daub/Piel/Soergel/Steffani: Kommentar zur VOB. — Wiesbaden und Berlin: Bauverlag GmbH

§ 1 Art und Umfang der Leistung

1. Die auszuführende Leistung wird nach Art und Umfang durch den Vertrag bestimmt. Als Bestandteil des Vertrages gelten auch die Allgemeinen Technischen Vorschriften für Bauleistungen.

2. Bei Widersprüchen im Vertrag gelten nacheinander:
   a) die Leistungsbeschreibung,
   b) die Besonderen Vertragsbedingungen,
   c) etwaige Zusätzliche Vertragsbedingungen,
   d) etwaige Zusätzliche Technische Vorschriften,
   e) die Allgemeinen Technischen Vorschriften für Bauleistungen,
   f) die Allgemeinen Vertragsbedingungen für die Ausführung von Bauleistungen.

3. Änderungen des Bauentwurfs anzuordnen, bleibt dem Auftraggeber vorbehalten.

100 Wenn in Nr. 1 gesagt wird, daß die auszuführende Leistung nach Art und Umfang durch den Vertrag bestimmt wird, bedeutet dies, daß nur das, was im Vertrag genannt ist, zur Leistung gehört. Sollten sich über den Umfang und die Art der Leistungen Zweifel ergeben, sind neben dem vorrangig geltenden Leistungsverzeichnis vor allem die Allgemeinen Technischen Vorschriften zur Auslegung der Leistungsverpflichtung heranzuziehen.

Dies gilt insbesondere zur Frage der Nebenleistungen. Weiteren Aufschluß können DIN-Normen geben und dabei insbesondere die, die in der ATV ausdrücklich als zu beachtende Normen genannt sind. Weiteren Aufschluß können gegebenenfalls auch sonstige Vorschriften geben, wie z. B. die der Forschungsgesellschaft Landschaftsentwicklung und Landschaftsbau und der Forschungsgesellschaft für das Straßenwesen als allgemein „anerkannte Regeln der Technik".

101 Nr. 1 legt den automatischen Einschluß sämtlicher Allgemeinen Technischen Vorschriften als geschlossenen Block einschl. der dort genannten DIN-Normen bei nach VOB/B abgeschlossenen Bauverträgen fest, auch wenn diese im Vertrag nicht ausdrücklich genannt sein sollten.

102 Der in Nr. 2 genannte Katalog der Vertragsbestandteile und deren Reihenfolge ist der Regelfall. Während die Unterlagen zu a), e) und f) stets zum Vertrag gehören, werden die zu b), c) und d) nur im Bedarfsfalle dem Vertrag zugefügt. Sie müssen dann jedoch bereits Bestandteil der Ausschreibungsunterlagen gewesen sein.

103 In dem Katalog zu Nr. 2 sind die Ausführungszeichnungen nicht ausdrücklich genannt. Nach übereinstimmender Auffassung in den einschlägigen Kommentaren sind die Ausführungszeichnungen als Teil der Leistungsbeschreibung anzusehen (zeichnerische Darstellung der Leistung gemäß VOB/A § 9 Nr. 4 Absatz 2). Da in der Praxis leider recht häufig Unterschiede in den technischen Aussagen bzw. Forderungen zwischen Leistungsbeschreibung und Zeichnungen festgestellt werden, sollte über den Vorrang von Leistungsbeschreibung oder Zeichnung eindeutig entschieden werden.

Nach der Rechtssprechung wird der Leistungsbeschreibung der Vorrang eingeräumt, was auch der Meinung der Verfasser entspricht. D-P-S-S messen der Zeichnung ebenfalls nur eine erläuternde Wirkung zu, geben also der Leistungsbeschreibung den Vorrang. Sie lassen jedoch zu, daß im Streitfalle die jüngere oder die speziellere Darstellung — gleichgültig ob Leistungsbeschreibung oder Zeichnung — den Vorrang erhält. J-K lassen nur die Gleichrangigkeit von Leistungsbeschreibung und Zeichnung zu und überlassen es dem Erkennen des wirklichen oder vermutlichen Willens des Auftraggebers bei objektiver Auslegung, um im Streitfalle den Vorrang der einen oder anderen Darstellungsart zu finden.

Diese Situation ist unbefriedigend. Es ist dem Auftraggeber dringend anzuraten, seinen Willen rechtzeitig durch entsprechende Einordnung der Zeichnungen in den Katalog der Nr. 2 erkennen zu geben, z. B. an zweiter Stelle hinter der Leistungsbeschreibung.

Tauchen bereits bei der Kalkulation eines Angebotes bei dem Bieter Zweifel an der Übereinstimmung von Leistungsverzeichnis und beigefügten Plänen auf, sollte er sofort auf Klarstellung dringen. Wird eine Nichtübereinstimmung während der Ausführung festgestellt, ist diese Klärung vor der weiteren Ausführung der Leistungen herbeizuführen. Gegebenenfalls sind neue Preise zu vereinbaren.

4. Nicht vereinbarte Leistungen, die zur Ausführung der vertraglichen Leistung erforderlich werden, hat der Auftragnehmer auf Verlangen des Auftraggebers mit auszuführen, außer wenn sein Betrieb auf derartige Leistungen nicht eingerichtet ist. Andere Leistungen können dem Auftraggeber nur mit seiner Zustimmung übertragen werden.

104 In Nr. 4 wird festgelegt, daß der Auftragnehmer auf Verlangen auch zusätzliche Leistungen auszuführen hat, wenn er mit seinem Betrieb auf diese eingerichtet ist. Hier muß deutlich herausgestellt werden, daß es dabei eindeutig auf den Betrieb des Auftragnehmers ankommt, nicht auf sein Gewerk. Auch unter den Unternehmen des Landschafts- und Sportplatzbaues gibt es hinsichtlich der betrieblichen Möglichkeiten erhebliche Unterschiede. Diese können einmal in der Struktur des Betriebes begründet liegen, so kann z. B. nicht jeder Betrieb in größerem Maße Pflegearbeiten ausführen oder das Verpflanzen von Großbäumen, andererseits bestehen insbesondere im Sportplatzbau für bestimmte Produkte oder Verfahren besondere Bedingungen wie Lizenzen, Patente, Gebietsrechte usw.

§ 2 Vergütung

1. Durch die vereinbarten Preise werden alle Leistungen abgegolten, die nach der Leistungsbeschreibung, den Besonderen Vertragsbedingungen, den Zusätzlichen Vertragsbedingungen, den Zusätzlichen Technischen Vorschriften, den Allgemeinen Technischen Vorschriften für Bauleistungen und der gewerblichen Verkehrssitte zur vertraglichen Leistung gehören.

2. Die Vergütung wird nach den vertraglichen Einheitspreisen und den tatsächlich ausgeführten Leistungen berechnet, wenn keine andere Berechnungsart (z. B. durch Pauschalsumme, nach Stundenlohnsätzen, nach Selbstkosten) vereinbart ist.

3. (1) Weicht die ausgeführte Menge der unter einem Einheitspreis erfaßten Leistung oder Teilleistung um nicht mehr als 10 v. H. von dem im Vertrag vorgesehenen Umfang ab, so gilt der vertragliche Einheitspreis.

(2) Für die über 10 v. H. hinausgehende Überschreitung des Mengenansatzes ist auf Verlangen ein neuer Preis unter Berücksichtigung der Mehr- oder Minderkosten zu vereinbaren.

(3) Bei einer über 10 v. H. hinausgehenden Unterschreitung des Mengenansatzes ist auf Verlangen der Einheitspreis für die tatsächlich ausgeführte Menge der Leistung

oder Teilleistung zu erhöhen, soweit der Auftragnehmer nicht durch Erhöhung der Mengen bei anderen Ordnungszahlen (Positionen) oder in anderer Weise einen Ausgleich erhält. Die Erhöhung des Einheitspreises soll im wesentlichen dem Mehrbetrag entsprechen, der sich durch Verteilung der Baustelleneinrichtungs- und Baustellengemeinkosten und der Allgemeinen Geschäftskosten auf die verringerte Menge ergibt. Die Umsatzsteuer wird entsprechend dem neuen Preis vergütet.

(4) Sind von der unter einem Einheitspreis erfaßten Leistung oder Teilleistung andere Leistungen abhängig, für die eine Pauschalsumme vereinbart ist, so kann mit der Änderung des Einheitspreises auch eine angemessene Änderung der Pauschalsumme gefordert werden.

4. Werden im Vertrag ausbedungene Leistungen des Auftragnehmers vom Auftraggeber selbst übernommen (z. B. Lieferung von Bau-, Bauhilfs- und Betriebsstoffen), so gilt, wenn nichts anderes vereinbart wird, § 8 Nr. 1 Absatz 2 entsprechend.

5. Werden durch Änderung des Bauentwurfs oder andere Anordnungen des Auftraggebers die Grundlagen des Preises für eine im Vertrag vorgesehene Leistung geändert, so ist ein neuer Preis unter Berücksichtigung der Mehr- oder Minderkosten zu vereinbaren. Die Vereinbarung soll vor der Ausführung getroffen werden.

6. (1) Wird eine im Vertrag nicht vorgesehene Leistung gefordert, so hat der Auftragnehmer Anspruch auf besondere Vergütung. Er muß jedoch den Anspruch dem Auftraggeber ankündigen, bevor er mit der Ausführung der Leistung beginnt.

   (2) Die Vergütung bestimmt sich nach den Grundlagen der Preisermittlung für die vertragliche Leistung und den besonderen Kosten der geforderten Leistung. Sie ist möglichst vor Beginn der Ausführung zu vereinbaren.

7. (1) Ist als Vergütung der Leistung eine Pauschalsumme vereinbart, so bleibt die Vergütung unverändert. Weicht jedoch die ausgeführte Leistung von der vertraglich vorgesehenen Leistung so erheblich ab, daß ein Festhalten an der Pauschalsumme nicht zumutbar ist (§ 242 BGB), so ist auf Verlangen ein Ausgleich unter Berücksichtigung der Mehr- oder Minderkosten zu gewähren. Für die Bemessung des Ausgleichs ist von den Grundlagen der Preisermittlung auszugehen. Nr. 4, 5 und 6 bleiben unberührt.

   (2) Wenn nichts anderes vereinbart ist, gilt Absatz 1 auch für Pauschalsummen, die für Teile der Leistung vereinbart sind; Nr. 3 Absatz 4 bleibt unberührt.

8. (1) Leistungen, die der Auftragnehmer ohne Auftrag oder unter eigenmächtiger Abweichung vom Vertrag ausführt, werden nicht vergütet. Der Auftragnehmer hat sie auf Verlangen innerhalb einer angemessenen Frist zu beseitigen; sonst kann es auf seine Kosten geschehen. Er haftet außerdem für andere Schäden, die dem Auftraggeber hieraus entstehen, wenn die Vorschriften des BGB über die Geschäftsführung ohne Auftrag (§§ 677 ff.) nichts anderes ergeben.

   (2) Eine Vergütung steht dem Auftragnehmer jedoch zu, wenn der Auftraggeber solche Leistungen nachträglich anerkennt. Eine Vergütung steht ihm auch zu, wenn die Leistungen für die Erfüllung des Vertrages notwendig waren, dem mutmaßlichen Willen des Auftraggebers entsprachen und ihm unverzüglich angezeigt wurden.

9. (1) Verlangt der Auftraggeber Zeichnungen, Berechnungen oder andere Unterlagen, die der Auftragnehmer nach dem Vertrag, besonders den Technischen Vorschriften oder der gewerblichen Verkehrssitte, nicht zu beschaffen hat, so hat er sie zu vergüten.

(2) Läßt er vom Auftragnehmer nicht aufgestellte technische Berechnungen durch den Auftragnehmer nachprüfen, so hat er die Kosten zu tragen.

10. Stundenlohnarbeiten werden nur vergütet, wenn sie als solche vor ihrem Beginn ausdrücklich vereinbart worden sind (§ 15).

§ 3 Ausführungsunterlagen

1. Die für die Ausführung nötigen Unterlagen sind dem Auftragnehmer unentgeltlich und rechtzeitig zu übergeben.

105 Unentgeltlich bedeutet hier nicht, daß der Auftraggeber die Ausführungsunterlagen in unbegrenzter Anzahl zu übergeben hat bzw. diese bei „Verschleiß" stets unentgeltlich nachzuliefern hat. So wird z. B. in der Regel ein zwei- oder dreifacher Satz der Ausführungszeichnungen als Pause oder ein Satz pausfähiger Zeichnungen ausreichen, um dem Verlangen nach unentgeltlicher Übergabe zu entsprechen.

Nur der Vollständigkeit halber sei erwähnt, daß es sich bei den Ausführungsunterlagen neben der Leistungsbeschreibung und den Zeichnungen um alle Hilfsmittel im weiten Sinne handelt, wie z. B. Berechnungen, Anleitungen, Gutachten, Proben, Modelle usw. soweit diese vorhanden sind.

106 Die Forderung nach Rechtzeitigkeit sichert dem Auftragnehmer einen Anspruch auf diese. Kommt der Auftraggeber dieser Verpflichtung nicht nach, hat der Auftragnehmer ein Recht auf Kündigung des Vertrages; verzögert der Auftraggeber die Übergabe, kann der Auftragnehmer eine entsprechende Verlängerung der Ausführungsfrist verlangen sowie Schadensersatz nach § 6 Nr. 6.

In der Praxis festgestellte Versuche von Auftraggeberseite, deren Beibringungspflicht zu mindern, wie z. B. durch die Forderung nach einer notwendigen schriftlichen Anforderung der Ausführungsunterlagen durch den Auftragnehmer, sind als nicht VOB-konform zu betrachten.

2. Das Abstecken der Hauptachsen der baulichen Anlagen, ebenso der Grenzen des Geländes, das dem Auftragnehmer zur Verfügung gestellt wird, und das Schaffen der notwendigen Höhenfestpunkte in unmittelbarer Nähe der baulichen Anlagen sind Sache des Auftraggebers.

107 Die Anforderungen an das Abstecken der Hauptachsen der baulichen Anlagen werden im Landschafts- und Sportplatzbau unterschiedlich sein. So können vorhandene Gebäude, Straßen usw. bereits wichtige Vorgaben im Sinne einer Hauptachse sein, insbesondere wenn in der Ausführungszeichnung die Vermaßung auf diese vorhandenen Anlagen bezogen ist. Hier wird in der Regel eine besondere Hauptachsen-Absteckung durch den Auftraggeber nicht erforderlich.

Sind die Leistungen jedoch in einem freien Gelände ohne eindeutige Bezugspunkte auszuführen, wird eine Hauptachsenangabe unerläßlich sein.

Als Hauptachsenangabe kann dann z. B. das Vermarken der Anfangs- und Endpunkte der in der Ausführungszeichnung angegebenen Haupt-Meßlinie sein.

Besonders hohe Anforderungen an die Hauptachsenangabe werden beim Sportplatzbau mit seinen engen Genauigkeitsanforderungen zu stellen sein.

Zusammenfassend ist zu sagen, daß die Angabe von Hauptachsen ausreichend genug sein muß, um dem Auftragnehmer die Übertragung der Zeichnungsmaße in die Örtlichkeit der Baustelle zweifelsfrei und ohne besonderen Aufwand zu ermöglichen.

108 Besondere Schwierigkeiten verursacht in der Praxis oft das Auffinden der Grenzmarken. Diese sind häufig verschüttet oder durch Vorunternehmer verschoben oder entfernt worden. Ebenso oft wird versucht, dem Landschaftsbauunternehmer als Auftragnehmer die Verantwortung für die Grenzen des Baugeländes als Nebenleistung aufzudrücken. Dies widerspricht eindeutig der VOB. Nur der Auftraggeber ist für die Grenzen des Baugeländes verantwortlich, wobei bedeutungslos ist, ob es sich hier um rechtliche Grenzen oder um Grenzen innerhalb der Baustelle (zwischen Bauabschnitten) handelt.

109 Höhenfestpunkte sind in unmittelbarer Nähe der baulichen Anlagen vom Auftraggeber zur Verfügung zu stellen. Unmittelbar bedeutet hier eine Nähe, die dem Auftragnehmer ermöglicht, die zur Ausführung der Leistung erforderliche Bezug-Höhe ohne besondere Schwierigkeit und ohne besondere Fehlermöglichkeiten auf die Baustelle zu übertragen. Dazu sollte der Höhenfestpunkt in der Regel nicht weiter als 100 m entfernt sein und in direkter Sichtlinie liegen.

3. Die vom Auftraggeber zur Verfügung gestellten Geländeaufnahmen und Absteckungen und die übrigen für die Ausführung übergebenen Unterlagen sind für den Auftragnehmer maßgebend. Jedoch hat er sie, soweit es zur ordnungsgemäßen Vertragserfüllung gehört, auf etwaige Unstimmigkeiten zu überprüfen und den Auftraggeber auf entdeckte oder vermutete Mängel hinzuweisen.

110 Nach dem ersten Satz hat der Auftragnehmer die geforderte Leistung ausdrücklich nach den durch die Ausführungsunterlagen gegebenen Festlegungen auszuführen. Weicht er dabei eigenmächtig, d. h. ohne Zustimmung des Auftraggebers von diesen Festlegungen ab, gilt seine Leistung als nicht oder als mangelhaft erbracht, mit allen daraus für ihn erwachsenden Konsequenzen.

111 Die dem Auftragnehmer im zweiten Satz auferlegte Pflicht zur Prüfung der übergebenen Unterlagen auf Unstimmigkeiten ist weitgehend, jedoch nicht schrankenlos. Grundsätzlich bleibt der Auftraggeber für seine Angaben verantwortlich. Der Auftragnehmer hat einerseits die Pflicht zur Prüfung im Rahmen seines fachlichen Könnens und seiner Berufserfah-

rung. Dabei kommt es nicht auf das persönliche Können und die persönliche Berufserfahrung an, die der jeweilige Auftragnehmer tatsächlich besitzt, sondern auf das Können und die Berufserfahrung, die man von einem Unternehmer erwarten muß, der sich für den jeweiligen Auftrag beworben hat.

Andererseits liegt die Verpflichtung des Auftragnehmers zur Prüfung der übergebenen Unterlagen auch in seiner Pflicht zur ordnungsgemäßen Vertragserfüllung. Die Unterlagen sind dazu ein Richtungsweiser. Stellt er fest, daß diese mangelhaft sind und daß deren Befolgung zu Mängeln an der geforderten Leistung führen muß, hat er die Pflicht, auf deren Mängel hinzuweisen.

Die Prüfungspflicht beinhaltet z. B. die rechnerische Nachprüfung der Unterlagen, die Überprüfung auf Übereinstimmung mit den Regeln der Technik (soweit dies nicht schon zur Angebotsprüfung erfolgen konnte bzw. mußte), die Übereinstimmung der Ausführungszeichnungen und der geforderten Leistungen mit der Örtlichkeit (z. B. Bodenverhältnisse, Höhenlage, Vorfluter usw.), eine ausreichende Berücksichtigung von Baumaßtoleranzen durch den Planer.

112 Das Vorhandensein eines fachlichen Beraters beim Auftraggeber, z. B. eines Landschaftsarchitekten, entbindet in der Regel den Auftragnehmer nicht von seiner Prüfungspflicht bzw. von seiner Haftung oder Mithaftung.

4. Vor Beginn der Arbeiten ist, soweit notwendig, der Zustand der Straßen und Geländeoberfläche, der Vorfluter und Vorflutleitungen, ferner der baulichen Anlagen im Baubereich in einer Niederschrift festzuhalten, die vom Auftraggeber und Auftragnehmer anzuerkennen ist.

113 Nur in wenigen Fällen wird in der Praxis vom Auftragnehmer vor Leistungsbeginn ein sorgfältiges Protokoll über den Zustand der Baustelle und der dort vorhandenen Anlagen einschl. der Zufahrten und Begrenzungen angefertigt und dem Auftraggeber zur Bestätigung vorgelegt.

Aber um so öfter kommt es im Verlauf der Bauzeit oder spätestens bei der Abnahme zum Streit über das Verschulden an später vom Auftraggeber festgestellten Schäden. Hat der Auftragnehmer in einem solchen Falle die ihm hier in Nr. 4 auferlegten Pflichten versäumt, trägt er die Beweispflicht am Nichtverschulden.

Zu einem sorgfältig aufgestellten Zustandsprotokoll können beigefügte Fotos oft von besonderem Wert sein, da diese in der Regel vollständiger und deutlicher als das geschriebene Wort sind.

5. Zeichnungen, Berechnungen, Nachprüfungen von Berechnungen oder andere Unterlagen, die der Auftragnehmer nach dem Vertrag, besonders den Technischen Vorschriften, oder der gewerblichen Verkehrssitte oder auf besonderes Verlangen des

Auftraggebers (§ 2 Nr. 9) zu beschaffen hat, sind dem Auftraggeber nach Aufforderung rechtzeitig vorzulegen.

114 Hat der Auftragnehmer in den in Nr. 5 genannten Fällen Unterlagen beizubringen, hat er diese ebenso rechtzeitig beizubringen, wie der Auftraggeber seine Unterlagen. Der Unterschied bei der Beibringungspflicht liegt hier nur in der vom Auftraggeber auszugehenden Aufforderung.

6. Die in Nr. 5 genannten Unterlagen dürfen ohne Genehmigung ihres Urhebers weder veröffentlicht noch vervielfältigt noch für einen anderen als den vereinbarten Zweck benutzt werden. Sie sind auf Verlangen zurückzugeben, wenn nichts anderes vereinbart ist. Der Auftraggeber darf jedoch die vom Auftragnehmer gelieferten Unterlagen so lange behalten, wie er sie zur Rechnungsprüfung braucht.

115 Da es sich bei den vom Auftraggeber zu liefernden Unterlagen oft um Firmengeheimnisse handelt, ist auf deren Geheimhaltung durch den Auftraggeber besonderen Wert zu legen.

§ 4 Ausführung

1. (1) Der Auftraggeber hat für die Aufrechterhaltung der allgemeinen Ordnung auf der Baustelle zu sorgen und das Zusammenwirken der verschiedenen Unternehmer zu regeln. Er hat die erforderlichen öffentlich-rechtlichen Genehmigungen und Erlaubnisse — z. B. nach dem Baurecht, dem Straßenverkehrsrecht, dem Wasserrecht, dem Gewerberecht — herbeizuführen.

(2) Der Auftraggeber hat das Recht, die vertragsgemäße Ausführung der Leistung zu überwachen. Hierzu hat er Zutritt zu den Arbeitsplätzen, Werkstätten und Lagerräumen, wo die vertragliche Leistung oder Teile von ihr hergestellt oder die hierfür bestimmten Stoffe und Bauteile gelagert werden. Auf Verlangen sind ihm die Werkzeichnungen oder andere Ausführungsunterlagen sowie die Ergebnisse von Güteprüfungen zur Einsicht vorzulegen und die erforderlichen Auskünfte zu erteilen, wenn hierdurch keine Geschäftsgeheimnisse preisgegeben werden. Als Geschäftsgeheimnis bezeichnete Auskünfte und Unterlagen hat er vertraulich zu behandeln.

(3) Der Auftraggeber ist befugt, unter Wahrung der dem Auftragnehmer zustehenden Leistung (Nr. 2) Anordnungen zu treffen, die zur vertragsgemäßen Ausführung der Leistung notwendig sind. Die Anordnungen sind grundsätzlich nur dem Auftragnehmer oder seinem für die Leitung der Ausführung bestellten Vertreter zu erteilen, außer wenn Gefahr im Verzug ist. Dem Auftraggeber ist mitzuteilen, wer jeweils als Vertreter des Auftragnehmers für die Leitung der Ausführung bestellt ist.

(4) Hält der Auftragnehmer die Anordnungen des Auftraggebers für unberechtigt oder unzweckmäßig, so hat er seine Bedenken geltend zu machen, die Anordnungen jedoch auf Verlangen auszuführen, wenn nicht gesetzliche oder behördliche Bestimmungen entgegenstehen. Wenn dadurch eine ungerechtfertigte Erschwerung verursacht wird, hat der Auftraggeber die Mehrkosten zu tragen.

2. (1) Der Auftragnehmer hat die Leistung unter eigener Verantwortung nach dem Vertrag auszuführen. Dabei hat er die anerkannten Regeln der Technik und die gesetzlichen und behördlichen Bestimmungen zu beachten. Es ist seine Sache, die Ausführung seiner vertraglichen Leistung zu leiten und für Ordnung auf seiner Arbeitsstelle zu sorgen.

116 Die eigene Verantwortung des Auftragnehmers bei der Ausführung der Leistungen entspricht dem allgemeinen Grundsatz, daß ein Gewerbeausübender dafür einzustehen hat, daß er für dieses Gewerbe die entsprechenden Kenntnisse besitzt. Diese eigene Verantwortung wird in der Regel auch dann nicht gemindert, wenn der Auftraggeber zur Wahrnehmung seiner Interessen auf der Baustelle eine fachkundige Person, wie einen Landschaftsarchitekten, beauftragt hat. Bei einem Architekten oder Landschaftsarchitekten werden in der Regel für den handwerklich-technischen Bereich nicht die Fachkenntnisse vorausgesetzt, wie z. B. bei einem Meister des Landschaftsbaues.

Schließlich kann die Verantwortung des Landschaftsarchitekten für Maßnahmen, die in seinem eindeutigen, typischen Aufgabenbereich liegen, nicht dem Auftragnehmer übertragen werden. Dazu reicht z. B. ein Vermerk auf Ausführungsplänen nicht aus, nach dem der Auftragnehmer die dort enthaltenen Angaben zu überprüfen hat.

Zu dem typischen Aufgabenbereich des Architekten ist neben den eigentlichen Planungsleistungen auch die Durchführung der in den Normen des Landschafts- und Sportplatzbaues genannten Voruntersuchungen am Baugrund bzw. am vorhandenen Boden zu rechnen. Der Auftragnehmer muß sich darauf verlassen können, daß der Landschaftsarchitekt diese ihm obliegende Verpflichtung erfüllt und die Planung auf die Ergebnisse der Voruntersuchung aufgebaut hat.

Die Pflicht des Auftragnehmers bei Unstimmigkeiten in den Ausführungsunterlagen und bei Fehlern bei der vorgesehenen Art der Ausführung Bedenken geltend zu machen, bleibt aber davon unberührt (siehe dazu auch Rdn 118 ff.).

117 Wenn im zweiten Satz von Regeln der Technik gesprochen wird, sind hier die Regeln der Bautechnik gemeint, insbesondere die betreffenden DIN-Normen des Bauwesens im Allgemeinen. Die Normen des Teiles C der VOB, die Allgemeinen Technischen Vorschriften für Bauleistungen und die darin genannten DIN-Normen sind laut § 1 ohnehin Bestandteil des Vertrages. Es handelt sich hier also um alle anderen Regeln der Bautechnik, deren Befolgen auch aus allgemeinrechtlichen Gründen nach dem Rechtsgrundsatz von Treu und Glauben geboten ist.

Zu den Regeln der Bautechnik zählen neben den DIN-Normen im Landschafts- und Sportplatzbau auch die „Richtlinien der Forschungsgesellschaft für Landschaftsentwicklung und Landschaftsbau“ sowie die „Richtlinien der Forschungsgesellschaft für das Straßenwesen“ und die Vorschriften der Berufsgenossenschaften, letztere soweit sie sich auf die Bauausführung beziehen. Schließlich können insbesondere für Sportplatzbauten auch die Bestimmungen des Verbandes Deutscher Elektrotechniker (VDE) sowie die Bestimmungen des Deutschen Vereins der

Gas- und Wasserfachmänner (DVGW) zu beachten sein sowie die Amtlichen Leichtathletik-Bestimmungen (ALB) in Bezug auf Abmessungen.

Hier ist stets eine eindeutige Aussage über den jeweiligen Vorrang der betreffenden Regelwerke vom Auftraggeber zu treffen.

Zu den Fragen der zu beachtenden Normen, der Wandelbarkeit der Regeln der Technik, des Eingreifens von neuen Normen in Bauverträge siehe Rdn 309.

(2) Er ist für die Erfüllung der gesetzlichen, behördlichen und berufsgenossenschaftlichen Verpflichtungen gegenüber seinen Arbeitnehmern allein verantwortlich. Es ist ausschließlich seine Aufgabe, die Vereinbarungen und Maßnahmen zu treffen, die sein Verhältnis zu den Arbeitnehmern regeln.

3. Hat der Auftragnehmer Bedenken gegen die vorgesehene Art der Ausführung (auch wegen der Sicherung gegen Unfallgefahren), gegen die Güte der vom Auftraggeber gelieferten Stoffe oder Bauteile oder gegen die Leistungen anderer Unternehmer, so hat er sie dem Auftraggeber unverzüglich — möglichst schon vor Beginn der Arbeiten — schriftlich mitzuteilen; der Auftraggeber bleibt jedoch für seine Angaben, Anordnungen oder Lieferungen verantwortlich.

118 Die Pflicht zum Anmelden von Bedenken schließt die Pflicht zur Prüfung mit ein. Beide zusammen stellen eine vertragliche Hauptpflicht dar, deren Verletzung Schadensersatzansprüche des Auftraggebers nach sich ziehen kann.

Die Prüfungspflicht des Auftragnehmers ist vom Einzelfall abhängig und läßt sich nicht generell festlegen. Entscheidende Punkte sind Art und Umfang der Leistung, die Person des Auftraggebers oder des zur Bauführung bestellten Vertreters. Auch ist die Prüfungspflicht nicht in allen genannten Punkten als gleich groß anzusehen.

Bei der Prüfung der vom Auftraggeber beigestellten Stoffe, Bauteile, Pflanzen und Pflanzenteile ist die Prüfungspflicht am stärksten. Auf diesem Gebiet hat der Auftragnehmer die größten Fachkenntnisse, zumal er sonst auch die Beschaffung derartiger Stoffe usw. übernimmt.

Geringer sind seine Fachkenntnisse und damit seine Prüfungspflicht anzusetzen, wenn es sich um die Vorleistungen anderer Unternehmer handelt, insbesondere wenn es sich hierbei um Leistungen handelt, die nicht zu seinem Fachgebiet gehören. Diese Abschwächung gilt jedoch nicht, wenn es sich um Vorleistungen handelt, denen er ständig begegnet und deren Beschaffenheit einen wesentlichen Einfluß auf die Beschaffenheit seiner eigenen Leistungen haben. Der Auftragnehmer des Landschaftsbaues muß z. B. erkennen können, ob ein von einem Erdbauunternehmer bearbeiteter Boden, der für vegetationstechnische Zwecke verwendet werden soll, nach den Regeln von DIN 18 915 Teil 3 behandelt wurde, oder ob dieser gegebenenfalls bei Nichtbeachtung dieser Regeln einen Schaden erlitten hat.

Die Prüfungspflicht wird bei der vorgesehenen Art der Ausführung dann besonders gering sein, wenn der Auftraggeber mit der Festlegung der Art der Ausführung einen Fachmann — z. B. einen Landschaftsarchitekten oder Landschaftsbauingenieur — beauftragt hat, also mit der Planung und Leistungsbeschreibung. Anders sieht es schon aus, wenn der Fachbeauftragte des Auftraggebers kein Landschaftsbaufachmann, sondern z. B. ein Hochbauarchitekt oder ein Tiefbauingenieur ist. In solchen Fällen wird der Auftragnehmer als Fachmann voll gefordert.

119 Bei der Prüfung kann schließlich vom Auftragnehmer nicht mehr verlangt werden, als es dem normalen Fachwissen seiner Branche entspricht. Dabei kommt es nicht auf das subjektive Fachwissen des einzelnen Auftragnehmers an, sondern objektiv auf das Fachwissen, was unter normalen Umständen bei einem auf dem betreffenden Fachgebiet tätigen Unternehmer vorausgesetzt werden muß. Dieses normale Fachwissen ist im Landschafts- und Sportplatzbau, z. B. als durch die in den Fachnormen dieser Bereiche festgelegten Regeln begrenzt anzusehen, doch innerhalb dieses Rahmens ohne Einschränkung zu erwarten.

Die den Rahmen des Landschafts- und Sportplatzbaues tangierenden Normen sind je nach Art der auszuführenden Leistungen zu kennen und zu beachten. So wird z. B. sicherlich zur Herstellung von Fundamenten aus Beton für Gartenbänke nicht die Beherrschung der gesamten Betontechnologie gefordert werden müssen.

120 Nicht unterlassen werden darf an dieser Stelle der Hinweis auf den Katalog der Hauptanlässe zum Anmelden von Bedenken in DIN 18 320 Abschnitt 3.1.5. Für diese Hauptanlässe besteht eine uneingeschränkte Pflicht zur Prüfung und gegebenenfalls zur Anmeldung von Bedenken. Sie beziehen sich auf ganz spezielle Belange des Landschafts- und Sportplatzbaues, sie liegen voll im Fachwissenbereich der betreffenden Unternehmer und sind von ausschlaggebender Bedeutung für die vertragsgerechte Ausführung der Leistung. In Anbetracht der Wichtigkeit dieser Punkte kann es auch keine Abschwächung der Prüfungspflicht geben, weil der Anlaß, d. h. das zu prüfende Objekt oder der zu prüfende Vorgang, in den Planungsbereich fällt, wie z. B. die Bemessung einer ausreichenden Düngung oder Pflegeleistung.

121 Die vorgenommene Prüfung allein entscheidet, ob ein Anlaß zur Anmeldung von Bedenken besteht. Es reicht dazu die einfache Vermutung (begründbare Vermutung) des Vorliegens von Mängeln, es braucht keine Gewißheit zu bestehen, daß diese Mängel tatsächlich vorliegen bzw. auftreten müssen.

122 Die Mitteilung von Bedenken muß verständlich, fachgerecht ausgedrückt, inhaltlich richtig, erschöpfend und mit der gebotenen Sorgfalt ab-

gefaßt sein. Es ist nicht erforderlich, daß die Mitteilung Vorschläge zur Änderung oder Verbesserung enthält.

Die Mitteilung von Bedenken ist nur in Schriftform wirksam. Sie muß auch unverzüglich erfolgen, und zwar an den Auftraggeber. In der Regel ist der zur Bauführung bestellte Vertreter zur Annahme der Mitteilung berechtigt. Es empfiehlt sich jedoch in solchen Fällen, auch stets dem Auftraggeber ebenfalls Mitteilung zu machen, insbesondere wenn es sich um Bedenken gegen die vorgesehene Art der Ausführung handelt, die eben dieser Vertreter des Auftraggebers zu vertreten hat.

123 Nach Erhalt der Mitteilung trägt der Auftraggeber für den betreffenden Vorgang bzw. Zustand allein die Verantwortung und das evtl. Risiko. Trotzdem ist anzuraten, wenn der Auftraggeber auf die Mitteilung nicht reagiert, daß der Auftragnehmer erneut mitteilt, dabei eine Frist setzt und zum Ausdruck bringt, daß er bei erneutem Nichtreagieren des Auftraggebers jede Verantwortung für möglicherweise für den Auftraggeber daraus entstehende nachteilige Folgen ablehnt.

Wenn der Auftraggeber die Bedenken des Auftragnehmers nicht teilt, muß der Auftragnehmer die Leistungen in der vorgesehenen Weise ausführen. Von einer Haftung für spätere Schäden ist er dann allerdings befreit. Der Auftraggeber kann sich gegen ungerechtfertigte Bedenken, die gegebenenfalls nur mit dem Ziel einer Einschränkung der Gewährleistungspflicht „losgelassen" werden, z. B. mit Hilfe von eingeschalteten Sachverständigen, schützen, gegebenenfalls auch im Wege eines Schiedsgerichtsverfahrens.

Ein Leistungsverweigerungsrecht steht dem Auftragnehmer nur zu, wenn die Ausführung der Leistung gegen gesetzliche oder behördliche Bestimmungen verstoßen würde. Das Recht zur Unterbrechung der Leistung bis zur Entscheidung des Auftraggebers — gleich welcher Art — muß dem Auftragnehmer jedoch zugestanden werden.

4. Der Auftraggeber hat, wenn nichts anderes vereinbart ist, dem Auftragnehmer unentgeltlich zur Benutzung oder Mitbenutzung zu überlassen:
   a) die notwendigen Lager- und Arbeitsplätze auf der Baustelle,
   b) vorhandene Zufahrtswege und Anschlußgleise,
   c) vorhandene Anschlüsse für Wasser und Energie. Die Kosten für den Verbrauch und den Messer oder Zähler trägt der Auftragnehmer, mehrere Auftragnehmer tragen sie anteilig.

124 An dieser Stelle soll nur auf die Notwendigkeit zur ausführlichen Beschreibung des Bereitstellungsumfanges in der Leistungsbeschreibung hingewiesen werden (siehe dazu Rdn 225).

5. Der Auftragnehmer hat die von ihm ausgeführten Leistungen und die ihm für die Ausführung übergebenen Gegenstände bis zur Abnahme vor Beschädigung und Diebstahl

zu schützen. Auf Verlangen des Auftraggebers hat er sie vor Winterschäden und Grundwasser zu schützen, ferner Schnee und Eis zu beseitigen. Obliegt ihm die Verpflichtung nach Satz 2 nicht schon nach dem Vertrag, so regelt sich die Vergütung nach § 2 Nr. 6.

125 Über den Schutz der Leistung und der zur Ausführung übergebenen Gegenstände durch den Auftragnehmer, der eine Nebenleistung ist, ist unter Rdn 328 ff. mit den Besonderheiten des Landschaftsbaues ausführlich Stellung genommen worden.

Ergänzend ist zu sagen:

Bei den für die Ausführung übergebenen Gegenständen ist ein weiter Rahmen anzulegen. Es handelt sich ausdrücklich nicht nur um die **zur** Ausführung bestimmten Gegenstände, wie Baustoffe, Bauteile, Pflanzen, Pflanzenteile und Saatgut, sondern um alle **für** die Ausführung übergebenen Gegenstände. Dies sind nicht nur die in das Bauwerk eingehenden Baustoffe usw.. Hier sind auch evtl. vom Auftraggeber zur Verfügung gestellte Maschinen und Werkzeuge und schließlich das Baugrundstück selbst mit seinem vorhandenen Bestand erfaßt.

Während der Tatbestand des Diebstahls ausreichend klar sein dürfte, gehen die Ansichten über die Art der Beschädigungen, die von dieser Schutzpflicht betroffen werden, oft auseinander. Grundsätzlich sind hier alle schädigenden Einflüsse gemeint, die das Leistungsziel — das fertige, vertragsgerechte Bauwerk — beeinträchtigen oder beeinträchtigen können. Dabei ist gleichgültig, ob es sich um menschliche oder mechanische Einwirkungen oder auch solche durch Witterungseinflüsse handelt (siehe auch Rdn 133 ff.). Aus dem Vorgenannten wird deutlich, daß es für die sogenannten „lebenden Baustoffe", die Pflanzen, Pflanzenteile und das Saatgut keine von der Schutzpflicht ausschließende Sonderregelung gibt, auch nicht für vom Auftraggeber beigestellte, d. h. für die Ausführung übergebene Pflanzen usw. (siehe dazu auch Rdn 141).

126 Schutzmaßnahmen gegen Winterschäden (Frost, Eis, Schnee) sind in der Regel keine Nebenleistungen, sie müssen gesondert vertraglich vereinbart werden.

Eine Grenze findet diese Ausnahmeregelung im Landschaftsbau bei solchen Schutzmaßnahmen vor der Abnahme, die entweder nach den Regeln der Technik ohnehin auszuführen sind, wie z. B. das Anhäufeln von frostgefährdeten Pflanzen wie Rosen u. ä., dem Abdecken von Stauden in gefährdeten Lagen oder solchen Schutzmaßnahmen, die nach gewerblicher Verkehrssitte vom Auftragnehmer zu erwarten sind, wie z. B. das Befreien bruchgefährdeter Pflanzen von Schneelasten.

6. **Stoffe oder Bauteile, die dem Vertrag oder den Proben nicht entsprechen, sind auf Anordnung des Auftraggebers innerhalb einer von ihm bestimmten Frist von der Baustel-**

le zu entfernen. Geschieht es nicht, so können sie auf Kosten des Auftragnehmers entfernt oder für seine Rechnung veräußert werden.

7. Leistungen, die schon während der Ausführung als mangelhaft oder vertragswidrig erkannt werden, hat der Auftragnehmer auf eigene Kosten durch mangelfreie zu ersetzen. Hat der Auftragnehmer den Mangel oder die Vertragswidrigkeit zu vertreten, so hat er auch den daraus entstehenden Schaden zu ersetzen. Kommt der Auftragnehmer der Pflicht zur Beseitigung des Mangels nicht nach, so kann ihm der Auftraggeber eine angemessene Frist zur Beseitigung des Mangels setzen und erklären, daß er ihm nach fruchtlosem Ablauf der Frist den Auftrag entziehe (§ 8 Nr. 3).

127 Hier ist im wesentlichen zu vermerken, daß die VOB an dieser Stelle dem Auftraggeber das Recht einräumt, bereits während des Bauverlaufes bzw. schon vor dem Einbau von Stoffen, Bauteilen usw. bei Mängeln an diesen oder an der Leistung vom Auftragnehmer Abhilfe zu verlangen. Damit soll vermieden werden, daß Mängel, weil inzwischen verdeckt, später nicht mehr erkennbar sind und somit bei der Abnahme nicht gerügt werden können. Auch kann durch eine rechtzeitige Mängelbehebung ein später evtl. größerer Schaden vermieden werden. Andererseits kann aus dieser Festlegung nicht abgeleitet werden, daß der Auftraggeber während der Bauzeit vom ihm nicht erkannte Mängel zur Abnahme nicht mehr vorbringen darf. Der Auftragnehmer bleibt für seine Ausführung bis zur Abnahme voll verantwortlich.

8. (1) Der Auftragnehmer hat die Leistung im eigenen Betrieb auszuführen. Mit schriftlicher Zustimmung des Auftraggebers darf er sie an Nachunternehmer übertragen. Die Zustimmung ist nicht notwendig bei Leistungen, auf die der Betrieb des Auftragnehmers nicht eingerichtet ist.

(2) Der Auftragnehmer hat bei der Weitervergabe von Bauleistungen an Nachunternehmer die Verdingungsordnung für Bauleistungen zugrunde zu legen.

(3) Der Auftragnehmer hat die Nachunternehmer dem Auftraggeber auf Verlangen bekanntzugeben.

128 Ein Auftragnehmer, der die Eigenleistungsverpflichtung verletzt, handelt vertragsuntreu. Er macht sich wegen positiver Vertragsverletzung schadensersatzpflichtig.

Maßstab für die Eigenleistungsverpflichtung ist stets der Betrieb des Auftragnehmers, nicht der Branchendurchschnitt.

9. Werden bei der Ausführung der Leistung auf einem Grundstück Gegenstände von Altertums-, Kunst- oder wissenschaftlichem Wert entdeckt, so hat der Auftragnehmer vor jedem weiteren Aufdecken oder Ändern dem Auftraggeber den Fund anzuzeigen und ihm die Gegenstände nach näherer Weisung abzuliefern. Die Vergütung etwaiger Mehrkosten regelt sich nach § 2 Nr. 6. Die Rechte des Entdeckers (§ 984 BGB) hat der Auftraggeber.

§ 5 Ausführungsfristen

1. Die Ausführung ist nach den verbindlichen Fristen (Vertragsfristen) zu beginnen, angemessen zu fördern und zu vollenden. In einem Bauzeitenplan enthaltene Einzelfristen gelten nur dann als Vertragsfristen, wenn dies im Vertrag ausdrücklich vereinbart ist.

129 Bei witterungsabhängigen oder vom Vegetationsrhythmus abhängigen Leistungen kommt der Vertragsgestaltung hinsichtlich der Ausführungsfristen eine besondere Bedeutung zu. Hat der Auftraggeber bereits in den Ausschreibungsunterlagen Fristen genannt, die aus vorgenannten Gründen ungeeignet sind (z. B. Herstellung einer Rasenfläche in den Wintermonaten) und wurde dieser Fristgestaltung vom Auftragnehmer nicht schon bei der Angebotsabgabe widersprochen, bleibt die Verpflichtung zur Einhaltung der vertraglichen Fristen erhalten. Evtl. dem Auftragnehmer daraus entstehende Nachteile, wie Mehraufwand (bei dem Beispiel Rasen, Verwendung von Fertigrasen anstelle einer Ansaat) und besondere Einrichtungen wie Heizungen usw., muß dieser dann auf sich nehmen.

2. Ist für den Beginn der Ausführung keine Frist vereinbart, so hat der Auftraggeber dem Auftragnehmer auf Verlangen Auskunft über den voraussichtlichen Beginn zu erteilen. Der Auftragnehmer hat innerhalb von 12 Werktagen nach Aufforderung zu beginnen. Der Beginn der Ausführung ist dem Auftraggeber anzuzeigen.

3. Wenn Arbeitskräfte, Geräte, Gerüste, Stoffe oder Bauteile so unzureichend sind, daß die Ausführungsfristen offenbar nicht eingehalten werden können, muß der Auftragnehmer auf Verlangen unverzüglich Abhilfe schaffen.

4. Verzögert der Auftragnehmer den Beginn der Ausführung, gerät er mit der Vollendung in Verzug oder kommt er der in Nr. 3 erwähnten Verpflichtung nicht nach, so kann der Auftraggeber bei Aufrechterhaltung des Vertrages Schadensersatz nach § 6 Nr. 6 verlangen oder dem Auftragnehmer eine angemessene Frist zur Vertragserfüllung setzen und erklären, daß er ihm nach fruchtlosem Ablauf der Frist den Auftrag entziehe (§ 8 Nr. 3).

130 Die besondere Eigenart vieler Landschaftsbauleistungen (witterungsabhängig, vom Vegetationsrhythmus abhängig) macht eine strenge Einhaltung der Vertragsfristen erforderlich. Hier kann es nämlich nicht nur zu einfachen Verlängerungen der Bauzeit um Tage oder Wochen kommen, sondern um ein ganzes Jahr. Wird z. B. die fristgerechte Pflanzarbeit im Frühjahr versäumt, kann diese erst im folgenden Herbst vorgenommen werden. Dies bedeutet bei Berücksichtigung der erforderlichen Fertigstellungspflege bis zur Abnahme, d. h. bis zum Zeitpunkt des erkennbaren Angewachsenseins, eine Fristüberschreitung um ein ganzes Jahr.

§ 6 Behinderung und Unterbrechung der Ausführung

1. Glaubt sich der Auftragnehmer in der ordnungsgemäßen Ausführung der Leistung behindert, so hat er es dem Auftraggeber unverzüglich schriftlich anzuzeigen. Unterläßt er die Anzeige, so hat er nur dann Anspruch auf Berücksichtigung der hindernden Umstände, wenn dem Auftraggeber offenkundig die Tatsache und deren hindernde Wirkung unbekannt waren.

2. (1) Ausführungsfristen werden verlängert, soweit die Behinderung verursacht ist:
   a) durch einen vom Auftraggeber zu vertretenden Umstand,
   b) durch Streik oder eine von der Berufsvertretung der Arbeitgeber angeordnete Aussperrung im Betrieb des Auftragnehmers oder in einem unmittelbar für ihn arbeitenden Betrieb,
   c) durch höhere Gewalt oder andere für den Auftragnehmer unabwendbare Umstände.

   (2) Witterungseinflüsse während der Ausführungszeit, mit denen bei Abgabe des Angebots normalerweise gerechnet werden mußte, gelten nicht als Behinderung.

131 Auch hier muß wieder auf den besonderen Charakter der Witterungs- und Vegetationsrhythmus-Abhängigkeit der Landschaftsbauarbeiten aufmerksam gemacht werden. Nur durch eine sorgfältige Gestaltung der Ausführungsfristen und durch das gegebenenfalls rechtzeitige (vor bzw. bei der Angebotsabgabe) Geltendmachen von Bedenken gegen ungeeignete Fristen können Unzuträglichkeiten während der Ausführung verhindert werden.

Hierbei ist ausdrücklich darauf zu achten, daß nicht nur die Witterung selbst, sondern auch Wirkungen der Witterung (z. B. Durchfeuchtung des Bodens nach Regenfällen, Schneeschmelze usw.) zu beachten sind, die noch längere Zeit hinderlicher sein können als die hinderliche Witterung selbst.

Deutlich muß gesagt werden, daß die Besonderheiten des Landschaftsbaues einschließlich des Sportplatzbaues kein Anlaß sind für eine abweichende Regelung zu der hier genannten Festlegung hinsichtlich der Witterungseinflüsse.

132 Treten während der Ausführungszeit jedoch ungewöhnliche Witterungseinflüsse auf, können sie als Behinderungsgrund gelten. Dazu können zählen z. B. ungewöhnlich lange Winter, ungewöhnlich früh einsetzende Winter, ungewöhnlich lange Regenperioden, aber auch ungewöhnliche Hochwasser. Im Zweifelsfalle muß der Auftragnehmer das Ungewöhnliche des Witterungsablaufes nachweisen, z. B. durch Gutachten der Wetterämter bzw. Wasserwirtschaftsämter.

3. **Der Auftragnehmer hat alles zu tun, was ihm billigerweise zugemutet werden kann, um die Weiterführung der Arbeiten zu ermöglichen. Sobald die hindernden Umstände wegfallen, hat er ohne weiteres und unverzüglich die Arbeiten wiederaufzunehmen und den Auftraggeber davon zu benachrichtigen.**

4. Die Fristverlängerung wird berechnet nach der Dauer der Behinderung mit einem Zuschlag für die Wiederaufnahme der Arbeiten und die etwaige Verschiebung in eine ungünstigere Jahreszeit.

5. Wird die Ausführung für voraussichtlich längere Dauer unterbrochen, ohne daß die Leistung dauernd unmöglich wird, so sind die ausgeführten Leistungen nach den Vertragspreisen abzurechnen und außerdem die Kosten zu vergüten, die dem Auftragnehmer bereits entstanden und in den Vertragspreisen des nicht ausgeführten Teiles der Leistung enthalten sind.

6. Sind die hindernden Umstände von einem Vertragsteil zu vertreten, so hat der andere Teil Anspruch auf Ersatz des nachweislich entstandenen Schadens, nicht aber des entgangenen Gewinns.

7. Dauert eine Unterbrechung länger als 3 Monate, so kann jeder Teil nach Ablauf dieser Zeit den Vertrag schriftlich kündigen. Die Abrechnung regelt sich nach Nr. 5 und 6; wenn der Auftragnehmer die Unterbrechung nicht zu vertreten hat, sind auch die Kosten der Baustellenräumung zu vergüten, soweit sie nicht in der Vergütung für die bereits ausgeführten Leistungen enthalten sind.

§ 7 Verteilung der Gefahr

Wird die ganze oder teilweise ausgeführte Leistung vor der Abnahme durch höhere Gewalt, Krieg, Aufruhr oder andere unabwendbare vom Auftragnehmer nicht zu vertretende Umstände beschädigt oder zerstört, so hat dieser für die ausgeführten Teile der Leistung die Ansprüche nach § 6 Nr. 5; für andere Schäden besteht keine gegenseitige Ersatzpflicht.

An dieser Stelle muß man die Begriffe höhere Gewalt, Krieg, Aufruhr und unabwendbare, vom Auftragnehmer nicht vertretende Umstände erläutern:

133 Der Begriff der **höheren Gewalt** ist im Gesetz nicht definiert. In der Rechtsprechung haben sich jedoch folgende Kriterien herausgebildet:

1. Es muß sich um ein von außen wirkendes, betriebsfremdes Ereignis handeln. Jedes noch so geringfügige Mitverschulden schließt die höhere Gewalt aus.

2. Das Ereignis muß unverhofft eingetreten sein. Das ist nicht in jedem Falle gleichbedeutend mit einem unvorhersehbaren Ereignis. Es ist ausreichend, daß es sich um ein außergewöhnliches Ereignis handelt, mit dem der Auftragnehmer trotz aller Sorgfalt nicht zu rechnen brauchte.

   Im Landschafts- und Sportplatzbau werden hierzu immer wieder Witterungsverläufe zur Debatte stehen. Gleichgültig ob sich dabei die Außergewöhnlichkeit auf die Dauer eines Witterungsverlaufes bezieht (Winter, Regen, Trockenheit) oder auf den Termin (früher Wintereinbruch, Spätfrost) oder auf die Intensität (Frost, Sturm, Regen, Hitze), wird dies vom Auftragnehmer zu beweisen sein, z. B. durch Gutachten von Wetterämtern (Vergleiche zum langjährigen Mittel u. ä.). Eine längere Trockenperiode im Sommer, wie wir sie zwar des öfteren in den letzten Jahren zu verzeichnen hatten, wird noch zu den unverhofften, außergewöhnlichen Ereignissen zu rechnen sein. Sie sollten jedoch zur Vorsicht mahnen.

3. Das Ereignis muß unabwendbar sein und zwar bei Anwendung größter Sorgfalt und aller zumutbaren Vorkehrungen.

134 Der Begriff **Krieg** ist relativ eindeutig, auch wenn sich in den letzten Jahren Formen von Kriegen entwickelt haben, die nicht immer klar als solche zu definieren sind.

135 Unter **Aufruhr** wird eine öffentliche Zusammenrottung zahlenmäßig nicht unerheblicher Teile des Volkes verstanden, die verbunden ist mit einer Störung der öffentlichen Ordnung in deren Verlauf Gewalttätigkeiten gegen Sachen und Personen verübt werden. So könnte z. B. im Verlaufe einer außer Kontrolle geratenen Demonstration eine im Bau befindliche öffentliche oder private Grünfläche beschädigt oder zerstört werden.

136 Der **unabwendbare Umstand** ist dem der höheren Gewalt in Bezug auf das unverhoffte Ereignis, und der trotz Einsatz wirtschaftlich zumutbarer Mittel gegebene Unabwendbarkeit gleich. Er braucht jedoch nicht betriebsfremd zu sein. Als Beispiel kann hier die Ölpreisentwicklung dienen. Diese war unverhofft und nicht abwendbar, sie wirkte zwar nicht direkt auf die Leistung, jedoch mittelbar über den Betrieb (teuerer Einkauf von Mineralölprodukten) auf die Preise.

137 Die **höhere Gewalt** und das **unabwendbare Ereignis** bedingen jedoch eine gegenseitige Mitteilungspflicht der Vertragspartner über die erkannte, drohende Gefahr. Es darf keinem Partner die Möglichkeit zu rechtzeitiger Schadensabwendung genommen werden durch Unterlassung der Mitteilung. Jeder Partner hat sich so zu verhalten, daß der andere vor Schaden bewahrt wird. Unterläßt ein Vertragspartner die ihm obliegende Mitteilung über eine drohende Gefahr und konnte der andere Vertragspartner daher den Schaden nicht abwenden, so hat der Unterlassende den Schaden zu ersetzen, der dem anderen durch die Unterlassung entsteht. Am Beispiel der Dürreschäden an Pflanzungen sollen hier diese Sachverhalte geklärt werden:

a) Schäden an Pflanzen durch Trockenheit (Absterben, teilweises Zurücktrocknen) sind nur dann unter höhere Gewalt einzuordnen, wenn die Trockenheit ungewöhnlich lange angehalten hat oder mit ungewöhnlich hohen Lufttemperaturen verbunden war. Trockenheit ist nicht allein das Ausbleiben von Niederschlägen in wirksamer Form, sie geht meist einher mit niedriger Luftfeuchte und kann verstärkt werden durch hohe Lufttemperaturen, hohe Bodentemperaturen (auch in Verbindung mit der Exposition) und Wind. Diese Faktoren müssen im Einzelfalle, d. h. für die Situation der betreffenden Baustelle, nachgewiesen werden. Es genügt dabei nicht der Nachweis für z. B. ein ganzes Bundesland, sondern er muß mindestens auf den örtlichen Klimaraum bezogen sein. Der Nachweis wird nur mit Hilfe der Wetterämter zu führen sein. Diese müssen die außergewöhnliche Art der Witterungsentwicklung im Vergleich zum langjährigen (20-jährigen) Mittel bestätigen können.

Sorgfältige Wetteraufzeichnungen im Baustellen-Tagebuch können dabei von großem Wert als zusätzlicher Beweis sein. So empfielt sich für jede größere Baustelle ein Thermometer und ein Regenmesser. Auch können Aufzeichnungen nahe gelegener Wetterstationen herangezogen werden.

b) Weiter wird der Nachweis zu führen sein, daß die Auswirkungen der Trockenzeit trotz aller zumutbarer Bemühungen nicht abwendbar waren.

Das normale Wässern, d. h. das im Vertrag vorgesehene Wässern, ist nicht das Maß der Zumutbarkeit. Es muß mehr getan worden sein. Was zu tun gewesen wäre, hängt vom Einzelfall ab. Dies kann einmal zusätzliches, wiederholtes Wässern sein, ein Aufbringen einer Mulchdecke, ein Anhäufeln besonders gefährdeter Pflanzen, ein Rückschnitt zur Reduzierung der Verdunstungsoberfläche, ein Aufbringen von Verdunstungsschutzmitteln, aber auch eine Kombination von mehreren oder aller dieser Maßnahmen.

c) Die Grenze der Zumutbarkeit ist hier unklar. Als Untergrenze wird jedoch der Betrag angesehen werden müssen, den der Auftraggeber für Wagnis und Gewinn in seiner Kalkulation vorgesehen hat und zwar nicht nur der für die betroffene Leistung, sondern der Betrag für die Gesamtleistung. Nur wenn diese Kriterien erfüllt sind — das außergewöhnliche Maß der Trockenheit, ihr unverhofftes Eintreten und die Erfüllung aller zumutbaren Maßnahmen zur Schadensabwendung — wird das Vorliegen höherer Gewalt gegeben sein.

Diese wird aber nur dann anerkennbar sein, wenn der Auftraggeber rechtzeitig von der drohenden Gefahr und dem drohenden Nichtausreichen der zumutbaren Aufwendungen der Schadensabwendung aufmerksam gemacht wurde. Der Auftraggeber muß in den Stand versetzt worden sein, zu entscheiden, ob er von sich aus zusätzliche Maßnahmen durchführt oder anordnet (in Auftrag geben), die dann gegebenenfalls im Verein mit den Maßnahmen des Auftragnehmers den Schaden hätten abwenden oder zumindestens einschränken können. Dazu wäre denkbar die Bereitstellung zusätzlicher Geldmittel, der Einsatz von Arbeitskräften und Geräten des Auftraggebers, die Anfuhr von Mulchstoffen von anderen Baustellen des Auftraggebers oder des Auftragnehmers (z. B. Rasenmähgut) u. ä.

d) Ein unabwendbares Ereignis wäre z. B. das Verbot des Wässerns aus dem öffentlichen Wassernetz selbst wenn keine außergewöhnliche Trockenheit vorliegt, aber die natürlichen Niederschläge nicht zum Anwachsen der Pflanzen ausreichen. In solchen Fällen ist die Mitteilung an den Auftraggeber besonders dringlich. Es genügt nicht, daß man annimmt, daß dieser ebenfalls von diesem Bewässerungsverbot Kenntnis erhalten hat.

Hier könnte ein Zusammenwirken der Vertragspartner den drohenden Schaden gegebenenfalls viel leichter, viel weniger aufwendig abwenden, z. B. durch Erwirken einer Ausnahmegenehmigung, den Einsatz der örtlichen Feuerwehr mit Tankfahrzeugen mit Wasserentnahme aus Gewässern, u. ä.

Aus diesen Ausführungen wird deutlich, daß es bei Fällen der höheren Gewalt und der unabwendbaren Umstände auf ein besonders enges Zusammenwirken der Vertragsparteien ankommt. Beide müssen die Gefahr gleichermaßen kennen und sich rechtzeitig auf die möglichen und zumutbaren Mittel zur Schadensabwendung einigen.

§ 8 Kündigung durch den Auftraggeber

1. (1) Der Auftraggeber kann bis zur Vollendung der Leistung jederzeit den Vertrag kündigen.

   (2) Dem Auftragnehmer steht die vereinbarte Vergütung zu. Er muß sich jedoch anrechnen lassen, was er infolge der Aufhebung des Vertrages an Kosten erspart oder durch anderweitige Verwendung seiner Arbeitskraft und seines Betriebes erwirbt oder zu erwerben böswillig unterläßt (§ 649 BGB).

2. **(1) Der Auftraggeber kann den Vertrag kündigen, wenn der Auftragnehmer seine Zahlungen einstellt, das Vergleichsverfahren beantragt oder in Konkurs gerät.**

   (2) Die ausgeführten Leistungen sind nach § 6 Nr. 5 abzurechnen. Der Auftraggeber kann Schadenersatz wegen Nichterfüllung des Restes verlangen.

3. (1) Der Auftraggeber kann den Vertrag kündigen, wenn in den Fällen des § 4 Nr. 7 und des § 5 Nr. 4 die gesetzte Frist fruchtlos abgelaufen ist (Entziehung des Auftrags). Die Entziehung des Auftrags kann auf einen in sich abgeschlossenen Teil der vertraglichen Leistung beschränkt werden.

   (2) Nach der Entziehung des Auftrags ist der Auftraggeber berechtigt, den noch nicht vollendeten Teil der Leistung zu Lasten des Auftragnehmers durch einen Dritten ausführen zu lassen, doch bleiben seine Ansprüche auf Ersatz des etwa entstehenden weiteren Schadens bestehen. Er ist auch berechtigt, auf die weitere Ausführung zu verzichten und Schadenersatz wegen Nichterfüllung zu verlangen, wenn die Ausführung aus den Gründen, die zur Entziehung des Auftrags geführt haben, für ihn kein Interesse mehr hat.

(3) Für die Weiterführung der Arbeiten kann der Auftraggeber Geräte, Gerüste, auf der Baustelle vorhandene andere Einrichtungen und angelieferte Stoffe und Bauteile gegen angemessene Vergütung in Anspruch nehmen.

(4) Der Auftraggeber hat dem Auftragnehmer eine Aufstellung über die entstandenen Mehrkosten und über seine anderen Ansprüche spätestens binnen 12 Werktagen nach Abrechnung mit dem Dritten zuzusenden.

4. Der Auftraggeber kann den Auftrag entziehen, wenn der Auftragnehmer aus Anlaß der Vergabe eine Abrede getroffen hatte, die eine unzulässige Wettbewerbsbeschränkung darstellt. Die Kündigung ist innerhalb von 12 Werktagen nach Bekanntwerden des Kündigungsgrundes auszusprechen. Die Nr. 3 gilt entsprechend.

5. Die Kündigung ist schriftlich zu erklären.

6. Der Auftragnehmer kann Aufmaß und Abnahme der von ihm ausgeführten Leistungen alsbald nach der Kündigung verlangen; er hat unverzüglich eine prüfbare Rechnung über die ausgeführten Leistungen vorzulegen.

7. Eine wegen Verzugs verwirkte, nach Zeit bemessene Vertragsstrafe kann nur für die Zeit bis zum Tage der Kündigung des Vertrages gefordert werden.

§ 9 Kündigung durch den Auftragnehmer

1. Der Auftragnehmer kann den Vertrag kündigen:
   a) wenn der Auftraggeber eine ihm obliegende Handlung unterläßt und dadurch den Auftragnehmer außerstand setzt, die Leistung auszuführen (Annahmeverzug nach §§ 293 ff. BGB),
   b) wenn der Auftraggeber eine fällige Zahlung nicht leistet oder sonst in Schuldnerverzug gerät.

2. Die Kündigung ist schriftlich zu erklären. Sie ist erst zulässig, wenn der Auftragnehmer dem Auftraggeber ohne Erfolg eine angemesseene Frist zur Vertragserfüllung gesetzt und erklärt hat, daß er nach fruchtlosem Ablauf der Frist den Vertrag kündigen werde.

3. Die bisherigen Leistungen sind nach den Vertragspreisen abzurechnen. Außerdem hat der Auftragnehmer Anspruch auf angemessene Entschädigung nach § 642 BGB; etwaige weitergehende Ansprüche des Auftragnehmers bleiben unberührt.

§ 10 Haftung der Vertragsparteien

1. Die Vertragsparteien haften einander für eigenes Verschulden sowie für das Verschulden ihrer gesetzlichen Vertreter und der Personen, deren sie sich zur Erfüllung ihrer Verbindlichkeiten bedienen (§§ 276, 278 BGB).

2. (1) Entsteht einem Dritten im Zusammenhang mit der Leistung ein Schaden, für den auf Grund gesetzlicher Haftpflichtbestimmungen beide Vertragsparteien haften, so gelten für den Ausgleich zwischen den Vertragsparteien die allgemeinen gesetzlichen Bestimmungen, soweit im Einzelfall nichts anderes vereinbart ist. Soweit der Schaden des Dritten nur die Folge einer Maßnahme ist, die der Auftraggeber in dieser Form angeordnet hat, trägt er den Schaden allein, wenn ihn der Auftragnehmer auf die mit der angeordneten Ausführung verbundener Gefahr nach § 4 Nr. 3 hingewiesen hat.

(2) Der Auftragnehmer trägt den Schaden allein, soweit er ihn durch Versicherung seiner gesetzlichen Haftpflicht gedeckt hat oder innerhalb der von der Versicherungsaufsichtsbehörde genehmigten Allgemeinen Versicherungsbedingungen zu tarifmäßigen, nicht auf außergewöhnliche Verhältnisse abgestellten Prämien und Prämienzuschlägen bei einem im Inland zum Geschäftsbetrieb zugelassenen Versicherer hätte decken können.

3. Ist der Auftragnehmer einem Dritten nach §§ 823 ff. BGB zu Schadenersatz verpflichtet wegen unbefugten Betretens oder Beschädigung angrenzender Grundstücke, wegen Entnahme oder Auflagerung von Boden oder anderen Gegenständen außerhalb der vom Auftraggeber dazu angewiesenen Flächen oder wegen der Folgen eigenmächtiger Versperrung von Wegen oder Wasserläufen, so trägt er im Verhältnis zum Auftraggeber den Schaden allein.

4. Für die Verletzung gewerblicher Schutzrechte haftet im Verhältnis der Vertragsparteien zueinander der Auftragnehmer allein, wenn er selbst das geschützte Verfahren oder die Verwendung geschützter Gegenstände angeboten oder wenn der Auftraggeber die Verwendung vorgeschrieben und auf das Schutzrecht hingewiesen hat.

5. Ist eine Vertragspartei gegenüber der anderen nach Nr. 2, 3 oder 4 von der Ausgleichspflicht befreit, so gilt diese Befreiung auch zugunsten ihrer gesetzlichen Vertreter und Erfüllungsgehilfen, wenn sie nicht vorsätzlich oder grob fahrlässig gehandelt haben.

6. Soweit eine Vertragspartei von dem Dritten für einen Schaden in Anspruch genommen wird, den nach Nr. 2, 3 oder 4 die andere Vertragspartei zu tragen hat, kann sie verlangen, daß ihre Vertragspartei sie von der Verbindlichkeit gegenüber dem Dritten befreit. Sie darf den Anspruch des Dritten nicht anerkennen oder befriedigen, ohne der anderen Vertragspartei vorher Gelegenheit zur Äußerung gegeben zu haben.

§ 11 Vertragsstrafe

1. Wenn Vertragsstrafen vereinbart sind, gelten die §§ 339 bis 345 BGB.

2. Ist die Vertragsstrafe für den Fall vereinbart, daß der Auftragnehmer nicht in der vorgesehenen Frist erfüllt, so wird sie fällig, wenn der Auftragnehmer in Verzug gerät.

3. Ist die Vertragsstrafe nach Tagen bemessen, so zählen nur Werktage; ist sie nach Wochen bemessen, so wird jeder Werktag angefangener Wochen als $^1/_6$ Woche gerechnet.

4. Hat der Auftraggeber die Leistung abgenommen, so kann er die Strafe nur verlangen, wenn er dies bei der Abnahme vorbehalten hat.

§ 12 Abnahme

1. Verlangt der Auftragnehmer nach der Fertigstellung — gegebenenfalls auch vor Ablauf der vereinbarten Ausführungsfrist — die Abnahme der Leistung, so hat sie der Auftraggeber binnen 12 Werktagen durchzuführen; eine andere Frist kann vereinbart werden.

2. Besonders abzunehmen sind auf Verlangen:
   a) in sich abgeschlossene Teile der Leistung,

b) andere Teile der Leistung, wenn sie durch die weitere Ausführung der Prüfung und Feststellung entzogen werden.

3. Wegen wesentlicher Mängel kann die Abnahme bis zur Beseitigung verweigert werden.

138 Hier wird nicht gesagt, was wesentliche Mängel sind. Im Vergleich zu § 13 Nr. 1 muß jedoch ein wesentlicher Mangel angenommen werden wenn:

a) die vertragliche Gebrauchsfähigkeit der Leistung aufgehoben oder gemindert ist oder

b) die Leistung nicht den anerkannten Regeln der Technik entspricht.

So wird man die Abnahme einer Pflanzung nicht deswegen verweigern können, weil einige Pflanzen eingegangen sind oder weil einige Gehölze zurückgetrocknet sind. Man wird in solchen Fällen nur die mangelhafte d. h. nicht vertragsgemäße Beschaffenheit dieser Pflanzen feststellen und die Behebung dieses Mangels verlangen können.

Ist das Ausmaß der Schäden jedoch so groß, daß der vorgesehene Zweck (Gebrauch) der Pflanzung (Bodendeckung, Sichtschutz, Windschutz, Raumbildung u. ä.) nicht mehr erfüllt ist, kann die Abnahme verweigert werden, aber auch nur für diesen Leistungsteil.

Ist ein Sportrasen nicht ausreichend ebenflächig oder nicht ausreichend wasserdurchlässig, liegt ein wesentlicher Mangel im Sinne der Regel der Technik vor, der eine Abnahmeverweigerung rechtfertigt. Die Nicht-Ebenflächigkeit oder die Wasserundurchlässigkeit muß sich jedoch auf den überwiegenden Teil der Sportrasenfläche beziehen bzw. auf die Hauptspielzonen. Sind nur kleine bzw. wenig benutzte Teile des Spielfeldes davon betroffen, kann die Abnahme nicht verweigert werden.

Ist jedoch abzusehen, daß die Behebung auch räumlich kleiner Mängel an einem Rasenspielfeld die Benutzung der Rasenfläche einschränken oder unmöglich machen, weil z. B. kein geordneter, wettkampfgerechter Spielbetrieb möglich ist, hat dieser an sich kleine Mangel die Wirkung eines wesentlichen Mangels an der Gesamtleistung. Dies gilt auch dann, wenn durch die zur Behebung der Mängel erforderlichen Leistungen die Benutzung des Spielfeldes unmöglich wird.

4. (1) Eine förmliche Abnahme hat stattzufinden, wenn eine Vertragspartei es verlangt. Jede Partei kann auf ihre Kosten einen Sachverständigen zuziehen. Der Befund ist in gemeinsamer Verhandlung schriftlich niederzulegen. In die Niederschrift sind etwaige Vorbehalte wegen bekannter Mängel und wegen Vertragsstrafen aufzunehmen, ebenso etwaige Einwendungen des Auftragnehmers. Jede Partei erhält eine Ausfertigung.

139 Das Hinzuziehen von Sachverständigen wird insbesondere dem Auftraggeber empfohlen, wenn er selbst oder sein Vertreter (Architekt, Landschaftsarchitekt) nicht die notwendige spezielle Sachkunde besitzen, um

die Übereinstimmung der Leistung mit den Anforderungen des Vertrages und den Regeln der Bautechnik einwandfrei beurteilen zu können.

Der Bereich der Technik des Landschafts- und Sportplatzbaues ist inzwischen so groß geworden, daß nicht unbedingt jeder Landschaftsarchitekt mit allen technischen Anforderungen vertraut sein kann, ein Hochbauarchitekt oder ein Tiefbauingenieur wird es noch weit weniger sein können. Wie läuft z. B. in der Praxis eine Abnahme eines Rasenspielfeldes ab? Angeboten und gebaut wurde dieses Spielfeld von einem Unternehmen, das mehr oder auch weniger Erfahrungen auf diesem Spezialgebiet hat. Oft hat dieses Unternehmen auch die Ausschreibungstexte für den Architekten zusammengestellt. Daß dabei bestimmt keine Festlegungen in den Text geraten sind, die dem Unternehmen später unbequem werden könnten, ist wohl nur verständlich, auch daß die Leistungen so „ausgestaltet" wurden, daß dieses Unternehmen trotz Ausschreibung zum Auftrag kam, ist ebenfalls nur verständlich, wenn auch VOB-widrig. Es ist wohl nicht anzunehmen, daß dieser Architekt, der zu einer fachgerechten Ausschreibung schon nicht in der Lage war, zur sachgerechten Kontrolle der Leistungen während der Ausführung befähigt sein konnte. Wie soll nun dieser hierfür nicht ausreichend qualifizierte Architekt in Gemeinschaft mit dem Auftraggeber (Bürgermeister, Bauausschuß, Vereinsvorsitzenden usw.) eine qualifizierte Abnahme durchführen können? Man läuft über den Rasen, findet ihn schön grün und schön dicht oder auch nicht. Keiner der Beteiligten weiß jedoch, worauf es beim Bau eines Sportrasens eigentlich ankommt, wo Mängel sitzen können, worauf man achten muß. Man wundert sich nur später, daß der Rasen fast nichts aushält, daß bei jedem Regen Wasser auf der Fläche steht oder daß die Wasserrechnung unerträglich hoch ist.

Dieses Beispiel steht für viele Spezialbereiche des Landschafts- und Sportplatzbaues. Hier kann, wenn nicht schon bei der Planung und Bauführung (was an sich richtiger und meist kostensparender wäre), zumindestens bei der Abnahme ein Sachverständiger den Auftraggeber vor der Annahme eines mit Mängeln behafteten Werkes und damit vor Schaden bewahren.

Schließlich darf an dieser Stelle nicht verschwiegen werden, daß auch die Qualifikation von Sachverständigen mitunter recht unterschiedlich sein kann. Auf eine sorgfältige Auswahl ist auch hier zu achten.

(2) Die förmliche Abnahme kann in Abwesenheit des Auftragnehmers stattfinden, wenn der Termin vereinbart war oder der Auftraggeber mit genügender Frist dazu eingeladen hatte. Das Ergebnis der Abnahme ist dem Auftragnehmer alsbald mitzuteilen.

5. (1) Wird keine Abnahme verlangt, so gilt die Leistung als abgenommen mit Ablauf von 12 Werktagen nach schriftlicher Mitteilung über die Fertigstellung der Leistung.

(2) Hat der Auftraggeber die Leistung oder einen Teil der Leistung in Benutzung genommen, so gilt die Abnahme nach Ablauf von 6 Werktagen nach Beginn der Benut

zung als erfolgt, wenn nichts anderes vereinbart ist. Die Benutzung von Teilen einer baulichen Anlage zur Weiterführung der Arbeiten gilt nicht als Abnahme.

140 Bei der Benutzung von Teilen der baulichen Anlage zur Weiterführung der Arbeiten kommt es nicht darauf an, welcher der auf der Baustelle tätigen Unternehmer diese Anlagenteile benutzt. So muß ein Auftragnehmer, der den Hauszugangsweg erstellt hat, dulden, daß diesen Weg sämtliche am Bau beteiligten Unternehmer benutzen.

Diese Benutzung darf jedoch den vorgesehenen normalen Verwendungszweck nicht überschreiten. So darf z. B. ein als Fußweg bestimmter Weg nicht als Zufahrt benutzt werden.

Der Auftragnehmer, der diesen Weg hergestellt hat, muß darauf achten, daß dieser nicht durch unzweckmäßige Belastung beschädigt wird. Wie er dieses bewirkt, ist seine Sache (Absperrung, Aufsicht usw.) (siehe dazu auch Rdn 328 ff.).

(3) Vorbehalte wegen bekannter Mängel oder wegen Vertragsstrafen hat der Auftraggeber spätestens zu den in den Absätzen 1 und 2 bezeichneten Zeitpunkten geltend zu machen.

6. Mit der Abnahme geht die Gefahr auf den Auftraggeber über, soweit er sie nicht schon nach § 7 trägt.

§ 13 Gewährleistung

1. Der Auftragnehmer übernimmt die Gewähr, daß seine Leistung zur Zeit der Abnahme die vertraglich zugesicherten Eigenschaften hat, den anerkannten Regeln der Technik entspricht und nicht mit Fehlern behaftet ist, die den Wert oder die Tauglichkeit zu dem gewöhnlichen oder dem nach dem Vertrag vorausgesetzten Gebrauch aufheben oder mindern.

2. Bei Leistungen nach Probe gelten die Eigenschaften der Probe als zugesichert, soweit nicht Abweichungen nach der Verkehrssitte als bedeutungslos anzusehen sind. Dies gilt auch für Proben, die erst nach Vertragsabschluß als solche anerkannt sind.

3. Ist ein Mangel zurückzuführen auf die Leistungsbeschreibung oder auf Anordnungen des Auftraggebers, auf die von diesem gelieferten oder vorgeschriebenen Stoffe oder Bauteile oder die Beschaffenheit der Vorleistung eines anderen Unternehmers, so ist der Auftragnehmer von der Gewährleistung für diese Mängel frei, außer wenn er die ihm nach § 4 Nr. 3 obliegende Mitteilung über die zu befürchtenden Mängel unterlassen hat.

141 Spätestens an dieser Stelle wird deutlich, daß der Auftragnehmer des Landschaftsbaues auch für vom Auftraggeber beigestellte Pflanzen, Pflanzenteile und Saatgut bis zur Abnahme die volle Verantwortung trägt. Er hat diese mit der Übergabe der Pflanzen usw. übernommen, er muß diese Pflanzen usw. bis zur Abnahme vor Beschädigung (auch ein Eingehen einer Pflanze ist eine Beschädigung) und Diebstahl geschützt

und bis zum abnahmefähigen Zustand gebracht haben und muß auch für diese bei der Abnahme die volle Gewähr übernehmen.

Von der Verpflichtung zur Gewährleistung ist er nur frei, wenn er rechtzeitig Bedenken wegen befürchteter Beschaffenheitsmängel (rechtzeitig und schriftlich) angemeldet hatte (siehe dazu auch Rdn 118 bis 123).

4. **Ist für die Gewährleistung keine Verjährungsfrist im Vertrag vereinbart, so beträgt sie für Bauwerke und für Holzerkrankungen 2 Jahre, für Arbeiten an einem Grundstück und für die vom Feuer berührten Teile von Feuerungsanlagen ein Jahr. Die Frist beginnt mit der Abnahme der gesamten Leistung; nur für in sich abgeschlossene Teile der Leistung beginnt sie mit der Teilabnahme (§ 12 Nr. 2 a).**

142 Eine Definition, welche der Leistungen des Landschafts- und Sportplatzbaues zu den Bauwerken und welche zu den Arbeiten an einem Grundstück gehören, fehlte bisher bzw. waren die in den einschlägigen Kommentaren genannten Beispiele nicht besonders deutlich und manchmal auch leider sachlich falsch (siehe auch Rdn 2). Zu den Leistungen für ein Bauwerk mit einer zweijährigen Gewährleistungsfrist sind zunächst einmal grundsätzlich alle Sportplatzbauleistungen zu rechnen. Weiter zählen dazu alle vegetationstechnischen Leistungen, die nicht aus einer bloßen Veränderung der Bodenoberfläche durch Herstellen von Rasen und Pflanzungen einschl. Bodenmodellierung, Bodenverbesserung und Düngung bestehen. Danach können als vegetationstechnische Leistungen für Bauwerke Dachgärten, Grünanlagen auf Tiefgaragen, Trogpflanzungen verstanden werden, also Leistungen, die eine besondere Bindung mit dem Bauwerk eingehen.

Die übrigen vegetationstechnischen Leistungen, die, wie schon zuvor gesagt, eine bloße Veränderung der Bodenoberfläche bewirken, sind Arbeiten an einem Grundstück mit einjähriger Gewährleistungsfrist.

Eine besondere Stellung nehmen die Sicherungsbauweisen nach DIN 18 918 ein. Hier ist es folgerichtig, wenn die Leistungen mit lebenden Stoffen eine einjährige Gewährleistungsverpflichtung bewirken, die Leistungen mit nichtlebenden Baustoffen und Bauteilen und die kombinierten Bauweisen eine zweijährige Frist.

143 Da es in der Praxis häufig zu gleichzeitigen Leistungen für Bauwerke und Leistungen an einem Grundstück kommt, ist im Einzelfalle abzuwägen, ob hier für die einzelnen Teile getrennte Fristen vereinbart werden müssen oder ob diese vereinheitlicht werden können. Grundsätzlich sollte im Falle der Zusammenlegung der Fristen, die Frist Anwendung finden, die für den überwiegenden Teil (nach der Bausumme) zutreffen würde (siehe auch Rdn 64).

144 Oft stellt sich auch die Frage, ob aus wirtschaftlichen Gründen eine Zusammenlegung der Gewährleistungsfristen von Bauabschnitten, die zu unterschiedlichen Zeitpunkten fertiggestellt und abgenommen wurden,

vertretbar ist. Während eine solche Zusammenlegung, die meist für die zuletzt abgenommenen Teile eine Fristverkürzung bewirken würde, bei Bauwerken in der Regel nicht anzuraten ist, wird sie bei vegetationstechnischen Leistungen mit dem Charakter der Arbeiten an einem Grundstück für unbedenklich gehalten. Dieses hat seinen Grund in den Besonderheiten der Beweisführungsmöglichkeiten bei vegetationstechnischen Leistungen nach der Abnahme. Es wird z. B. in der Regel bei einem Baum, der ein Jahr nach der Abnahme eingegangen ist, schwierig festzustellen sein, ob die Ursache für dessen Tod in einem vom Auftragnehmer zu vertretenden Leistungsmangel liegt oder ob für diesen Baum einfach nur die „biologische Uhr" abgelaufen war. Ein eindeutiges Verschulden des Auftragnehmers wird nur bei offensichtlichen, also auch später noch erkennbaren Mängeln bei der Pflanzung zu beweisen sein, wie z. B. Abschnürung durch nicht gelöste Ballenverpackungen, zu radikaler Wurzelschnitt, zu tiefes Einpflanzen, nicht entfernte Schadstoffe im Boden usw. Der besonderen Schwierigkeit der Beweisführung nach der Abnahme ist nicht durch eine lange Gewährleistungsfrist zu begegnen, sondern nur durch eine besonders qualifizierte Überwachung der Leistungsausführung durch den Auftraggeber und durch eine nicht zu kurz bemessene Frist für die Fertigstellungspflege. Eine qualifizierte Bauüberwachung kann Fehler rechtzeitig aufdecken und verhindern, eine entsprechend lang bemessene Frist für die Fertigstellungspflege kann zum Schutze des Auftraggebers den größten Zeitraum des höchsten Risikos für die Pflanze vor die Abnahme legen.

Zusammengefaßt gesagt, bewirken bei vegetationstechnischen Leistungen (Rasen und Pflanzungen) eine qualifizierte Bauüberwachung und eine ausreichend lange Fertigstellungspflege einen größeren Schutz für den Auftraggeber als eine lange Gewährleistungsfrist (siehe auch Rdn 311 ff.).

5. (1) Der Auftragnehmer ist verpflichtet, alle während der Verjährungsfrist hervortretenden Mängel, die auf vertragswidrige Leistung zurückzuführen sind, auf seine Kosten zu beseitigen, wenn es der Auftraggeber vor Ablauf der Frist schriftlich verlangt. Der Anspruch auf Beseitigung der gerügten Mängel verjährt mit Ablauf der Regelfristen der Nr. 4, gerechnet vom Zugang des schriftlichen Verlangens an, jedoch nicht vor Ablauf der vereinbarten Frist. Nach Abnahme der Mängelbeseitigungsleistung beginnen für diese Leistung die Regelfristen der Nr. 4, wenn nichts anderes vereinbart ist.

145 Sind an Pflanzen und Rasen Mängel festgestellt worden, die eine Neupflanzung oder eine Neuansaat erforderlich machen, erstreckt sich die Mängelbeseitigung nicht auf den einfachen Ersatz der Neupflanzung oder Neuansaat, sondern auch auf die nach dem Vertrag bzw. nach den Regeln der Technik dazugehörige Fertigstellungspflege.

Eine ersetzte Pflanze kann erst nach Feststellung von deren Angewachsensein abgenommen werden und erst dann beginnt für diese ersetzte Pflanze die Gewährleistungsfrist erneut zu laufen. Dabei kann z. B. für einen Auftragnehmer interessant sein, zur Verkürzung der Frist bis zur Mängelabnahme — und damit auch zur Minderung des erforderlichen Umfanges der Leistungen zur Fertigstellungspflege — Containerpflanzen zu verwenden, deren Angewachsensein kurzfristig festgestellt werden kann.

Diese Aussagen gelten sowohl für bei der Abnahme festgestellte Mängel an Pflanzen und Rasen als auch für während der Gewährleistungspflicht festgestellte Mängel.

(2) Kommt der Auftragnehmer der Aufforderung zur Mängelbeseitigung in einer vom Auftraggeber gesetzten angemessenen Frist nicht nach, so kann der Auftraggeber die Mängel auf Kosten des Auftragnehmers beseitigen lassen.

6. Ist die Beseitigung des Mangels unmöglich oder würde sie einen unverhältnismäßig hohen Aufwand erfordern und wird sie deshalb vom Auftragnehmer verweigert, so kann der Auftraggeber Minderung der Vergütung verlangen (§ 634 Absatz 4, § 472 BGB). Der Auftraggeber kann ausnahmsweise auch dann Minderung der Vergütung verlangen, wenn die Beseitigung des Mangels für ihn unzumutbar ist.

7. (1) Ist ein wesentlicher Mangel, der die Gebrauchsfähigkeit erheblich beeinträchtigt, auf ein Verschulden des Auftragnehmers oder seiner Erfüllungsgehilfen zurückzuführen, so ist der Auftragnehmer außerdem verpflichtet, dem Auftraggeber den Schaden an der baulichen Anlage zu ersetzen, zu deren Herstellung, Instandhaltung oder Änderung die Leistung dient.

(2) Den darüber hinausgehenden Schaden hat er nur dann zu ersetzen:

a) wenn der Mangel auf Vorsatz oder grober Fahrlässigkeit beruht,
b) wenn der Mangel auf einem Verstoß gegen die anerkannten Regeln der Technik beruht,
c) wenn der Mangel in dem Fehlen einer vertraglich zugesicherten Eigenschaft besteht oder
d) soweit der Auftragnehmer den Schaden durch Versicherung seiner gesetzlichen Haftpflicht gedeckt hat oder innerhalb der von der Versicherungsaufsichtsbehörde genehmigten Allgemeinen Versicherungsbedingungen zu tarifmäßigen, nicht auf außergewöhnliche Verhältnisse abgestellten Prämien und Prämienzuschlägen bei einem im Inland zum Geschäftsbetrieb zugelassenen Versicherer hätte decken können.

(3) Abweichend von Nr. 4 gelten die gesetzlichen Verjährungsfristen, soweit sich der Auftragnehmer nach Absatz 2 durch Versicherung geschützt hat oder hätte schützen können oder soweit ein besonderer Versicherungsschutz vereinbart ist.

(4) Eine Einschränkung oder Erweiterung der Haftung kann in begründeten Sonderfällen vereinbart werden.

§ 14 Abrechnung

1. Der Auftragnehmer hat seine Leistungen prüfbar abzurechnen. Er hat die Rechnungen übersichtlich aufzustellen und dabei die Reihenfolge der Posten einzuhalten und die in den Vertragsbestandteilen enthaltenen Bezeichnungen zu verwenden. Die zum Nachweis von Art und Umfang der Leistung erforderlichen Massenberechnungen, Zeichnungen und andere Belege sind beizufügen. Änderungen und Ergänzungen des Vertrages sind in der Rechnung besonders kenntlich zu machen; sie sind auf Verlangen getrennt abzurechnen.

2. Die für die Abrechnung notwendigen Feststellungen sind dem Fortgang der Leistung entsprechend möglichst gemeinsam vorzunehmen. Die Abrechnungsbestimmungen in den Technischen Vorschriften und den anderen Vertragsunterlagen sind zu beachten. Für Leistungen, die bei Weiterführung der Arbeiten nur schwer feststellbar sind, hat der Auftragnehmer rechtzeitig gemeinsame Feststellungen zu beantragen.

3. Die Schlußrechnung muß bei Leistungen mit einer vertraglichen Ausführungsfrist von höchstens 3 Monaten spätestens 12 Werktage nach Fertigstellung eingereicht werden, wenn nichts anderes vereinbart ist; diese Frist wird um je 6 Werktage für je weitere 3 Monate Ausführungsfrist verlängert.

4. Reicht der Auftragnehmer eine prüfbare Rechnung nicht ein, obwohl ihm der Auftraggeber dafür eine angemessene Frist gesetzt hat, so kann sie der Auftraggeber selbst auf Kosten des Auftragnehmers aufstellen.

§ 15 Stundenlohnarbeiten

1. (1) Stundenlohnarbeiten werden nach den vertraglichen Vereinbarungen abgerechnet.

   (2) Soweit für die Vergütung keine Vereinbarungen getroffen worden sind, gilt die ortsübliche Vergütung. Ist diese nicht zu ermitteln, so werden die Aufwendungen des Auftragnehmers für

   Lohn und Gehaltskosten der Baustelle, Lohn- und Gehaltsnebenkosten der Baustelle, Stoffkosten der Baustelle, Kosten der Einrichtungen, Geräte, Maschinen und maschinellen Anlagen der Baustelle, Fracht-, Fuhr- und Ladekosten, Sozialkassenbeiträge und Sonderkosten,

   die bei wirtschaftlicher Betriebsführung entstehen, mit angemessenen Zuschlägen für Gemeinkosten und Gewinn (einschließlich allgemeinem Unternehmerwagnis) zuzüglich Umsatzsteuer vergütet.

2. Verlangt der Auftraggeber, daß die Stundenlohnarbeiten durch einen Polier oder eine andere Aufsichtsperson beaufsichtigt werden, oder ist die Aufsicht nach den einschlägigen Unfallverhütungsvorschriften notwendig, so gilt Nr. 1 entsprechend.

3. Dem Auftraggeber ist die Ausführung von Stundenlohnarbeiten vor Beginn anzuzeigen. Über die geleisteten Arbeitsstunden und den dabei erforderlichen, besonders zu vergütenden Aufwand für den Verbrauch von Stoffen, für Vorhaltung von Einrichtungen, Geräten, Maschinen und maschinellen Anlagen, für Frachten, Fuhr- und Ladeleistungen sowie etwaige Sonderkosten sind, wenn nichts anderes vereinbart ist, je nach der Verkehrssitte werktäglich oder wöchentlich Listen (Stundenlohnzettel) einzureichen. Der Auftraggeber hat die von ihm bescheinigten Stundenlohnzettel unverzüglich, spätestens jedoch innerhalb von 6 Werktagen nach Zugang, zurückzugeben. Dabei kann er Einwendungen auf den Stundenlohnzetteln oder gesondert schriftlich erheben. Nicht fristgemäß zurückgegebene Stundenlohnzettel gelten als anerkannt.

4. Stundenlohnrechnungen sind alsbald nach Abschluß der Stundenlohnarbeiten, längstens jedoch in Abständen von 4 Wochen, einzureichen. Für die Zahlung gilt § 16.

5. Wenn Stundenlohnarbeiten zwar vereinbart waren, über den Umfang der Stundenlohnleistungen aber mangels rechtzeitiger Vorlage der Stundenlohnzettel Zweifel bestehen, so kann der Auftraggeber verlangen, daß für die nachweisbar ausgeführten Leistungen eine Vergütung vereinbart wird, die nach Maßgabe von Nr. 1 Absatz 2 für einen wirtschaftlich vertretbaren Aufwand an Arbeitszeit und Verbrauch von Stoffen, für Vorhaltung von Einrichtungen, Geräten, Maschinen und maschinellen Anlagen, für Frachten, Fuhr- und Ladeleistungen sowie etwaige Sonderkosten ermittelt wird.

§ 16 Zahlung

1. (1) Abschlagszahlungen sind auf Antrag in Höhe des Wertes der jeweils nachgewiesenen vertragsgemäßen Leistungen ohne die jeweiligen Teilbeträge in Höhe der Umsatzsteuer in möglichst kurzen Zeitabständen zu gewähren. Die Leistungen sind durch eine prüfbare Aufstellung nachzuweisen, die eine rasche und sichere Beurteilung der Leistungen ermöglichen muß. Als Leistungen gelten hierbei auch die für die geforderte Leistung eigens angefertigten und bereitgestellten Bauteile sowie die auf der Baustelle angelieferten Stoffe und Bauteile, wenn dem Auftraggeber nach seiner Wahl das Eigentum an ihnen übertragen ist oder entsprechende Sicherheit gegeben wird. Auf Antrag des Auftragnehmers ist nach der Abnahme eine Abschlagszahlung für die vom Auftragnehmer zu entrichtende Umsatzsteuer zu leisten.

   (2) Gegenforderungen können einbehalten werden. Andere Einbehalte sind nur in den im Vertrag und in den gesetzlichen Bestimmungen vorgesehenen Fällen zulässig.

   (3) Abschlagszahlungen sind binnen 12 Werktagen nach Zugang der Aufstellung zu leisten.

   (4) Die Abschlagszahlungen sind ohne Einfluß auf die Haftung und Gewährleistung des Auftragnehmers; sie gelten nicht als Abnahme von Teilen der Leistung.

2. (1) Vorauszahlungen können auch nach Vertragsabschluß vereinbart werden; hierfür ist auf Verlangen des Auftraggebers ausreichende Sicherheit zu leisten. Diese Vorauszahlungen sind, sofern nichts anderes vereinbart wird, mit 1 v. H. über dem Lombardsatz der Deutschen Bundesbank zu verzinsen.

   (2) Vorauszahlungen sind auf die nächstfälligen Zahlungen anzurechnen, soweit damit Leistungen abzugelten sind, für welche die Vorauszahlungen gewährt worden sind.

3. (1) Die Schlußzahlung ist alsbald nach Prüfung und Feststellung der vom Auftragnehmer vorgelegten Schlußrechnung zu leisten, spätestens innerhalb von 2 Monaten nach Zugang. Die Prüfung der Schlußrechnung ist nach Möglichkeit zu beschleunigen. Verzögert sie sich, so ist das unbestrittene Guthaben als Abschlagszahlung sofort zu zahlen.

   (2) Die vorbehaltlose Annahme der als solche gekennzeichneten Schlußzahlung schließt Nachforderungen aus. Einer Schlußzahlung steht es gleich, wenn der Auftraggeber unter Hinweis auf geleistete Zahlungen weitere Zahlungen endgültig und schriftlich ablehnt. Auch früher gestellte, aber unerledigte Forderungen sind ausgeschlossen, wenn sie nicht nochmals vorbehalten werden. Ein Vorbehalt ist innerhalb von 12 Werktagen nach Eingang der Schlußzahlung zu erklären. Er wird hinfällig, wenn nicht innerhalb von weiteren 24 Werktagen eine prüfbare Rechnung über die vorbehaltenen Forderungen eingereicht oder, wenn das nicht möglich ist, der Vorbehalt eingehend begründet wird.

4. In sich abgeschlossene Teile der Leistung können nach Teilabnahme ohne Rücksicht auf die Vollendung der übrigen Leistungen endgültig festgestellt und bezahlt werden.

5. (1) Alle Zahlungen sind aufs äußerste zu beschleunigen.

   (2) Nicht vereinbarte Skontoabzüge sind unzulässig.

   (3) Zahlt der Auftraggeber bei Fälligkeit nicht, so kann ihm der Auftragnehmer eine angemessene Nachfrist setzen. Zahlt er auch innerhalb der Nachfrist nicht, so hat der Auftragnehmer vom Ende der Nachfrist an Anspruch auf Zinsen in Höhe von 1 v. H. über dem Lombardsatz der Deutschen Bundesbank, wenn er nicht einen höheren Verzugsschaden nachweist. Außerdem darf er die Arbeiten bis zur Zahlung einstellen.

6. Der Auftraggeber ist berechtigt, zur Erfüllung seiner Verpflichtungen aus Nr. 1 bis 5 Zahlungen an Gläubiger des Auftragnehmers zu leisten, soweit sie an der Ausführung der vertraglichen Leistung des Auftragnehmers auf Grund eines mit diesem abgeschlossenen Dienst- oder Werkvertrags beteiligt sind und der Auftragnehmer in Zahlungsverzug gekommen ist. Der Auftragnehmer ist verpflichtet, sich auf Verlangen des Auftraggebers innerhalb einer von diesem gesetzten Frist darüber zu erklären, ob und inwieweit er die Forderungen seiner Gläubiger anerkennt; wird diese Erklärung nicht rechtzeitig abgegeben, so gelten die Forderungen als anerkannt und der Zahlungsverzug als bestätigt.

§ 17 Sicherheitsleistung

1. (1) Wenn Sicherheitsleistung vereinbart ist, gelten die §§ 232 bis 240 BGB, soweit sich aus den nachstehenden Bestimmungen nichts anderes ergibt.

   (2) Die Sicherheit dient dazu, die vertragsgemäße Ausführung der Leistung und die Gewährleistung sicherzustellen.

2. Wenn im Vertrag nichts anderes vereinbart ist, kann Sicherheit durch Einbehalt oder Hinterlegung von Geld oder durch Bürgschaft eines im Inland zugelassenen Kreditinstituts oder Kreditversicherers geleistet werden.

3. Der Auftragnehmer hat die Wahl unter den verschiedenen Arten der Sicherheit; er kann eine Sicherheit durch eine andere ersetzen.

4. Bei Sicherheitsleistung durch Bürgschaft ist Voraussetzung, daß der Auftraggeber den Bürgen als tauglich anerkannt hat. Die Bürgschaftserklärung ist schriftlich unter Verzicht auf die Einrede der Vorausklage abzugeben (§ 771 BGB); sie darf nicht auf bestimmte Zeit begrenzt und muß nach Vorschrift des Auftraggebers ausgestellt sein.

5. Wird Sicherheit durch Hinterlegung von Geld geleistet, so hat der Auftragnehmer den Betrag bei einem zu vereinbarenden Geldinstitut auf ein Sperrkonto einzuzahlen, über das beide Parteien nur gemeinsam verfügen können. Etwaige Zinsen stehen dem Auftragnehmer zu.

6. (1) Soll der Auftraggeber vereinbarungsgemäß die Sicherheit von seinen Zahlungen einbehalten, so darf er die Abschlagszahlung nach § 16 Nr. 1 Absatz 1 Satz 4 in Höhe der vereinbarten Sicherheitssumme kürzen. Den so einbehaltenen Betrag hat er dem Auftragnehmer mitzuteilen und binnen 18 Werktagen nach dieser Mitteilung auf Sperrkonto bei dem vereinbarten Geldinstitut einzuzahlen. Gleichzeitig muß er veranlassen, daß dieses Geldinstitut den Auftragnehmer von der Einzahlung des Sicherheitsbetrages benachrichtigt. Nr. 5 gilt entsprechend.

(2) Bei kleineren oder kurzfristigen Aufträgen ist es zulässig, daß der Auftraggeber den einbehaltenen Sicherheitsbetrag erst bei der Schlußzahlung auf Sperrkonto einzahlt.

(3) Zahlt der Auftraggeber den einbehaltenen Betrag nicht rechtzeitig ein, so kann ihm der Auftragnehmer hierfür eine angemessene Nachfrist setzen. Läßt der Auftraggeber auch diese verstreichen, so kann der Auftragnehmer die sofortige Auszahlung des einbehaltenen Betrages verlangen und braucht dann keine Sicherheit mehr zu leisten.

(4) Öffentliche Auftraggeber sind berechtigt, den als Sicherheit einbehaltenen Betrag auf eigenes Verwahrgeldkonto zu nehmen; der Betrag wird nicht verzinst.

7. Der Auftragnehmer hat die Sicherheit binnen 18 Werktagen nach Vertragsabschluß zu leisten, wenn nichts anderes vereinbart ist. Soweit er diese Verpflichtung nicht erfüllt hat, ist der Auftraggeber berechtigt, vom Guthaben des Auftragnehmers einen Betrag in Höhe der vereinbarten Sicherheit einzubehalten. Im übrigen gelten Nr. 5 und Nr. 6 außer Absatz 1 Satz 1 entsprechend.

8. Der Auftraggeber hat eine nicht verwertete Sicherheit zum vereinbarten Zeitpunkt, spätestens nach Ablauf der Verjährungsfrist für die Gewährleistung, zurückzugeben. Soweit jedoch zu dieser Zeit seine Ansprüche noch nicht erfüllt sind, darf er einen entsprechenden Teil der Sicherheit zurückhalten.

§ 18 Streitigkeiten

1. Liegen die Voraussetzungen für eine Gerichtsstandvereinbarung nach § 38 Zivilprozeßordnung vor, richtet sich der Gerichtsstand für Streitigkeiten aus dem Vertrag nach dem Sitz der für die Prozeßvertretung des Auftraggebers zuständigen Stelle, wenn nichts anderes vereinbart ist. —

   Sie ist dem Auftragnehmer auf Verlangen mitzuteilen.

2. Entstehen bei Verträgen mit Behörden Meinungsverschiedenheiten, so soll der Auftragnehmer zunächst die der auftraggebenden Stelle unmittelbar vorgesetzte Stelle anrufen. Diese soll dem Auftragnehmer Gelegenheit zur mündlichen Aussprache geben und ihn möglichst innerhalb von 2 Monaten nach der Anrufung schriftlich bescheiden und dabei auf die Rechtsfolgen des Satzes 3 hinweisen. Die Entscheidung gilt als anerkannt, wenn der Auftragnehmer nicht innerhalb von 2 Monaten nach Eingang des Bescheides schriftlich Einspruch beim Auftraggeber erhebt und dieser ihn auf die Ausschlußfrist hingeweiesen hat.

3. Bei Meinungsverschiedenheiten über die Eigenschaft von Stoffen und Bauteilen, für die allgemeingültige Prüfungsverfahren bestehen, und über die Zulässigkeit oder Zuverlässigkeit der bei der Prüfung verwendeten Maschinen oder angewendeten Prüfungsverfahren kann jede Vertragspartei nach vorheriger Benachrichtigung der anderen Vertragspartei die materialtechnische Untersuchung durch eine staatliche oder staatlich anerkannte Materialprüfungsstelle vornehmen lassen; deren Feststellungen sind verbindlich. Die Kosten trägt der unterliegende Teil.

4. Streitfälle berechtigen den Auftragnehmer nicht, die Arbeiten einzustellen.

146 Zur Frage der Prüfungen in Streitfällen sind auch die Ausführungen zu Schiedsfalluntersuchungen zu beachten (siehe dazu Rdn 384 bis 385).

VOB Teil C
Allgemeine Technische Vorschriften für Bauleistungen
Landschaftsbauarbeiten — DIN 18 320
Fassung September 1976

Inhalt

200 Der ersten ATV DIN 1985 „Gärtnerische Anlagen“ in der Fassung von 1925, die noch einen bescheidenen Umfang hatte und sich mehr auf den Hausgarten bezog, folgten mehrere Neufassungen, die seit dem Jahre 1955 die Nummer DIN 18 320 und entsprechend der Ausweitung des Aufgabenbereiches den Titel „Landschaftsgärtnerische Arbeiten“ trugen.

Der damalige „Fachverband der Landschaftsgärtner“ begann 1960 mit der Neubearbeitung der seinerzeit gültigen Fassung und überreichte 1965 dem Hauptausschuß Hochbau (HAH) des Deutschen Verdingungsausschusses (DVA) einen Entwurf. Die „Kleine Kommission DIN 18 320“ des HAH nahm unter Leitung des damaligen Vorsitzenden des HAH, Herrn Baudirektor Dipl.-Ing. Hans von der Damerau am 21. Oktober 1965 die Beratung dieses Entwurfes auf. Es folgten bis zum März 1968 acht weitere Beratungen, die schließlich zu der Erkenntnis führten, daß der Bereich der Aufgaben des Garten- und Landschaftsbaues so angewachsen war, daß bei Beibehaltung der bisherigen Form (vertragsrechtlicher und fachtechnischer Inhalt) der Umfang der künftigen DIN 18 320 das übliche Maß für eine ATV weit übersteigen würde.

So wurde seinerzeit eine Beschränkung des künftigen Inhaltes der neuen ATV auf die vertragsrechtlichen Aussagen bzw. Festlegungen des Garten- und Landschaftsbaues beschlossen und zur Regelung der fachtechnischen Festlegungen die Aufsteilung von Fachnormen vereinbart. Die Arbeit an der Neufassung der DIN 18 320 wurde bis zum Vorliegen dieser Fachnormen ausgesetzt.

Der „Bundesverband Garten- und Landschaftsbau e. V.“ ergriff die Initiative und beantragte beim „Fachnormenausschuß Bauwesen (FNBau)“ am 16. Januar 1969 die Aufnahme der Bearbeitung von Normen des Landschaftsbaues, die dann mit der ersten Beratung am 1. Oktober 1970 begann und zum Ende des Jahres 1973 abgeschlossen wurde.

---

*) Diese Hinweise werden nicht Vertragsbestandteil.

Fast parallel dazu begann am 15. Juni 1971 die Weiterberatung der DIN 18 320 unter Leitung des damaligen Vorsitzenden des HAH, Herrn Dipl.-Ing. Fritz Ehlen †, die im Mai 1973 ihren Abschluß fand.

Die neue DIN 18 320 unterscheidet sich in fünf Punkten wesentlich von ihrer Vorläuferin:

a) Dem Leistungsbereich und dem Gruppentitel der Fachnormen des Landschaftsbaues folgend, heißt sie jetzt „Landschaftsbauarbeiten". Dieser Titel stellt den Bau-Charakter dieser Art von Leistungen deutlicher heraus und läßt eine gedankliche Verbindung zu „Gartenbau", „gärtnerisch" „Gärtner" oder „Gärtnerei" = gleichbedeutend mit der Produktion von Zierpflanzen, Obst oder Gemüse nicht mehr zu, die in der Tat auch sachlich nicht besteht, wobei nicht ausgeschlossen ist, daß einzelne Betriebe, sogenannte Gemischtbetriebe, neben Landschaftsbauarbeiten sich auch mit der Produktion von Pflanzen befassen. Diese Produktion ist jedoch nicht Gegenstand der ATV DIN 18 320.

b) Die früher enthaltenen Leistungen „Landschaftsgärtnerische Steinarbeiten" und „Gartenwege und Gartenplätze" sind gestrichen worden. Damit ist dem Grundsatz der Gliederung der VOB/C nach Leistungsbereichen gefolgt und das Gewerkdenken, verbunden mit allen bekannten berufspolitischen Macht- oder Abgrenzungsbestrebungen überwunden worden.

c) Neu aufgenommen wurden die traditionellen Bereiche „Sicherungsarbeiten" und „Sportplätze". Beide Bereiche enthalten nicht nur rein vegetationstechnische Arbeiten, sondern auch bautechnische Leistungen. Diese sind aber zumeist von so spezieller Art, daß sie von anderen ATV bisher nicht erfaßt wurden. Eine Aufnahme in diese ATV wurde deswegen und wegen der besonderen Verbindung dieser Leistungsbereiche mit dem Landschaftsbau befürwortet. Schließlich überwog auch der Vorteil einheitlicher vertragsrechtlicher Regelungen für diese Leistungen in einer ATV einer technisch vielleicht begründbaren Zuordnung einzelner Leistungen, insbesondere des Sportplatzbaues, zu anderen ATV.

d) Während die alte DIN 18 320 in ihrem Abschnitt 1.1 (Jahrespflege) noch eine eindeutige Garantieverpflichtung enthielt, also eine VOB-fremde Regelung, entspricht die Neufassung in der Regelung der Gewährleistung der VOB/B § 13 und allen anderen ATV. Die Besonderheit des Bauens mit dem lebenden „Baustoff" Pflanze, Pflanzenteil und Samen machte die Einführung eines besonderen Leistungsteiles, der „Fertigstellungspflege" erforderlich (siehe auch Rdn 311 ff.).

e) Erstmals enthält diese ATV Übermessungsregeln für die Abrechnung nach Flächen- und Längenmaßen (siehe auch Rdn 421 ff.).

0 Hinweise für die Leistungsbeschreibung*)
(siehe auch Teil A — DIN 1960 — § 9)

201

a) In der Praxis gibt es oft Streitigkeiten zwischen Auftraggeber und Auftragnehmer über die Vollständigkeit von Leistungsbeschreibungen. Grundsätzlich sind alle geforderten Leistungen eindeutig und erschöpfend zu beschreiben (siehe auch zu VOB/A § 9). Als Leistungen sind alle Arbeiten zu verstehen, die unter Abschnitt 3 „Ausführung", insbesondere in den Unterabschnitten 3.2 bis 3.8 aufgeführt sind, sowie die Leistungen nach Abschnitt 4.3.

Die Leistungsbeschreibung soll über die im Leistungsverzeichnis aufzuführenden Leistungen hinaus alle preisbeeinflussenden Umstände enthalten, die zum Zeitpunkt ihrer Aufstellung dem Ausschreibenden bekannt waren.

Bei fehlerhaften, lückenhaften Leistungsbeschreibungen werfen betroffene Auftragnehmer häufig dem Auftraggeber die Nichtbeachtung dieser Hinweise vor. Der Auftraggeber beruft sich dann oft auf die Fußnote zur Überschrift dieses Abschnittes — „Diese Hinweise werden nicht Vertragsbestandteil" — und argumentiert, daß dieser Abschnitt daher vom Auftraggeber nicht zum Geltendmachen von Bedenken usw. benutzt werden kann. Diese Auffassung ist unrichtig. Wenn auch kein klagbarer Anspruch gegeben ist, so steht doch nicht ohne ernste Bedeutung unter der Abschnittsüberschrift der Klammersatz „(siehe auch Teil A DIN 1960 § 9)". Dieser bezieht sich neben den anderen Festlegungen in Teil A § 9 insbesondere auf die dortige Nr. 7:
„Bei der Beschreibung der Leistung sind die verkehrsüblichen Bezeichnungen anzuwenden und die einschlägigen Normen zu beachten; insbesondere sind die Hinweise für die Leistungsbeschreibung in den Allgemeinen Technischen Vorschriften zu berücksichtigen."

Aus dieser Festlegung heraus, die für den öffentlichen Auftraggeber sogar verbindlich vorgeschrieben ist, entsteht dem Bieter durchaus die Berechtigung allgemein vom Auftraggeber die Nennung der für die Ausführung der Leistung erforderlichen Angaben zu fordern.

Dies liegt durchaus im wohlverstandenen Interesse des Auftraggebers. Die Leistungsbeschreibung ist die entscheidende Grundlage der gesamten Bauabwicklung. Je überlegter, genauer den allgemeinen Vergabebestimmungen entsprechend und vollständig die Forderungen der Leistungsbeschreibung — im Text, den zeichnerischen und weiteren Unterlagen — dargestellt sind, desto schneller, gerechter und leichter wird dem Auslober die Entscheidung für den Zuschlag, desto brauch-

*) Diese Hinweise werden nicht Vertragsbestandteil.

barer für beide Partner die Unterlagen für den Vertrag, die Durchführung der Leistungen einschließlich der Abrechnung.
Dies gilt nicht nur für die Leistungen selbst. Schon in den Angebotsunterlagen müssen dem Bieter alle den Angebotspreis beeinflussenden Umstände angegeben werden (VOB A § 9 Nr. 4), auch soll dem Bieter kein ungewöhnliches Wagnis aufgebürdet werden für Umstände und Ereignisse, auf die er keinen Einfluß hat (VOB A § 9 Nr. 2). Die Hinweise des Abschnitts 0 nennen einen häufig wiederkehrenden Teil der Umstände, Gegebenheiten und Erfordernisse, die bei der Aufstellung der Leistungsbeschreibung vom Auftraggeber für den jeweiligen Teil der ATV insbesondere zu beachten sind, um den Anforderungen nach VOB A § 9 zu genügen.

Andererseits darf der Bieter sich nicht darauf verlassen, daß die Angaben in der Leistungsbeschreibung vollständig sind und insbesondere darauf, daß der Ausschreibende alle Hinweise zur Leistungsbeschreibung vollständig beachtet hat. Er muß von sich aus die Angebotsunterlagen prüfen, ob sie vollständig sind und die darin genannten Leistungen zur Herstellung des geforderten Bauwerkes ausreichen und richtig sind, d. h. auch den anerkannten Regeln der Technik (Landschaftsbautechnik) entsprechen.
So wird im Rahmen dieser Prüfungspflicht z. B. eine Ortsbesichtigung unerläßlich sein, ohne die eine Überprüfung der genannten Umgebungsbedingungen nicht möglich ist.

202 b) Die Hinweise zur Leistungsbeschreibung sind in der Regel als Vorbemerkung in der Leistungsbeschreibung dem Leistungsverzeichnis voranzustellen, insbesondere wenn sie für die Einzelleistungen von allgemeiner Bedeutung sind, so z. B. die Lage der Baustelle und die Umgebungsbedingungen. Andererseits können die Hinweise auch bei Einzelleistungen erforderlich werden, wie z. B. besondere Güteanforderungen an einzelne Stoffe, Bauteile und Pflanzen.

203 c) In den alten Fassungen der Allgemeinen Technischen Vorschriften bestanden bei den „Hinweisen“ z. T. von ATV zu ATV erhebliche Textunterschiede bei an sich gleichen Sachverhalten. Zur Vermeidung von Widersprüchen — die in den alten Fassungen leider vorhanden waren — wurden Standardsätze aufgestellt. Dadurch wird der Praxis der Normenanwendung eine besondere Sicherheit verliehen, das Gesamtwerk des Teil C der VOB wesentlich gestrafft.

Die Texte der Standardsätze wurden in den einzelnen ATV im allgemeinen unverändert übernommen, d. h. soweit sie für das jeweilige Fachgebiet zutreffen. Gegebenenfalls sind sie auch für das Fachgebiet entsprechend verlängert oder auch verkürzt worden.

Standardsätze wurden nicht nur für den Abschnitt 0 aufgestellt, sie finden sich auch in den Abschnitten 1, 2, 3, 4 und 5.

204 d) Die im Abschnitt 0 genannten Hinweise sind nicht als vollständiger Katalog zu betrachten, dies wird schon durch die Bildung von standardisierten Fassungen — den Standardsätzen — deutlich. In Einzelfällen können durchaus noch weitere Umstände oder Erfordernisse auftreten, die dann jeweils vom Ausschreibenden genannt werden müssen.

0.1 In der Leistungsbeschreibung sind nach Lage des Einzelfalles insbesondere anzugeben:

0.1.1 Lage der Baustelle und Umgebungsbedingungen, z. B. Hauptwindrichtung, Einflugschneisen, Verschmutzung der Außenluft, Bebauung usw., Zufahrtsmöglichkeiten und Beschaffenheit der Zufahrt sowie etwaige Einschränkungen bei ihrer Benutzung.

205 Nicht nur die räumlichen Bedingungen wie Zufahrtsmöglichkeiten und Bebauung, können für die Ausführung der Leistungen von Bedeutung sein. Gerade im Landschaftsbau, bei Ansaaten und Pflanzungen können die übrigen hier genannten Einflußfaktoren erhebliche Bedeutung gewinnen. Die Hauptwindrichtung z. B. hat Einfluß auf die Anordnung von Gehölz-Verankerungen und Windschutzregeln, industrielle Luftverschmutzungen können pflanzenschädlich sein.

Nicht erwähnt bei den Beispielen des Abschnittes 0.1.1 sind noch die wichtigen Faktoren Wild- und Weidevieh. Auf evtl. mögliche Beeinträchtigungen der vorgesehenen Leistungen bzw. auf alle erforderlichen Schutzmaßnahmen bzw. -vorrichtungen ist hinzuweisen.

Wichtig ist auch der Hinweis auf etwaige Einschränkungen in der Nutzbarkeit der Zufahrt. Sie können z. B. zeitlicher Art sein (nur zu bestimmten Tagen oder Tageszeiten) oder auch z. B. hinsichtlich der Belastbarkeit ausgesprochen sein (Tragfähigkeit von Brücken oder unterirdischen Einrichtungen wie Keller, Tiefgaragen, Decken unter Dachgärten, Kanalabdeckungen usw.).

0.1.2 Lage und Ausmaß der dem Auftragnehmer für die Ausführung seiner Leistungen zur Benutzung oder Mitbenutzung überlassener Flächen.

206 Sind die für die Baustelleneinrichtung oder für Baustofflager auf der Baustelle zur Verfügung stehenden Flächen begrenzt, ist die Größe der den jeweiligen Auftragsnehmern zugeordneten Flächen und deren Lage anzugeben, gegebenenfalls auch mit zeitlicher Begrenzung.

Sind im Bereich der Baustelle keine ausreichenden Flächen vorhanden, wie z. B. bei Arbeiten an innerstädtischen Verkehrswegen oder bei Pflanzungen in der freien Landschaft, muß ausdrücklich darauf hingewiesen werden, damit der Bieter evtl. Kosten für Flächenanmietung und/oder für Zwischentransporte einkalkulieren kann.

0.1.3 Art, Lage, Abfluß, Abflußvermögen und Hochwasserverhältnisse des Vorfluters.

207 Im Landschaftsbau einschließlich Sportplatzbau ist kaum eine Baustelle denkbar, bei der nicht Oberflächenwasser abgeleitet werden muß, sei es durch Ableitung auf der Oberfläche oder durch Sickerschichten, Sicker-

stränge oder auch Abflußleitungen. Oft tritt die Notwendigkeit des Ableitens von Grund- und Hangwasser hinzu.

In der Leistungsbeschreibung müssen die Angaben zur Art, Lage, Abfluß (z. B. Gefälle), Abflußvermögen (z. B. Querschnitt) und Hochwasserverhältnisse (evtl. Rückstau bis in die Baustelle) für den Auftragnehmer nachprüfbar angegeben sein. Diese Angaben sollten mit der Nennung des bei der Planung berücksichtigten Wasseranfalles (Oberflächenwasser, Grundwasser, Hangwasser usw.) ergänzt werden.

0.1.4 Ergebnisse der Bodenuntersuchungen nach DIN 18 915 Teil 1 „Landschaftsbau; Bodenarbeiten für vegetationstechnische Zwecke, Bewertung von Böden und Einordnung der Böden in Bodengruppen" sowie gegebenenfalls die Ergebnisse der Untersuchungen nach DIN 18 035 „Sportplätze".

208 Zur gezielten Auswahl der zu fordernden Leistungen für die Bearbeitung und Verbesserung des Bodens, der Düngung, sowie der Auswahl jeweils geeigneter Pflanzen (Gehölze, Stauden, Rasengräser) und auch der geeigneten Sicherungsbauweisen ist für den Ausschreibenden eine gesicherte Kenntnis des zur Bearbeitung oder Verwendung vorgesehenen Bodens dringend und zwingend erforderlich. Dazu sind die in den jeweiligen Normen genannten Voruntersuchungen (Beobachtungen, Feld- und/oder Laborversuche) durchzuführen.

Um jedoch auch den Bieter bzw. Auftragnehmer in die Lage zu versetzen, seiner Pflicht zur Prüfung der örtlichen Verhältnisse und der Eignung der vorgesehenen Leistungen für den geplanten Verwendungszweck nachkommen können, sind die Ergebnisse der Voruntersuchungen des Auftraggebers dem Bieter bereits in der Leistungsbeschreibung mitzuteilen.

209 Mit dieser Mitteilung wird auch der Forderung des Teiles A der VOB in § 9 Nr. 1 (Berechnungsmöglichkeit ohne umfangreiche Vorarbeiten) entsprochen. Es würde dem Grundsatz der Wirtschaftlichkeit nicht entsprechen, wenn jeder einzelne Bieter zur sicheren Preisfindung und zur Beurteilung der Zweckmäßigkeit der geforderten Leistungen für sich allein die erforderlichen Prüfungen nochmals wiederholen müßte. Auch könnte dann die an der gleichen Stelle geforderte Verständnisgleichheit der Leistungsbeschreibung u. U. erheblich in Frage gestellt werden.

0.1.5 Schutzgebiete im Bereich der Baustelle.

0.1.6 besondere wasserrechtliche Bestimmungen.

0.1.7 besondere Maßnahmen aus Gründen der Landespflege und des Umweltschutzes.

210 Im Bereich der Baustelle können Schutzgebiete oder Schutzzonen vielfältiger Art liegen, deren Beachtung für den Ablauf der Arbeiten oder die Art der Leistungsausführung von Bedeutung sein können, wie z. B. Ansaugbereiche von Klimaanlagen, Trinkwassergewinnungsanlagen, Vogelschutzgebiete, Wildgehege, Dünenschutzgebiete, Schutzwälder oder -pflanzungen gegen Wind, Frost, Hochwasser, auch Naturdenkmäler.

211 Zu den besonderen wasserrechtlichen Bestimmungen gehören Wasserrechte von Anliegern mit Kraftgewinnungsanlagen (Turbinen, Mühlen usw.), aber auch Fischereirechte usw., die durch den Bauablauf nicht beeinträchtigt werden dürfen.

212 Die besonderen Maßnahmen aus Gründen der Landespflege und des Umweltschutzes beziehen sich auf Schutzmaßnahmen während der Bauzeit, also auf Maßnahmen zum Schutze gegen Bauauswirkungen. Dies können z. B. Vorrichtungen mit bautechnischen und/oder vegetationstechnischen Mitteln sein, wie z. B. Wasserhaltungen gegen vegetationsschädliche Grundwasserabsenkungen, Lärmschutzwände, Befestigung des Bodens gegen Erosion und Staubentwicklung.

Werden hierzu Leistungen erforderlich, sind sie als solche im Leistungsverzeichnis aufzunehmen, sie sind keine Nebenleistungen (siehe auch Rdn 373).

213 Maßnahmen, die dem Auftragnehmer nach der Gesetzgebung (Umweltschutz, Naturschutz usw.) ohnehin obliegen, wie z. B. der Schutz des Grundwassers gegen Verseuchung durch Mineralöle, bedürfen jedoch keiner besonderen Erwähnung.

214 Maßnahmen zur Errichtung von auf Dauer verbleibenden Schutzeinrichtungen, wie z. B. Schutzpflanzungen, Lärmschutzwälle, zählen nicht hierzu, sie sind, wenn erforderlich oder beabsichtigt, ohnehin Bestandteil der auszuführenden Planung.

0.1.8 Art und Umfang des Schutzes von Bäumen, Pflanzenbeständen und Vegetationsflächen im Bereich der Baustelle nach DIN 18 920 „Landschaftsbau: Schutz von Bäumen, Pflanzenbeständen und Vegetationsflächen bei Baumaßnahmen".

215 Die Art und der Umfang dieser Schutzmaßnahmen und auch die Beweggründe hierzu sind im Kommentar zu DIN 18 920 ausführlich besprochen.

Grundsätzlich ist hier jedoch zu bemerken, daß diese Maßnahmen nicht nur den Auftragnehmer des Landschaftsbaues angehen, sondern alle am Bau Beteiligten, zumal der Landschaftsbau-Auftragnehmer oft die Baustelle erst bei fortgeschrittenem Bauablauf betritt. Hier ist es dann eine Verpflichtung des Landschaftsarchitekten rechtzeitig, d. h. schon bei der Vorbereitung des Baufeldes vor Beginn aller Bauarbeiten, für einen umfassenden und wirksamen Schutz der zu erhaltenden Vegetation zu sorgen. So muß dieser auch an der Genehmigung der Baustelleneinrichtungspläne (Lagerplätze, Verkehrsflächen, Kranbahnen usw.) mitwirken können.

216 Diese Forderung nach Rechtzeitigkeit und Wirksamkeit des Schutzes ist aber auch an alle anderen Verantwortlichen im Bau gerichtet, insbesondere bei Bauvorhaben des Straßenbaues, des Leitungsbaues usw., bei denen in der Regel keine Landschaftsarchitekten beteiligt sind. Auch bei allen

anderen ATV, soweit bei deren Leistungen Bäume, Sträucher und Vegetationsflächen berührt werden können, ist ein entsprechender Standardsatz im Abschnitt 0 enthalten, leider aber noch ohne ausdrücklichen Bezug auf DIN 18 920. Da aber auch DIN 18 920, wie alle anderen Normen des Bauwesens, zu den anerkannten Regeln der Technik gehört, die nach VOB/B § 4 Nr. 2 ohnhin zu beachten sind, bedarf sie dieser ausdrücklichen Erwähnung an sich nicht.

217 Schließlich ist die DIN 18 920 wegen ihrer übergeordneten, für alle Gewerke geltenden Wirkung nicht in den Katalog der Leistungen zu Abschnitt 3. „Ausführung" der DIN 18 320 aufgenommen worden, da man sonst hätte vermuten können, daß es sich hier um eine Normenfestlegung handelt, die nur der Auftragnehmer des Landschaftsbaues zu beachten hätte. Diese Überlegung schließt jedoch die Ausführung dieser Leistungen durch den Landschaftsbauunternehmer nicht aus. Dieser ist aufgrund seiner besonderen Qualifikation zur Ausführung solcher Schutzeinrichtungen besonders geeignet und sollte deswegen zu solchen Leistungen gegebenenfalls gesondert herangezogen werden.

0.1.9 Art und Umfang des Schutzes von Bauteilen, Bauwerken und Grenzsteinen im Bereich der Baustelle.

218 Unter Bauteilen und Bauwerken im Bereich der Baustelle sind alle zu Beginn der Leistungen vorhandenen Bauteile und Bauwerke zu verstehen sowie auch die noch während der Bauzeit von anderen Auftragnehmern herzustellenden. Auch ist hier der Begriff „im Bereich der Baustelle" weiter als die eigentliche Baustellenfläche zu sehen. Hier sind auch alle benachbarten Bauteile und Bauwerke mit einzubeziehen, die durch Einwirkungen aus dem Baubetrieb betroffen werden können.

219 Werden Schutzmaßnahmen wie Stützmauern, Abstützungen, Bodenverfestigungen u. ä. erforderlich, sind sie als Leistungspositionen in das Leistungsverzeichnis aufzunehmen. Für sie gelten dann die entsprechenden anderen ATV aus VOB/C.

0.1.10 besondere Anordnungen, Vorschriften und Maßnahmen der Eigentümer (oder der anderen Weisungsberechtigten) von Leitungen, Kabeln, Dränen, Kanälen, Wegen, Gewässern, Gleisen, Zäunen und dergleichen im Bereich der Baustelle.

220 Nach VOB/A § 9 Nr. 4 Abs. 1 müssen alle die Preisermittlung beeinflussenden Umstände bekanntgegeben werden, also auch Hindernisse wie Leitungen, Kabel, Dräne usw. Weiter hat der Auftraggeber nach VOB/B § 4 Nr. 1 für die „Aufrechterhaltung der allgemeinen Ordnung auf der Baustelle" zu sorgen. Dazu ist auch die Bekanntgabe von Vorschriften, Anordnungen usw. seitens dritter Weisungsberechtigter (meist Eigentümer) zu rechnen. Dies können öffentlich rechtliche Dritte wie Versorgungsträger, Post, Bahn, Forst, Wasserwirtschaft, doch auch private Dritte sein, z. B. bei Zäunen.

Beachtlich ist die Formulierung „und dergleichen", nach der deutlich wird, daß die genannte Aufzählung nur beispielhaft ist und keinen Anspruch auf Vollständigkeit erhebt.

221 Zu beachten ist, daß, wenn sich Anordnungen und Vorschriften der Eigentümer u. a. auf Unfallverhütungsvorschriften stützen, die dann notwendigen Maßnahmen gemäß VOB/B § 4 Nr. 2 Angelegenheit des Auftragnehmers sind und nach Abschnitt 4.1.2 eine vertragliche Nebenleistung (siehe auch Rdn 328).

0.1.11 Besonderheiten der Regelung und Sicherung des Verkehrs, gegebenenfalls auch wieweit der Auftraggeber die Durchführung der erforderlichen Maßnahmen übernimmt.

222 Unter Verkehr ist nicht nur der Straßenverkehr zu verstehen, sondern auch der Verkehr auf Gewässern und in der Luft. Nach VOB/B § 4 Nr. 1 hat der Auftraggeber die erforderlichen öffentlich rechtlichen Genehmigungen und Erlaubnisse herbeizuführen, also z. B. die nach dem Baurecht, dem Straßenverkehrsrecht, dem Wasserrecht und dem Gewerberecht.

Alle danach erforderlichen Leistungen sind rechtzeitig zu erkunden und in das Leistungsverzeichnis aufzunehmen. Sie sind nach Abschnitt 4.3.2 keine vertraglichen Nebenleistungen.

0.1.12 Verkehrsverhältnisse auf der Baustelle, insbesondere Verkehrsbeschränkungen, z. B. Begrenzung der Verkehrslasten.

223 Hier sind in erster Linie die Verkehrsverhältnisse auf der Baustelle gemeint. Es können dort den freien Verkehr von und zur sowie auf der Baustelle erheblich beschränkende Gegebenheiten vorliegen, wie z. B. Verkehrsverbote zu bestimmten Tageszeiten (Krankenhäuser u. ä.), Anlieferungstermine bei räumlich beengten Baustellen, Belastbarkeitsbegrenzungen auf unterirdischen Bauteilen, begrenzte Durchfahrthöhen und -breiten. Es können aber auch Beschränkungen durch rangierenden oder kreuzenden öffentlichen Verkehr zu Lande, zu Wasser und in der Luft auftreten.

0.1.13 Für den Verkehr freizuhaltende Flächen.

224 Als für den Verkehr freizuhaltende Flächen werden hier Zugänge zu Einrichtungen der Versorgungsträger, der Feuerwehr, der Post usw. verstanden, die jederzeit zugänglich sein müssen, z. B. Hydranten, Einsteigschächte, Sperrschieber, Einläufe, Meßfestpunkte u. ä.. Soweit diese Einrichtungen nicht ohne weiteres auf der Baustelle erkennbar sind, ist ihr Vorhandensein, ihre Lage und die Art der geforderten Zugänglichkeit gegebenenfalls in der Leistungsbeschreibung oder im Baustelleneinrichtungsplan anzugeben.

Schließlich können es auch Flächen auf der Baustelle sein, die aus Sicherheitsgründen (Feuerwehr, Krankenwagen) und zur Aufrechterhaltung der allgemeinen Ordnung jederzeit freizuhalten sind. Auch diese müssen entsprechend kenntlich gemacht werden.

0.1.14 Lage, Art und Anschlußwert der dem Auftragnehmer auf der Baustelle zur Verfügung gestellten Anschlüsse für Wasser und Energie.

225 Nach Abschnitt 4.1.5 ist das unentgeltliche Bereitstellen von Anschlußstellen auf der Baustelle Angelegenheit des Auftraggebers. Diese müssen nach Lage, Art und Anschlußwert die uneingeschränkte Ausführung der geforderten Leistungen ermöglichen, auch unter Berücksichtigung eines ev. gleichzeitigen Einsatzes mehrerer Auftragnehmer auf der Baustelle.

Ist die Uneingeschränktheit nicht gegeben, muß in der Leistungsbeschreibung darauf hingewiesen werden. Dies kann durch die Aufnahme entsprechender Leistungspositionen geschehen, z. B. für den Transport von Wasser von entfernten, außerhalb gelegenen Entnahmestellen oder Wasserentnahme aus Gewässern auf der Baustelle (wasserrechtliche Fragen vorher klären!) oder Stromerzeugung durch Kraftstoffgeneratoren. Dies kann aber auch durch einen entsprechenden Hinweis in Zusätzlichen Technischen Vorbemerkungen oder in den betreffenden Leistungspositionen erfolgen, zu deren Ausführung Wasser oder Energie gebraucht wird. Diese zusätzlichen Kosten der Beschaffung von Wasser und/oder Energie sind dann vertragliche Leistungen.

0.1.15 Mitbenutzung fremder Gerüste, Hebezeuge, Aufzüge, Aufenthalts- und Lagerräume, Einrichtungen und dergleichen durch den Auftragnehmer.

226 Wünscht der Auftraggeber, weil er sich davon eine Kostenersparnis erhofft oder weil er ev. sonst eine Störung der Ordnung auf der Baustelle befürchtet, die Mitbenutzung fremder Einrichtungen auf der Baustelle und bringt er dies in den Ausschreibungsunterlagen zum Ausdruck, hat er auch für entsprechende Vereinbarungen mit deren Eigentümern oder Betreibern zu sorgen. Der Auftragnehmer muß dann mit der uneingeschränkten oder angegebenen Mitbenutzungsmöglichkeit für seine Leistungen rechnen können.

Wird jedoch seitens des Auftraggebers nur von der ev. Möglichkeit der Mitbenutzung von fremden Einrichtungen gesprochen, sollte vor der Angebotsabgabe seitens des Bieters eine klare und verbindliche Zusage seitens des Eigentümers oder Betreibers dieser Einrichtungen eingeholt werden.

0.1.16 besondere Anforderungen an die Baustelleneinrichtung.

227 Grundsätzlich hat der Auftragnehmer nach VOB/B § 4 Nr. 2 die Leistung unter eigener Verantwortung nach dem Vertrag auszuführen. Dies

gilt auch für die Baustelleneinrichtung nach Art und Umfang (siehe Rdn 357 ff.). Wünscht der Auftraggeber Besonderheiten, wie eine bestimmte Ausführung des Bauzaunes oder Räume für seine Bauführung u. ä., hat er dazu entsprechende Ansätze in das Leistungsverzeichnis oder entsprechende Forderungen in seine Zusätzlichen Technischen Vorschriften aufzunehmen.

0.1.17 **bekannte oder vermutete Hindernisse im Bereich der Baustelle, möglichst unter Auslegung von Bestandsplänen, z. B. Leitungen, Kabel, Dräne, Kanäle, Bauwerksreste (und, soweit bekannt, deren Eigentümer).**

228 Die Forderung in VOB/A § 9 Nr. 4 Abs. 1 nach Mitteilung aller preisbeeinflussenden Umstände, im dortigen Abs. 5 näher beschrieben mit „im Baugelände vorhandenen Anlagen, insbesondere Abwasser- und Versorgungsleitungen hinreichend anzugeben" macht die Nennung von solchen bekannten oder vermuteten Hindernissen für die Ausführung in geeigneter Form erforderlich, z. B. durch Auslegung von Bestandsplänen.

229 Sind Bauleistungen zur Erkundung von vermuteter oder nicht hinreichend bekannter Lage von an sich bekannten Einrichtungen erforderlich, so sind diese keine Nebenleistungen (siehe Abschnitt 4.3.12). Bei erforderlichen Maßnahmen zur Sicherung auf Weisung der Eigentümer usw. siehe Rdn 220.

0.1.18 **Art und Zeit der vom Auftraggeber veranlaßten Vorarbeiten.**

230 Sind vom Auftraggeber veranlaßte oder zu veranlassende Vorarbeiten von Einfluß auf die Leistungen des Auftragnehmers, sind sie in die Leistungsbeschreibung aufzunehmen. Dabei ist dann die genaue Beschreibung von Art, Umfang und Zeitpunkt erforderlich.

0.1.19 **Arbeiten anderer Unternehmer auf der Baustelle.**

231 Das gleichzeitige Arbeiten mehrerer Unternehmer verschiedener Gewerke auf der Baustelle wird der Regelfall sein, mit dem normalerweise jeder Auftragnehmer zu rechnen hat. Sind jedoch aus diesen gleichzeitigen Arbeiten heraus besondere Behinderungen und/oder Unterbrechungen, auch in Teilbereichen, zu erwarten, müssen sie in der Leistungsbeschreibung angegeben werden. Diese Verpflichtung ist durch die allgemeine Ordnungsverpflichtung des Auftraggebers gemäß VOB/B § 4 Nr. 1 begründet.

0.1.20 **Leistungen für andere Unternehmer.**

232 Bei dem Zusammenwirken mehrerer Unternehmer auf einer Baustelle ist die Notwendigkeit von Leistungen eines Unternehmers für einen oder mehrere andere Unternehmer öfters gegeben, so z. B. die Ausführung von Sicherungsmaßnahmen, Schuttabfuhr, Messungsangaben u. ä.

Für derartige Leistungen ist die Vergütung zwischen den Beteiligten zu regeln, gegebenenfalls unter Mitwirkung des Auftraggebers (Ordnungspflicht). Ist das Eintreten eines solchen Leistungsfalles bereits schon vor dem Zeitpunkt der Ausschreibung abzusehen, empfiehlt sich die Aufnahme eines entsprechenden Ansatzes in die Leistungsbeschreibung.

0.1.21 **ob und unter welchen Umständen auf der Baustelle gewonnene Stoffe verwendet werden dürfen oder verwendet werden sollen.**

233 Werden auf der Baustelle im Verlaufe der Arbeiten Stoffe, wie z. B. Kies, Kiessand, Sand, Oberboden (Mutterboden), Schotter o. ä. angetroffen, die bei der Leistung verwendet werden können, ist vor deren Verwendung die Genehmigung des Auftraggebers einzuholen. Ist der Auftraggeber nicht der Eigentümer des Grundstückes, sondern z. B. nur Pächter, sind auch die Rechte des Eigentümers zu berücksichtigen. Der Auftraggeber wird gegebenenfalls dabei auf die Vereinbarung neuer Vertragspreise unter Berücksichtigung der Einsparung bei der Baustofflieferung dringen.

Fallen bei Bauarbeiten andererseits Baustoffe oder sonstige Stoffe an, die nicht bei den Leistungen verwendet werden können, hat über deren Verwendung (z. B. Lagerung, Veräußerung, Abfuhr) ebenso allein der Auftraggeber bzw. Eigentümer zu entscheiden. Der Auftragnehmer hat die Verpflichtung zur Mitteilung des Auffindens solcher Stoffe an den Auftraggeber.

0.1.22 **Beschaffenheit der Stoffe, Bauteile und Pflanzen, die vom Auftraggeber beigestellt werden. Ort (genaue Bezeichnung), Zeit und Art ihrer Übergabe, getrennt nach Art und Menge der Stoffe, Bauteile und Pflanzen.**

234 Um eine einheitliche Ausführung und eine zweifelsfreie Gewährleistung zu erreichen, sollen nach VOB/A § 4 Nr. 1 Bauleistungen in der Regel mit den zur Leistung gehörenden Lieferungen vergeben werden. Entsprechend der Normen-Sprachregelung bedeutet dies, daß eine bauseitige Lieferung von Baustoffen, Bauteilen, Pflanzen oder Pflanzenteilen (also auch Saatgut) nur im begründeten Ausnahmefall erfolgen darf. Der bei diesen bauseitigen Lieferungen in der Regel auftretende Fall der nicht zweifelsfreien Gewährleistung ist derartig schwerwiegend, daß hier der Auftraggeber seine Interessenlage sehr sorgfältig abwägen sollte.

235 Auf die besondere Prüfungspflicht des Auftragnehmers bei durch den Auftraggeber beigestellten Stoffen, Bauteilen usw. gemäß VOB/B § 4 Nr. 3 wird an dieser Stelle besonders hingewiesen. Dies gilt in besonderem Maße für die bauseitige Lieferung von Pflanzen und Saatgut, insbesondere wenn es sich um für den Auftragnehmer unbekannte Lieferanten bzw. Produzenten handelt. Der Auftragnehmer ist gut beraten, wenn er solche Pflanzen sehr sorgfältig auf ihren Zustand beim Eintreffen auf der Baustelle untersucht, z. B. auf Transportschäden wie Austrocknen oder Überhitzen, Bruch, beschädigte Ballen usw.

Werden Baustoffe, Bauteile, Pflanzen oder Pflanzenteile vom Auftraggeber beigestellt, ist hierzu die Nennung von deren Art, Menge, des Ortes und des Zeitpunktes der Beistellung sowie gegebenenfalls die Angabe eines erforderlichen Abladens notwendig. 236

Die Bereitstellung von Entladepersonal, ev. Fahrzeugen für Zwischentransporte, Lagerflächen oder Lagerräumen u. ä. durch den Auftragnehmer erfordert eine enge Zusammenarbeit mit dem Auftraggeber. Dieser muß andererseits außer der Betätigung des Einkaufes auch die Verantwortung für die Lieferfristen übernehmen, ebenso die Verantwortung für eine mögliche Beeinträchtigung der Ausführungsfristen durch ev. Lieferungsverzug und ev. berechtigte Mängelbeanstandungen an den gelieferten Stoffen (siehe auch Rdn 10). 237

0.1.23 vorgesehene Arbeitsabschnitte, Arbeitsunterbrechungen und -beschränkungen nach Art, Ort und Zeit.

Arbeitsabschnitte können vom Auftraggeber geplant sein z. B. bei vorzeitiger Benutzung einzelner Bereiche. Arbeitsunterbrechungen können z. B. aus technischen Gründen wie zwischengeschobene Leistungen anderer Unternehmer oder aus klimatischen Gründen bei klimaabhängigen Leistungen erforderlich werden. Arbeitsbeschränkungen können z. B. nach Tageszeiten und für bestimmte Baumaschinen (Lärm, Erschütterung usw.) vorliegen. Sind diese Arbeitsabschnitte, Arbeitsunterbrechungen und -beschränkungen durch Erfordernisse des Auftraggebers oder durch behördliche Anordnungen o. ä. begründet, müssen diese, wenn sie sich preisbeeinflussend auswirken, gemäß VOB/A § 9 Nr. 4 Abs. 1 in der Leistungsbeschreibung genannt werden. 238

Arbeitsunterbrechungen normaler Art, wie z. B. Feiertage, Regelungen aus Tarifen und Gesetzen, Witterungsverlauf sind davon nicht berührt, ebenso der Grundsatz der Eigenverantwortung des Auftragnehmers für seine Bauleistung.

0.1.24 Art, Menge, Maße, Schichtdicken u. ä. der zu verwendenden Stoffe, gegebenenfalls ihre Kennzeichnung und/oder Sortierung.

Die Verpflichtung zur sorgfältigen Angabe von Art, Menge, Schichtdicken u. ä. der zu verwendenden Stoffe, Bauteile, Pflanzen und Pflanzenteile ergibt sich schon aus dem Grundsatz einer eindeutigen, erschöpfenden und für alle Bieter im gleichen Sinne verständlichen Beschreibung der Leistungen nach VOB/A § 9 Nr. 1. Dabei sind die in den einschlägigen Fachnormen genannten Festlegungen über Beschaffenheit, Abmessungen, usw. zu beachten. Auch ist die Verwendung von normgerechten bzw. verkehrsüblichen Bezeichnungen gemäß VOB/A § 9 Nr. 7 Abs. 1 zu beachten. 239

Besondere Sorgfalt ist auf die normengerechte Benennung der Beschaffenheitsmerkmale für Gehölze nach DIN 18 916 Abschnitt 2.1.4 zu legen. 240

Ebenfalls ist auf die sorgfältige Benennung der Beschaffenheit von Rasensaatgut und auch sonstigem Saatgut zu achten. Zu nennen sind neben Gattung, Art, Unterart und gegebenenfalls Sorte auch die Anforderungen hinsichtlich der Reinheit, Keimfähigkeit und des maximalen Fremdartenbesatzes. Wichtig ist außerdem die Bezeichnung der geforderten Kategorie (zertifiziertes Saatgut oder Handelssaatgut) sowie die zugelassene Packungsgröße (siehe auch Kommentar zu DIN 18 917).

0.1.25 besondere Güteanforderungen an Stoffe, Bauteile und Pflanzen.

241 Werden über die in den jeweiligen Normen genannten Güteanforderungen hinaus, besondere, d. h. zusätzliche oder höhere Güteanforderungen an Stoffe, Bauteile, Pflanzen und Pflanzenteile gestellt, muß dies in der Leistungsbeschreibung ausdrücklich angegeben werden.

0.1.26 Art und Anzahl von geforderten Probestücken oder Probepflanzen.

242 In einzelnen Normen, wie z. B. DIN 18 035 Teil 6 „Sportplätze; Kunststoff-Flächen" ist Art und Anzahl von zu erbringenden Probestücken und Stoffproben angegeben. Liegen solche Festlegungen vor, erübrigt sich eine Nennung der Forderung nach Probenlieferung in der Leistungsbeschreibung, es sei denn, daß der Ausschreibende lediglich die genormte Forderung nochmals ausdrücklich hervorheben möchte.

Liegen Normenforderungen über Probestücke oder Probemengen, wie z. B. für Probepflanzen nicht vor, muß die Leistungsbeschreibung eindeutige Angaben über Art und Anzahl der geforderten Proben sowie Zeitpunkt der Probenlieferung enthalten. In der Regel werden Proben vom Auftraggeber nur bei größeren Mengen einer Art, wie z. B. Bodendeckern oder Heckenpflanzen bzw. bei Pflastersteinen u. ä. zu fordern sein. Eine Begrenzung hinsichtlich der Art und Stückzahl gibt es an sich nicht. Sie sind daher in der Leistungsbeschreibung anzugeben. Nur so kann sie der Bieter bei seiner Preisbildung berücksichtigen. Werden Proben schon zum Angebot gefordert, sollte sich hier die Forderung auf weniger bekannte Stoffe oder Bauteile und auf Einzelstücke bzw. geringe Mengen beschränken.

0.1.27 Art und Umfang verlangter Eignungs- und Gütenachweise.

243 In den einzelnen Fachnormen sind die jeweils zu erbringenden Eignungs- und Gütenachweise mehr oder weniger erschöpfend angegeben. Eine Klarstellung wird die Richtlinie „Prüfungen" bringen. Für den Auftraggeber empfiehlt sich, die betreffenden Normenfestlegungen bzw. die Festlegungen der vorerwähnten Richtlinie auf die von ihm gewünschten Nachweise hin zu überprüfen und gegebenenfalls fehlende in der Leistungsbeschreibung ausdrücklich zu fordern. Nicht von der Hand zu weisen ist der Vorschlag, der Leistungsbeschreibung eine Aufstellung sämtli-

cher geforderter (also einschließlich der bereits in den Normen genannten) Nachweise beizufügen. Eine solche Zusammenstellung kann erheblich zum besseren Verständnis über den Leistungsumfang beitragen. Aus der Vielzahl der möglicherweise zu fordernden Nachweise sei hier nur das Orange-Zertifikat für Saatgut von Rasengräsersorten und der staatliche Bescheid über die Erteilung der Mischungsnummer mit Artenverzeichnis (Bezugsnummern-Bescheid) bei Rasensaatgut in Mischungen genannt.

Auf die einzelnen Prüfungen bzw. Untersuchungen (Voruntersuchung, Eignungsprüfung, Eigenüberwachungsprüfung, Kontrollprüfung) wird in den Rdn 324 bis 327 und 374 bis 384 näher eingegangen.

Die dortigen Aussagen sind bei der Aufstellung des Leistungsverzeichnisses bzw. der Ausschreibungsunterlagen sehr sorgfältig zu beachten.

0.1.28 **Einbauverfahren, Einbaumaße, gegebenenfalls unter Angabe der zulässigen Abweichungen, Einbaumenge.**

244 Werden vom Auftraggeber bestimmte Einbauverfahren gewünscht, z. B. für Kunststoffdecken der Ortseinbau oder die Fertigteilbauweise, muß dies gemäß VOB/A § 9 Nr. 1 in der Leistungsbeschreibung angegeben werden, das gleiche gilt für Einbaumaße. Bei diesen ist stets davon auszugehen, daß in der Leistungsbeschreibung genannte Schichtdicken und sonstige Abmessungen im fertigen Zustand zu verstehen sind, wenn nicht ausdrücklich etwas anderes gesagt wird, wie z. B. „die Maße verstehen sich im unverdichteten Zustand“.

Werden andere, d. h. größere oder kleinere zulässige Abweichungen (Toleranzen) als in den jeweiligen Normen zugelassen bzw. gefordert, sind diese, da sie von erheblichem Einfluß auf den Preis der Leistung sind, gemäß VOB/A § 9 Nr. 1 und Nr. 4 in der Leistungsbeschreibung zu nennen.

Eine Angabe von Einbaumengen (z. B. kg/m^2), wie z. B. manchmal für Schotter bei Tragschichten praktiziert, ist in der Regel nicht zu empfehlen, da dies meist zu Streitigkeiten führt, insbesondere wenn Gewicht/Fläche und Schichtdicke gleichzeitig angegeben werden.

0.1.29 **Benutzung von Teilen der Leistung vor der Abnahme.**

245 Im Interesse einer einheitlichen Baudurchführung, einschließlich einer einheitlichen Abnahme (Übergang der Gefahr, Haftungsregelung) und der daran anknüpfenden einheitlichen Gewährleistungsfristen sollte von der Möglichkeit, Teile vor der Abnahme zu benutzen, möglichst wenig Gebrauch gemacht werden. Läßt sich eine solche vorzeitige Benutzung von Teilen der Leistung vor der Fertigstellung der Gesamtleistung oder von vertraglich vereinbarten Bauabschnitten nicht umgehen, sollte nur

zwischen den zwei nachstehend genannten Verfahrensweisen gewählt werden:

a) Der vorzeitig in Benutzung zu nehmende Teil wird abgenommen. Die Gewährleistungsfrist wird so verlängert, daß sie der der Gesamtleistung gleich ist.

b) Der Teil wird ohne Abnahme in Benutzung genommen und soweit erforderlich mit einem zusätzlichen Schutz gegen Beschädigung versehen. Dieser zusätzliche Schutz ist keine vertragliche Nebenleistung (siehe auch Rdn 388).

Da solche vorzeitigen Inbenutzungnahmen von Teilen in der Regel meist erst im Verlaufe der Bauzeit, insbesondere bei Baufristenüberschreitungen erforderlich werden, ist deren Nennung in der Leistungsbeschreibung recht selten. Ist die vorzeitige Inbenutzungnahme eines Teiles jedoch schon vorher abzusehen, sollte man den umgebenden Bereich bzw. Bauabschnitt im vertraglich vereinbarten Baufristenplan so ausbilden bzw. abgrenzen, daß eine Teilabnahme gemäß VOB/B § 12 Nr. 2 a (in sich abgeschlossener Teil der Leistung) möglich wird.

0.1.30 Ausbildung der Anschlüsse an Bauwerke.

246 Soweit die Art der Ausbildung von Anschlüssen an Bauwerke nicht in den jeweiligen Fachnormen geregelt ist oder wenn von den Normenfestlegungen abgewichen werden soll, ist dies in der Leistungsbeschreibung — wenn von Einfluß auf die Preisermittlung —, sonst in den Ausführungszeichnungen darzustellen.

Diese Regelung bezieht sich nicht nur auf Bauwerke im engeren Sinne, sondern auch auf Bauteile oder Leistungsteile wie Einfassungen, Beläge u. ä. (siehe auch Rdn 355).

0.1.31 ob nach bestimmten Zeichnungen oder nach Aufmaß abgerechnet werden soll.

247 Aus Gründen der Rationalisierung der Abrechnung ist die Leistung nach Zeichnnungen zu ermitteln und abzurechnen (siehe auch Rdn 400 bis 409). Es ist zu empfehlen, daß in der Leistungsbeschreibung oder an anderer geeigneter Stelle in den Ausschreibungsunterlagen die für die Ermittlung der Leistung anzuwendende Zeichnung angegeben wird. In der Regel wird dies die letztgültige Ausführungszeichnung sein, gegebenenfalls durch den Auftraggeber ergänzt bei ev. nachträglich örtlich angegebenen Ausführungsänderungen.

Soll örtlich aufgemessen werden, ist dies wegen des Ausnahmecharakters dieser Ermittlungsart ausdrücklich anzugeben.

Grundsätzlich ist hier zu beachten, daß bei Ermittlung nach Zeichnungen Flächen und Längen in der Regel in der Projektion erfaßt werden, dagegen bei örtlichem Aufmaß in der Abwicklung, wenn in der Leistungsbeschreibung nicht auch bei letzterem die Ermittlung in der Projektion (Staffelmessung) vorgeschrieben ist.

Da der Unterschied im Ermittlungsergebnis zwischen beiden Ermittlungsarten (Projektion und Abwicklung) erheblich sein kann, ist gemäß VOB/A § 9 Nr. 4 die vorgesehene Art der Ermittlung eindeutig in den Ausschreibungsunterlagen anzugeben (siehe auch Rdn 401 ff.).

0.1.32 **Leistungen nach Abschnitt 4.2 in besonderen Ansätzen, wenn diese Leistungen keine Nebenleistungen sein sollen.**

248

Bei Baustellen größeren Umfanges, aber auch Baustellen, bei denen mit häufigen Unterbrechungen zu rechnen ist oder bei denen mit einer Veränderung der Baustelleneinrichtung auf den Baustellen (Umsetzen) aus durch den Auftraggeber zu vertretenden Umständen zu rechnen ist, empfiehlt sich für das Einrichten und Räumen der Baustelle sowie für das Vorhalten der Baustelleneinrichtung die Aufnahme dieser Leistungen in besonderen Ansätzen in das Leistungsverzeichnis.

Bei Unterbrechungen kann z. B. das wiederholte Einrichten und Räumen der Baustelle günstiger sein als das Vorhalten der Baustelleneinrichtung in den Unterbrechungszeiten (Sicherung gegen Diebstahl und Einbruch usw.). Ein Umsetzen der Baustelleneinrichtung auf der Baustelle aus durch den Auftraggeber zu vertretenden Umständen kommt in der Praxis häufiger vor, als man gemeinhin annehmen möchte. Fehlt dann eine entsprechende Preisvereinbarung, ist dies meist mißlich und wird dann leider häufig zu überhöhten Vergütungsforderungen genutzt.

Ergeben sich gegenüber den ursprünglich vereinbarten Vorhaltungsfristen vom Auftraggeber zu vertretende Verlängerungen, ist es nützlich, wenn dazu entsprechende Preise vorsorglich vereinbart wurden oder überhaupt eine Preisbasis für Verhandlungen über die Vergütung für die Verlängerungsfrist vorliegt. Auch können um die Einrichtungs- und Vorhaltungskosten bereinigte Baustellen-Gemeinkosten die Preisverhandlungen bei Leistungsmehrungen oder -minderungen nach VOB/B § 2 Nr. 3 erleichtern (siehe dazu auch Rdn 358 ff.).

0.1.33 **Leistungen nach Abschnitt 4.3 in besonderen Ansätzen.**

249

Ist mit der Ausführung von Leistungen nach Abschnitt 4.3 zu rechnen, sind dafür entsprechende Ansätze in der Leistungsbeschreibung vorzusehen.

Die Mehrzahl dieser Leistungen ist vorstehend bereits angesprochen worden. Zu erwähnen sind noch ergänzend:

Beseitigen von Hindernissen und störenden Bodenarten usw. nach Abschnitt 4.3.5.

Liefern von Wasser bei Unterhaltungsarbeiten nach Abschnitt 4.3.9.

Bauarbeiten zur Aufrechterhaltung des Verkehrs usw. nach Abschnitt 4.3.10.

Vorhalten von Räumen bei Unterhaltungsarbeiten usw. nach Abschnitt 4.3.11.

Zusätzliche Maßnahmen zur Weiterarbeit bei Frost und Schnee usw. nach Abschnitt 4.3.13.

0.2 In der Leistungsbeschreibung sind Angaben zu folgenden Abschnitten nötig, wenn der Auftraggeber eine abweichende Regelung wünscht:

250 Die nachfolgend genannten Möglichkeiten zur Abweichungsregelung sind nur als Beispiele anzusehen. In der Praxis sind unter Berücksichtigung der DIN 18 320 zugrundeliegenden Fachnormen noch weitere Fälle möglich, für die Abweichungsregelungen in Frage kommen. Schon aus diesem Grunde ist es nicht zu vertreten, daß man aus „Vereinfachungsgründen" in das Leistungsverzeichnis z. B. Formulierungen aufnimmt wie „Rasen herstellen nach DIN 18 917". Zu einer nach VOB/A § 9 einwandfreien Beschreibung einer Leistung, hier einer Rasenansaat, ist die Angabe vieler Einzelheiten erforderlich, insbesondere die klare Benennung des Rasentypes, der Gattungs- und Artenanteile, der Sorten, der Saatgutmenge je m^2, Einbringungstiefe, Einbringungsart (ein Arbeitsgang oder 2 Arbeitsgänge, gekreuzt mit je der Hälfte der Saatgutmenge) usw.

0.2 Abschnitt 1.2 (Leistungen mit Lieferung der Stoffe, Bauteile und Pflanzen)

251 Soll von der einheitlichen Vergabe, also der Vergabe der Leistung einschließlich der Lieferung der dazugehörigen Stoffe, Bauteile, Pflanzen und Pflanzenteile, durch Beistellen von Stoffen usw. durch den Auftraggeber abgewichen werden, ist dies in dem Leistungsverzeichnis und zwar zu jeder betreffenden Position ausdrücklich anzugeben. Nur so kann eine zweifelsfreie Preisbildung gesichert werden.

252 An dieser Stelle wird ausdrücklich darauf hingewiesen, daß im Abschnitt 0 an verschiedenen Stellen die Aufzählung „Stoffe, Bauteile, Pflanzen, Pflanzenteile" oft verkürzt angesprochen wurde. In jedem Falle ist diese Aufzählung so vollständig wie der Titel zu Hauptabschnitt 2 zu verstehen und anzuwenden. Die betreffenden Abschnitte des Hauptabschnittes 0 gelten also stets auch für Pflanzenteile, auch wenn diese im Text nicht angesprochen wurdem

0.2 Abschnitt 2.1 (Vorhalten von Stoffen und Bauteilen)

253 Stoffe und Bauteile, die nicht in die Leistung eingehen, können nach Abschnitt 2.1 gebraucht sein. Wünscht der Auftraggeber z. B. einen Bauzaun aus nur neuen Bauteilen, muß er dies im Leistungsverzeichnis angeben.

0.2 Abschnitt 2.2.1 (Liefern ungebrauchter Stoffe und Bauteile, Herkunft von Pflanzen und Pflanzenteilen)

254 Können für die Leistung abweichend zu Abschnitt 2.2.1 auch gebrauchte Stoffe, wie z. B. gebrauchte Rohholz-Stangen für Sicherungsbauwerke, verwendet werden, ist dies, da oft von erheblichem Einfluß auf die Preisgestaltung, in dem Leistungsverzeichnis anzugeben.

0.2 Abschnitt 5.1.1 (Berechnung von Flächen)

255 Die Festlegung, ob Flächengrößen aus Zeichnungen oder nach örtlichem Aufmaß durch Messung in der Abwicklung oder durch Messung in der Projektion ermittelt werden sollen, ist in der Leistungsbeschreibung bzw. den Ausschreibungsunterlagen an geeigneter Stelle anzugeben (siehe dazu auch Rdn 247 und Rdn 401 ff.).

0.2 Abschnitt 5.1.4 (Abrechnung von Abtrag)

256 Die Abrechnungsart, d. h. die Abrechnung bei Abträgen an der Entnahmestelle (nach fester Masse) oder in Transportgefäßen (nach loser Masse) ist in dem Leistungsverzeichnis zu nennen (siehe auch Rdn 412 ff.).

0.2 Abschnitt 5.1.6 (Ermittlung von Anschüttungen, Andeckungen u. ä.)

257 Bei Anschüttungen, Andeckungen, dem Schichteneinbau u. ä. ist die Massenermittlung im fertigen Zustand an den Auftrags- bzw. Einbaustellen, aber auch an der Entnahmestelle (z. B. an Oberboden-Lagern) und in Transportgefäßen möglich. Da die benötigten Massen hinsichtlich ihrer Ermittlungsergebnisse bei den drei genannten Ermittlungsverfahren erheblich differieren, (nach Einbau verdichtete Masse, lose Masse oder natürlich dicht gelagerte Masse) ist das vorgesehene Ermittlungsverfahren in der Leistungsbeschreibung zweifelsfrei anzugeben. Es genügt nicht, wenn aus dem Leistungstext auf das eine oder andere Verfahren geschlossen werden könnte. Eine Formulierung wie „Die Massenermittlung erfolgt nach . . .“ wird dringend angeraten (siehe auch Rdn 416).

0.2 Abschnitt 5.2.2 (Abrechnung bei Naß- und Trockensaaten)

258 Für die Abrechnung von Naß- und Trockensaaten ist in der Regel die Abrechnung nach Flächeneinheit (m^2) vorgesehen. Bei unebenen Fels- und Felstrümmerflächen wird die Möglichkeit der Abrechnung nach Raummaß (m^3) der aufgewendeten Stoffmenge genannt. Diese ist jedoch, wenn beabsichtigt, in dem Leistungsverzeichnis anzugeben. Dies gilt auch für den Fall der Abrechnung der gesamten Leistung (Spritzflüssigkeit einschließlich Saatgut und Zuschlagstoffe), also auch bei ebenen Flächen, nach Raummaß (m^3).

259 Grundsätzlich ist hier zu sagen, daß die im Abschnitt 5.2 genannten Abrechnungseinheiten der Regelfall sind und wenn mehrere Einheiten (wie

z. B. bei Abschnitt 5.2.3) genannt sind, die erstgenannten Einheiten den Regelfall darstellen. Wenn in dem Leistungsverzeichnis nichts anderes gesagt worden ist, gilt dann für die Abrechnung stets der Regelfall.

1 Allgemeines

1.1 DIN 18 320 „Landschaftsbauarbeiten" gilt nicht für Bodenarbeiten, die anderen als vegetationstechnischen Zwecken dienen (siehe DIN 18 300 „Erdarbeiten") und nicht für Pflanz- und Saatarbeiten zur Sicherung an Gewässern, Deichen und Küstendünen (siehe DIN 18 310 „Sicherungsarbeiten an Gewässern, Deichen und Küstendünen").

260 Im Abschnitt 1.1 wird entsprechend den Gepflogenheiten des Hauptausschusses Hochbau, der für DIN 18 320 zuständig ist, nur gesagt, für welche Bereiche DIN 18 320 nicht zuständig ist (der Hauptausschuß Tiefbau nennt dagegen in seinen Normen auch den Nichtgeltungsbereich neben dem Geltungsbereich).

Der Hauptausschuß Hochbau stellt sich auf den Standpunkt, daß der Geltungsbereich einer ATV — viel klarer als es ein kurzgefaßter Satz in Abschnitt 1 vermag — aus dem Inhalt der ATV, insbesondere aus deren Abschnitt 3 hervorgeht.

Der Abschnitt 3 der DIN 18 320 umfaßt:

Bodenarbeiten für vegetationstechnische Zwecke (nach DIN 18 915 Teil 3)

Pflanzarbeiten (nach DIN 18 916)

Rasen im Landschaftsbau (nach DIN 18 917)

Sportrasen (nach DIN 18 035 Teil 4)

Sicherungsarbeiten (nach DIN 18 918)

Sportplätze (nach DIN 18 035 Teile 4 und 5)

Fertigstellungspflegearbeiten (nach DIN 18 916, DIN 18 917, DIN 18 918 und DIN 18 035 Teile 4 und 5)

Unterhaltungsarbeiten (nach DIN 18 919)

Mit dieser Aufzählung ist der Geltungsbereich der DIN 18 320 vollständig erfaßt.

Allen anderen Leistungen im Rahmen einer landschaftsbaulichen Gesamtleistung sind die jeweils zutreffenden ATV des Teiles C der VOB zugrunde zu legen.

Die wichtigsten ATV hierzu sind:

DIN 18 300 Erdarbeiten

DIN 18 306 Entwässerungskanalarbeiten

DIN 18 307 Gas- und Wasserleitungsarbeiten im Erdreich

DIN 18 310 Sicherungsarbeiten an Gewässern, Deichen und Küstendünen

DIN 18 315 Straßenbauarbeiten, Oberbauschichten ohne Bindemittel
DIN 18 316 Straßenbauarbeiten, Oberbauschichten mit hydraulischen Bindemitteln
DIN 18 317 Straßenbauarbeiten, Oberbauschichten mit bituminösen Bindemitteln
DIN 18 318 Straßenbauarbeiten, Steinpflaster
DIN 18 330 Mauerarbeiten
DIN 18 331 Beton- und Stahlbetonarbeiten
DIN 18 332 Naturwerksteinarbeiten
DIN 18 333 Betonwerksteinarbeiten
DIN 18 334 Zimmer- und Holzbauarbeiten
DIN 18 360 Metallbauarbeiten, Schlosserarbeiten
DIN 18 367 Holzpflasterarbeiten

261 Zu beachten ist jedoch, z. B. bei Sportplatzbauarbeiten, daß hierbei einzubauende bituminöse Tragschichten nicht nach DIN 18 317 oder Wasserleitungsrohre nicht nach DIN 18 307 zu behandeln sind. Für diese Leistungen ist der technische Teil in den Fachnormen geregelt, für die vertragsrechtlichen Fragen wie Nebenleistungen und Abrechnung gilt DIN 18 320. Wünscht ein Auftraggeber eine andere Regelung, muß er dies in den Ausschreibungsunterlagen deutlich machen.

1.2 Alle Leistungen umfassen auch die Lieferung der dazugehörigen Stoffe, Bauteile, Pflanzen und Pflanzenteile einschließlich Abladen und Lagern auf der Baustelle, wenn in der Leistungsbeschreibung nichts anderes vorgeschrieben ist.

262 Diese Festlegung entspricht dem wichtigen Grundsatz der einheitlichen Vergabe gemäß VOB/A § 4 Nr. 1. Den Ausführungen zu Rdn 10 ist an dieser Stelle nichts hinzuzufügen.

263 Einer eindeutigen Klärung bedarf aber die Frage, ob auch durch den Auftraggeber beigestellte Stoffe, Bauteile, Pflanzen und Pflanzenteile durch den Auftragnehmer ohne gesonderte Vergütung abzuladen und auf der Baustelle zu lagern sind.

Die Kommentare zu einzelnen ATV nehmen hier eine unterschiedliche bzw. gegensätzliche Stellung ein. So wird von einigen Kommentatoren das Abladen und Lagern der bauseitigen Lieferungen als zur Leistung gehörig betrachtet, der Lade- und Lagerungsaufwand also als in dem Leistungsaufwand enthalten und als mit dem vertraglichen Einheitspreis als abgegolten angesehen. Dem Auftragnehmer steht demnach keine gesonderte Vergütung zu, auch wenn der erforderliche Aufwand noch so hoch ist, z. B. bei Einsatz von Fördergeräten wie Kränen o. ä. .

Demgegenüber steht die Auffassung wie sie BAUMANN in Kommentar zu DIN 18 331 und DIN 18 316 vertritt. Er stellt sich auf den Standpunkt, daß das Abladen der vom Auftraggeber gelieferten Stoffe usw. zur Lieferung und nicht zur Leistung gehört. Das Abladen muß also der Auftraggeber besorgen. Er kann sich dazu entweder des Lieferanten bedienen oder den Auftragnehmer damit beauftragen. Der Abladeaufwand ist also an den Lieferanten gesondert zu vergüten oder ist im Lieferpreis enthalten. Bei dem Abladen durch den Auftragnehmer ist mit diesem dafür ein Preis zu vereinbaren oder das Abladen wird gegen Nachweis zu den in der Regel zuvor vereinbarten Stundenlohnpreisen vergütet.

BAUMANN begründet seine Auffassung mit der Festlegung im Standardsatz zu Abschnitt 4.1.8:

> „Befördern aller Stoffe, Bauteile, Pflanzen und Pflanzenteile, auch wenn sie vom Auftraggeber beigestellt sind, von den Lagerstellen auf der Baustelle zu den Verwendungsstellen und etwaiges Rückbefördern."

Hier wird von dem Befördern der Stoffe usw. von den Lagerstellen auf der Baustelle zur Verwendungsstelle und etwaigem Rückbefördern gesprochen und die Gleichbehandlung der vom Auftraggeber beigestellten (gelieferten) Stoffe mit den vom Auftragnehmer gelieferten Stoffen usw. ausdrücklich genannt. Weiter ist im Gegensatz zu Abschnitt 1.2 im Abschnitt 4.1.8 nicht die Rede von Abladen und dem Befördern zur Lagerstelle für vom Auftraggeber beigestellte Stoffe, Bauteile, Pflanzen und Pflanzenteile. Es wird demnach vorausgesetzt, daß das Abladen und Befördern der bauseitigen Lieferung zur Lagerstelle ein Teil der bauseitigen Leistung ist.

Wir möchten uns dieser Auffassung anschließen. Wenn die DIN 18 320 in Abschnitt 1.2 bei Abladen und Befördern zur Lagerstelle ebenfalls die Gleichbehandlung der vom Auftraggeber gelieferten Stoffe usw. mit den vom Auftragnehmer gelieferten Stoffen usw. beabsichtigt hätte, wäre das wie in Abschnitt 4.1.8 zum Ausdruck gebracht worden.

Das Abladen und Befördern zur Lagerstelle auf der Baustelle von durch den **Auftraggeber** gelieferten Stoffen, Bauteilen, Pflanzen und Pflanzenteilen ist also eine **gesondert zu vergütende zusätzliche Leistung**. Sie ist nicht, wie bei den durch den **Auftragnehmer** gelieferten Stoffen, Bauteilen, Pflanzen und Pflanzenteilen eine **vertragliche Nebenleistung.**

264 Herauszustellen ist noch der Unterschied zwischen einer Lagerung von Pflanzen und dem Einschlagen von Pflanzen auf der Baustelle (siehe dazu auch DIN 18 916 Abschnitt 5.1.3 und 5.1.4).

Werden vom Auftragnehmer Pflanzen geliefert, hat er diese nur nach Abschnitt 5.1.3 der DIN 18 916 zu lagern, nicht wie nach Abschnitt 5.1.4 der DIN 18 916 einzuschlagen. Damit ist die vertragliche Nebenleistung nach Abschnitt 1.2 erfüllt.

265 Die Lagerzeit von Pflanzen auf der Baustelle ist auf 48 Stunden begrenzt, gerechnet vom Zeitpunkt des Eintreffens der Pflanzen auf der Baustelle. Wird diese Frist überschritten, weil die Pflanzen nicht rechtzeitig gepflanzt werden können, ist einzuschlagen. Dieses Einschlagen ist jedoch eine Leistung, keine Nebenleistung. Ob diese Leistung jedoch vergütet wird, muß der Auftraggeber in der Leistungsbeschreibung zu erkennen geben. Nimmt er für diese Leistung keine Position in das Leistungsverzeichnis auf oder spricht er den Einschlag auch nicht an anderer Stelle in den Ausschreibungsunterlagen, z. B. in Zusätzlichen Technischen Vorschriften an, muß davon ausgegangen werden, daß er Leistungen für einen Einschlag nicht für erforderlich hält und daher nicht gesondert vergüten will. Es bleibt dann im Ermessen des Auftragnehmers, ob er z. B. die Pflanzen so anliefern läßt, wie er sie rechtzeitig pflanzen kann — also innerhalb von 48 Stunden — oder ob er es aus organisatorischen Gründen für den Ablauf der Pflanzung für günstiger hält, wenn er zunächst alle Pflanzen auf die Baustelle nimmt, einschlägt und dann pflanzt. Diese Entscheidung wird nach dem Einzelfall verschieden ausfallen. Sie liegt jedoch im Ermessen des Auftragnehmers, er muß die Vorteile und Nachteile des einen oder anderen Falles abwägen und in seiner Kalkulation berücksichtigen. Ein Anspruch auf eine gesonderte Vergütung für den Einschlag erwächst im Regelfalle aber nicht.

Hat der Auftragnehmer jedoch mit einer Pflanzarbeit innerhalb von 48 Stunden gerechnet, die Pflanzen abgerufen und es tritt dann durch einen Umstand, den er nicht zu vertreten hat, die Nichtmöglichkeit der Pflanzarbeit ein und kann er die Lieferung der Pflanzen nicht mehr aufhalten und muß dann einschlagen, hat er Anspruch auf die Vergütung des Aufwandes für den Einschlag. Er muß jedoch die Absicht des sofortigen Pflanzens und sein Nichtverschulden an der Verhinderung der Pflanzarbeit nachweisen (VOB/B, § 4 Nr. 5).

Ist von der Auftraggeberseite aus zu erwarten, daß es z. B. durch evtl. Terminverschiebungen durch andere Unternehmer auf der Baustelle zur Nichteinhaltung der vorgesehenen Pflanztermine kommt, sollte in das Leistungsverzeichnis eine entsprechende Position für den Einschlag aufgenommen werden. Dies könnte auch eine Bedarfsposition sein, über deren Inanspruchnahme im Bedarfsfalle, z. B. die Behinderung der Pflanzarbeit über einen bestimmten Termin hinaus, dann bei Bedarf verhandelt werden kann.

266 Müssen vom Auftraggeber beigestellte Pflanzen wegen erforderlicher Überschreitung der Lagerungsfrist von 48 Stunden eingeschlagen werden, ist diese Leistung zu vergüten.

Dies gilt jedoch nur, wenn das Überschreiten der Lagerungsfrist vom Auftraggeber zu vertreten ist, z. B. wegen Anlieferung einer größeren Pflanzenanzahl als sie innerhalb von zwei Tagen gepflanzt werden kann.

1.3 Stoffe und Bauteile, die vom Auftraggeber beigestellt werden, hat der Auftragnehmer rechtzeitig beim Auftraggeber anzufordern.

267 Die richtige Terminierung von bauseitigen Lieferungen erweist sich in der Praxis sehr häufig als Problem. Entweder kommen die Lieferungen zu spät oder viel zu früh. Die Terminierung sollte sehr frühzeitig erfolgen. Es ist sicher nicht unbillig vom Auftraggeber zu verlangen, daß er dem Auftragnehmer schon zu Beginn der Arbeiten die Lieferfristen der jeweiligen Lieferanten nennt. Versäumt dann der Auftragnehmer den rechtzeitigen Abruf, muß er sich evtl. Nachteile zu seinen Lasten anrechnen lassen, denn er allein ist nach VOB/B § 4 Nr. 2 für die vertragliche Ausführung der Leistung verantwortlich. Dies gilt auch für den Fall des Versäumens eines rechtzeitigen Erkundens von evtl. Lieferfristen.

Der Auftraggeber seinerseits ist gehalten im Rahmen seiner Bereitstellungsverpflichtung nach VOB/B § 3 Nr. 1, die sinngemäß auch für bauseitige Lieferungen als geltend anzusehen ist, für Liefertermine zu sorgen, die einem normalen Bauablauf entsprechen. Entstehen dem Auftragnehmer begründbare Mehrkosten, die durch falsche Terminvereinbarungen zwischen Auftraggeber und Lieferant verursacht wurden, kann er deren Vergütung fordern, auch darf ihm eine dadurch gegebenenfalls entstehende Baufristenüberschreitung nicht angelastet werden, z. B. Wirksamwerden von Vertragsstrafen. Schließlich begründet eine vom Auftraggeber verursachte Verzögerung für den Auftragnehmer die Berechtigung (und Pflicht) zur Anmeldung von Bedenken (gegen die vorgesehene Art der Ausführung) nach VOB/B, § 4 Nr. 3 sowie die Pflicht zur Anzeige der Behinderung nach VOB/B, § 6.

2 Stoffe, Bauteile, Pflanzen und Pflanzenteile

268 Im Gegensatz zu anderen ATV ist die Überschrift des Hauptabschnittes um die Begriffe „Pflanzen, Pflanzenteile“ erweitert worden. Dies ist nicht nur durch eine emotionale Scheu vor einer Bezeichnung einer Pflanze als „Stoff“ oder „Bauteil“ entstanden, sondern ist vielmehr in dem besonderen Charakter einer Pflanze oder eines Samens als lebendes Individuum begründet, der gegenüber den toten Stoffen oder Bauteilen in der Regel eine besondere Behandlung und somit auch eine besondere Bezeichnung und Betrachtung erfordert.

269 Als Pflanzen werden hier alle vollständigen Pflanzen, d. h. bewurzelten Pflanzen verstanden wie Gehölze, Stauden sowie Ein- und Zweijahresblumen, aber auch Fertigrasen. Pflanzenteile sind einmal Samen von Gräsern, Kräutern, Gehölzen usw. und zum anderen die bei Lebendbauweisen zur Verwendung kommenden Teile von Gehölzen wie Steckhölzer, lebende Pflöcke, Setzstangen und lebende Ruten.

2.1 Vorhalten

Stoffe und Bauteile, die der Auftragnehmer nur vorzuhalten hat, die also nicht in das Bauwerk eingehen, können nach Wahl des Auftragnehmers gebraucht oder ungebraucht sein, wenn in der Leistungsbeschreibung darüber nichts vorgeschrieben ist.

270 Stoffe und Bauteile, die nur für die Herstellung oder die Änderung eines Bauwerkes benötigt werden, ohne jedoch beim Bauwerk auf Dauer bzw. über die Bauzeit hinaus zu verbleiben, sind als vorzuhaltende Stoffe und Bauteile zu verstehen. Als geradezu klassische Beispiele können der Bauzaun und normales Schalmaterial gelten.

Diese Stoffe und Bauteile können nach Wahl des Auftragnehmers gebraucht oder ungebraucht sein. Dieses Wahlrecht entspricht dem Grundsatz der Eigenverantwortlichkeit bei der Durchführung der Bauleistung und trägt dem Prinzip einer wirtschaftlichen Bauweise Rechnung. Die Grenze für den Gebrauchtheitsgrad liegt bei der einwandfreien Funktionstüchtigkeit der betreffenden Stoffe und Bauteile, insbesondere wenn sie zur Sicherung gegen Unfallgefahren eingesetzt werden sollen.

Wünscht der Auftraggeber jedoch die Verwendung von ungebrauchten Stoffen und Bauteilen, was schon aus Kostengründen die Ausnahme sein wird, muß er dies rechtzeitig, d. h. in dem Leistungsverzeichnis angeben.

2.2. Liefern

2.2.1 Allgemeine Anforderungen

Stoffe und Bauteile, die der Auftragnehmer zu liefern und einzubauen hat, die also in das Bauwerk eingehen, müssen ungebraucht sein, wenn in der Leistungsbeschreibung nichts anderes vorgeschrieben ist.

Sie müssen für den jeweiligen Verwendungszweck geeignet sein. Pflanzen und Pflanzenteile müssen aus Anzuchtbeständen stammen, wenn in der Leistungsbeschreibung nichts anderes vorgeschrieben ist, z. B. Herkunft aus Wildbeständen.

Stoffe, Bauteile, Pflanzen und Pflanzenteile, für die DIN-Normen bestehen, müssen den DIN-Güte- und Maßbestimmungen entsprechen.

Stoffe und Bauteile, die nach den behördlichen Vorschriften einer Zulassung bedürfen, müssen amtlich zugelassen sein und den Zulassungsbedingungen entsprechen.

Stoffe und Bauteile, für die weder DIN-Normen bestehen noch eine amtliche Zulassung vorgeschrieben ist, dürfen nur mit Zustimmung des Auftraggebers verwendet werden. Für die gebräuchlichsten genormten Stoffe, Bauteile, Pflanzen und Pflanzenteile sind die DIN-Normen nachstehend aufgeführt.

271 Im Gegensatz zum Vorhalten müssen alle Stoffe und Bauteile, die in die Leistung eingehen, ungebraucht sein, es sei denn der Auftraggeber hat ausdrücklich die Verwendung von gebrauchten Stoffen oder Bauteilen zugelassen. Dies können z. B. gebrauchtes Bauholz für Sicherungsbauwerke, gebrauchte Bahnschwellen für Palisaden, gebrauchtes Pflaster für Beläge u. ä. sein.

272 Von besonderer, gegebenenfalls schwerwiegender Bedeutung ist die Forderung nach Eignung der vorgeschriebenen Stoffe für den vorgesehenen Verwendungszweck. Hier erwächst zunächst dem Auftraggeber die Pflicht zu einer sorgfältigen Auswahl der von ihm zur Verwendung vorgesehenen Stoffe oder Bauteile, andererseits obliegt dem Auftragnehmer die Pflicht zur Überprüfung der Eignung der vom Auftraggeber geforderten Stoffe gemäß VOB/B § 4 Nr. 3 (Bedenken gegen die vorgesehene Art der Ausführung). Dies gilt auch für vom Auftraggeber beigestellte Stoffe und Bauteile.

273 Die Forderung nach einer Herkunft von Pflanzen aus Anzuchtbeständen ist mit der besseren Verpflanzbarkeit und der in der Regel besseren Beschaffenheit als sie Pflanzen aus Wildbeständen aufweisen können, begründet.

Schließlich haben die bekannten Anwachsmißerfolge mit Wildpflanzen, wie z. B. bei Birken aus dem „Moor", zu dieser Festlegung geführt.

274 Schließlich ist die Forderung genannt, daß die Stoffe, Bauteile, Pflanzen und Pflanzenteile, für die DIN-Normen bestehen, diesen hinsichtlich deren Güte- und Maßbestimmungen entsprechen müssen. Diese Forderung schützt den Auftraggeber vor unkontrollierten, ungeprüften oder auch noch nicht erprobten Stoffen oder Bauteilen, die gegebenenfalls die Bauleistung mit Risiken oder auch Mängeln, wenn auch unbeabsichtigt, belasten könnten. Schließlich vereinfacht das Verwenden von genormten Stoffen oder Bauteilen die Ausschreibung, da deren Beschaffenheit ausreichend festgelegt ist.

275 Als Stoffe oder Bauteile, die nach behördlichen Vorschriften einer Zulassung bedürfen, können beispielhaft Pflanzenschutzmittel (Pflanzenschutzgesetz), Dünger (Düngemittelgesetz) und Saatgut (Gesetz über den Verkehr mit Saatgut) genannt werden.

276 Die Festlegung über das Erfordernis der Zustimmung durch den Auftraggeber bei beabsichtiger Verwendung von nicht genormten oder nicht amtlich zugelassenen Stoffen und Bauteilen ist eindeutig und bedarf keiner Kommentierung.

Fordert der Auftraggeber selbst die Verwendung solcher Stoffe oder Bauteile und sind diese dem Auftragnehmer hinsichtlich ihrer Eignung unbekannt, sollte er auf diese Umstände eindeutig hinweisen, gegebenenfalls ausdrücklich Bedenken anmelden (VOB/B § 4 Nr. 3).

277 In der ATV sind dann nachfolgend die gebräuchlichsten Stoffe, Bauteile, Pflanzen und Pflanzenteile aufgeführt:

2.2.2 Boden, Bodenverbesserungsstoffe, Dünger

DIN 18 915 Teil 2 Landschaftsbau; Bodenarbeiten für vegetationstechnische Zwecke, Boden, Bodenverbesserungsstoffe, Dünger, Anforderungen.

2.2.3 Pflanzen, Pflanzenteile und Hilfsstoffe für Pflanzarbeiten

DIN 18 916 Landschaftsbau; Pflanzen und Pflanzarbeiten, Beschaffenheit von Pflanzen, Pflanzverfahren.

2.2.4 Saatgut, Fertigrasen

DIN 18 917 Landschaftsbau; Rasen, Saatgut, Fertigrasen, Herstellen von Rasenflächen.

2.2.5 Lebende und nichtlebende Sicherungsbaustoffe

DIN 18 918 Landschaftsbau; Sicherungsbauweisen, Sicherungen durch Ansaaten, Bauweisen mit lebenden und nichtlebenden Stoffen und Bauteilen, kombinierte Bauweisen.

2.2.6 Sportplatz-Baustoffe

DIN 18 035 Teil 4 Sportplätze; Rasenflächen, Anforderungen, Pflege, Prüfung

DIN 18 035 Teil 5 Sportplätze; Tennenflächen, Anforderungen, Prüfung, Pflege.

2.2.7 Stoffe für Pflegemaßnahmen

DIN 18 919 Landschaftsbau; Unterhaltungsarbeiten bei Vegetationsflächen, Stoffe, Verfahren.

278 Diese Liste der gebräuchlichsten genormten Stoffe usw. ist, wie aus dem Wortlaut hervorgeht, nur als Beispiel anzusehen, zumal sie nur Gruppenbezeichnungen aufführt. Einerseits würde die vollständige Nennung aller in diesen Normen genannten Stoffe usw. den für die Gestaltung einer ATV üblichen Rahmen sprengen, andererseits ist die Normung nicht etwas endgültiges. Sie wird laufend fortentwickelt, so auch auf diesem Fachgebiet. Da neue Normen stets mit Erscheinen wirksam werden, zählen sie dann auch automatisch zum Geltungsbereich dieser ATV, also auch ohne daß sie bereits heute schon bekannt und genannt sind.

279 Eine besondere Anmerkung ist noch zu Abschnitt 2.2.6 erforderlich. Während in der Fassung 1973 der DIN 18 320 hier die gesamte DIN 18 035 aufgeführt war, enthält die Fassung des Ergänzungsbandes 1976 hier nur die Teile 4 und 5 dieser DIN 18 035. Der Hauptausschuß Hochbau begründet diese Einschränkung mit der Notwendigkeit der Beschränkung dieser ATV auf bereits vorliegende DIN-Normen bzw. DIN-Normenteile. Da jedoch auch für die übrigen, später erschienenen Normenteile der DIN 18 035 der vertragsrechtliche Rahmen einer ATV erforderlich ist, sollte der vom HAH zur Fassung 1973 geäußerten Absicht nach Einbeziehung aller Teile der DIN 18 035 in den Bereich der DIN 18 320 gefolgt werden.

Da diese Notwendigkeit jedoch nicht aus dem Wortlaut der Fassung 1976 der DIN 18 320 ablesbar ist, empfiehlt sich in den Ausschreibungs- bzw. Vertragsunterlagen die Geltung der DIN 18 320 auch für die Teile 2, 3, 6 und 8 (bisher erschienen) der DIN 18 035 ausdrücklich anzugeben.

3 Ausführung

3.1 Allgemeines

280 Der Hauptabschnitt „3 Ausführung" besteht aus zwei Abschnittsgruppen. Während der Abschnitt „3.1 Allgemeines", wie sein Titel bereits aussagt, allgemeine Regelungen für die Ausführung der Leistungen zum Gegenstand hat, nennen die Abschnitte 3.2 bis 3.8 die für die Ausführung der einzelnen Leistungsgruppen (Bodenarbeiten, Pflanzarbeiten, Rasen usw.) zu beachtenden Normen.

3.1.1 Wenn Verkehrs-, Versorgungs- und Entsorgungsanlagen im Bereich des Baugeländes liegen, sind die Vorschriften und Anordnungen der zuständigen Stellen zu beachten.

281 Diese Festlegung ist ein Standardsatz, der in allen ATV enthalten ist. Hierzu sind auch die Ausführungen zu Rdn 31, Rdn 220 und Rdn 330 zu beachten. Nach VOB/A § 9 Nr. 4 Abs. 5 hat der Auftraggeber in den Ausschreibungsunterlagen über die Lage und die Art derartiger Anlagen Angaben zu machen, insbesondere wenn die Lage und die Art dieser Anlagen Einfluß auf die Ausführung der Leistungen hat, also von Einfluß auf die Preisbildung ist. Der Auftraggeber hat außerdem nach VOB Teil B § 4 Nr. 1 „die erforderlichen öffentlich-rechtlichen Genehmigungen und Erlaubnisse — z. B. nach dem Baurecht, dem Straßenverkehrsrecht, dem Wasserrecht, dem Gewerberecht — herbeizuführen". Damit wird keine vom Auftraggeber gegenüber dem Auftragnehmer zu erfüllende Vertragspflicht begründet. Verstößt jedoch der Auftraggeber gegen diese ihm obliegenden Pflichten, verletzt er damit eine Obliegenheit. deren Befolgung ein Gebot der Wahrung eigener Interessen ist. Ein Verstoß kann z. B. die nicht rechtzeitige Beschaffung der Baugenehmigung sein. Der dadurch entstehende Annahmeverzug wegen nicht Ausführbarkeit der Leistung durch den Auftragnehmer kann eine schuldhafte Leistungsstörung sein, die Schadensersatzansprüche des Auftragnehmers wegen positiver Vertragsverletzung auslösen kann (siehe auch VOB/B § 6 Nr. 6).

282 Wenn Bestimmungen und Vorschriften gesetzlicher und behördlicher Art vorliegen, muß der Auftragnehmer diese gemäß VOB/B § 4 Nr. 2 Abs. 1 beachten. Der vorstehende Unterabschnitt 3.1.1 geht in seiner Forderung über diese Festlegung hinaus, indem er von „zuständigen Stellen" spricht. So sind hier neben den staatlichen Behörden einschl. Bundesbahn und Bundespost auch die kommunalen Einrichtungen gemeint, wie z. B. Verkehrsbetriebe, Versorgungsbetriebe für Gas, Wasser, Strom, Abwasser. Private werden im allgemeinen zu Vorschriften und Anordnungen in diesem Sinne nicht berechtigt sein. Ihre Besitzrechte sind jedoch ebenfalls zu beachten.

283 Hat der Auftraggeber in seinen Ausschreibungsunterlagen keine Angaben gemacht zu Anlagen im Bereich der Baustelle oder zu Vorschriften

und Anordnungen, die von Einfluß auf den Leistungsablauf und somit auf die Preisbildung sind, hat der Auftragnehmer gemäß VOB/B § 2 Nr. 6 Anspruch auf besondere Vergütung von gegebenenfalls zusätzlich erforderlich werdenden Leistungen wie z. B. Umlegungen, Sicherungsmaßnahmen, Verkehrsposten.

284 Der Auftraggeber kann in seinen Ausschreibungsunterlagen aber auch den Auftragnehmer zur Beschaffung bestimmter Genehmigungen verpflichten, so z. B. für Teilsperrung von Straßen.

3.1.2 Die für die Aufrechterhaltung des Verkehrs bestimmten Flächen sind freizuhalten. Der Zugang zu Einrichtungen der Versorgungs- und Entsorgungsbetriebe, der Feuerwehr, der Post und Bahn, zu Vermessungspunkten und dergleichen darf nicht mehr als durch die Ausführung unvermeidlich behindert werden.

285 Im ersten Satz wird von den Verkehrsverhältnissen auf der Baustelle gesprochen (dazu siehe auch unter Rdn 223). Hat der Auftraggeber es versäumt, in seinen Ausschreibungsunterlagen auf freizuhaltende Verkehrsflächen aufmerksam zu machen, die insbesondere von anderen Unternehmern auf der Baustelle benötigt werden und deren Freihaltung in den Leistungsablauf des Auftragnehmers eingreift, hat er gegebenenfalls zusätzlich erforderlich werdende Leistungen gesondert zu vergüten. So wird z. B. die Bodenbearbeitung einer vorherigen Baustraßenfläche, die erst nach Fertigstellung der angrenzenden Flächen möglich wird, infolge der geringen Flächengröße und des ungünstigen Flächenzuschnittes in der Regel eine Erschwernis bedeuten, die einen Anspruch auf Preiszuschlag rechtfertigt. Dies gilt auch für das Herstellen dadurch erforderlicher Anschlüsse (Planum, Ansaat usw.).

286 Der zweite Satz bezieht sich auf den Zugang zu einer Reihe von Einrichtungen, wie schon zu Rdn 224 besprochen. Der Zugang zu diesen Einrichtungen darf nicht mehr als durch die Ausführung der Leistung unvermeidbar behindert werden. Die Unvermeidbarkeit wird einmal durch die Art der Baustelle bzw. durch die räumlichen Verhältnisse auf der Baustelle bestimmt. Die möglicherweise auftretenden Zugangsprobleme werden auf großräumigen Baustellen naturgemäß anders sein als bei Baustellen mit geringen Außenanlagenflächen, insbesondere dann, wenn es sich um vielgeschossige Bauten mit den bekannten Schwierigkeiten der Baustelleneinrichtung für eine Vielzahl von gleichzeitig arbeitenden Unternehmern handelt. Hier wird es zu besonderen Anforderungen an den Auftraggeber in Bezug auf die Aufrechterhaltung der allgemeinen Ordnung und Regelung des Zusammenwirkens der verschiedenen Unternehmer gemäß VOB/B § 4 Nr. 1 Abs. 1 Satz 1 kommen.

So wird er hier detaillierte Baustellenordnungs- bzw. Baustelleneinrichtungspläne aufstellen und diese auch aus Gründen des reibungslosen Ablaufes durch Bauzeitenpläne ergänzen müssen.

Der Auftragnehmer ist verpflichtet diesen Anforderungen des Auftraggebers zu folgen.

Auch kann der Auftraggeber den oder auch die Auftragnehmer gemeinsam zur Aufstellung eines Baustellenordnungsplanes verpflichten, der nach Zustimmung durch den Auftraggeber dann die gleiche Wirkung hat.

287 Die Unvermeidbarkeit der Zugangsbehinderung oder -beschränkung wird aber auch durch die Art der Einrichtungen bestimmt. So wird beispielsweise die Zugangsfreiheit zu einem Vermessungspunkt anders zu bewerten sein, als die zu einem Feuerlöschhydranten.

3.1.3 Bei Maßnahmen zum Schutz der Bauwerke, Leitungen, Kabel, Kanäle, Dräne, Wege, Gleisanlagen und dergleichen im Bereich des Baugeländes sind die Vorschriften der Eigentümer oder anderer Weisungsberechtigter zu beachten.

288 Hierzu siehe zunächst die Ausführungen zu Rdn 220, Rdn 281 und Rdn 330.

Die Vorschriften der Eigentümer bei Schutzmaßnahmen können vielfältig sein. Sie können von der Einhaltung von Sicherheitsabständen einschl. Stellung von besonderen Aufsichtspersonen (z. B. bei Hochspannungsanlagen) bis zu umfänglichen Abstützungen (z. B. bei freigelegten Leitungen) reichen.

Über die Vorschriften der Eigentümer hinaus sind auch die Bedingungen der Haftpflichtversicherer (z. B. Kabelsicherung bei Bodenarbeiten, Sicherung bei Baumfällarbeiten) zu berücksichtigen, wie auch sonst ohnehin erforderlich, die Bestimmungen der Berufsgenossenschaften.

289 Die Fragen der Vergütung solcher Schutzmaßnahmen sind im Hauptabschnitt „4 Nebenleistungen" geregelt. So sind Schutz- und Sicherheitsmaßnahmen nach den Unfallverhütungsvorschriften und den behördlichen Bestimmungen stets eine Nebenleistung (Abschnitt 4.1.2). Besondere Maßnahmen zur Sicherung gefährdeter Bauwerke und das Sichern von Leitungen, Kabeln usw. sind jedoch keine Nebenleistungen (Abschnitt 4.3.3 bzw. 4.3.4). Hierzu zählen auch Leistungen zum Auffinden von unterirdischen Leitungen, deren Lage nicht genau bekannt ist (Abschnitt 4.3.12).

3.1.4 Bei Maßnahmen zum Schutz von Bäumen, Pflanzenbeständen und Vegetationsflächen im Baustellenbereich ist DIN 18 920 „Landschaftsbau; Schutz von Bäumen, Pflanzenbeständen und Vegetationsflächen bei Baumaßnahmen" zu beachten.

290 Bereits unter Rdn 215 ff. ist ausführlich auf die Notwendigkeit der Beachtung von DIN 18 920 für diese Schutzmaßnahmen eingegangen worden. An dieser Stelle ist nur noch zu sagen, daß diese Maßnahmen keine Nebenleistungen sind, wie aus deren Einordnung in den Hauptabschnitt 3 hervorgeht. Sie sind wie jede andere Leistung gemäß VOB/A § 9 im Leistungsverzeichnis vorzuschreiben.

3.1.5 Der Auftragnehmer hat auf die Beschaffenheit der örtlichen Verhältnisse hinsichtlich der Eignung für die Durchführung seiner Leistung zu achten und dem Auftraggeber Bedenken gegen die vorgesehene Art der Ausführung unverzüglich schriftlich mitzuteilen (siehe Teil B — DIN 1 961 — § 4 Nr. 3).

Bedenken sind geltend zu machen insbesondere bei:

störenden, gefährdenden oder gefährdeten Verkehrs- und Versorgungsanlagen,

ungeeigneten Bauzeitplanungen, z. B. für Bodenarbeiten, für Saatarbeiten, für Pflanzarbeiten,

ungeeigneten Standortverhältnissen, z. B. Boden, Klima, Wasser, Immissionen,

verunreinigtem Gelände, z. B. durch Chemikalien, Mineralöle, Bauschutt, Bauwerksreste,

durch Baubetrieb gefährdeten Pflanzen und Flächen,

zum Wiederverwenden nicht geeignetem Aufwuchs und Rasen,

vorhandenen Dauerunkräutern in für vegetationstechnische Zwecke vorgesehenen Böden,

Abweichung der Geländeform gegenüber den Planunterlagen,

unzureichend oder unzweckmäßig vorgeschriebener Düngung oder Bodenverbesserung,

unzureichendem Umfang oder unzweckmäßiger Art der vorgeschriebenen Pflegearbeiten.

291 Über die grundsätzliche Bedeutung der Rechte und Pflichten des Auftragnehmers zum Geltendmachen von Bedenken ist bereits im Kommentar zu VOB/B § 4 Nr. 3 unter Rdn 120 hingewiesen worden.

In kaum einer anderen ATV ist im Hauptabschnitt 3 ein derartig ausführlicher Katalog der Anlässe, bei denen Bedenken geltend gemacht werden müssen, enthalten wie in DIN 18 320. Diese Ausführlichkeit ist bedingt durch die Vielfältigkeit der in der DIN 18 320 vereinigten Leistungen und durch die besonderen Erfordernisse im Umgang mit lebenden Pflanzen und Pflanzenteilen.

Grundsätzlich ist jedoch zu beachten, daß die angeführten Anlässe nur als Beispiele anzusehen sind, wenn sie auch die wichtigsten und häufigsten darstellen. In der Praxis, insbesondere in geologischen und klimatischen Extrem-Situationen, können noch weit mehr Anlässe zur Anmeldung von Bedenken gegeben sein.

Dazu im einzelnen:

Störende Verkehrs- und/oder Versorgungsanlagen

292 Die Baustelle kreuzende Wege oder Straßen, auch Baustraßen, kreuzende oder aber auch tangierende Leitungen, Kabel, Kanäle können den Bauablauf mitunter erheblich beeinflussen, gegebenenfalls in der vorgesehenen Form zumindest in Teilbereichen unmöglich machen. Dies kann sich in Hinsicht auf Termine auswirken z. B. Überschreiten der Baufristen oder aber die Durchführbarkeit der Leistung an sich (z. B. zu flache Bo-

denschichten über unterirdischen Versorgungsgängen, Heizkanälen) negativ beeinflussen.

Gefährdende Verkehrs- und Versorgungsanlagen

293 Ein Musterbeispiel für gefährdende Anlagen sind tiefhängende Hochspannungsleitungen, wie man sie z. B. bei Umformerstationen antrifft, auch Schwenkbereiche von Baukränen u. ä. .

Gefährdete Verkehrs- und Versorgungsanlagen

294 Hier ist als Beispiel ein zu flach, d. h. im Bereich der vorgesehenen Bodenbearbeitungstiefe liegendes Kabel anzusehen. Dieser Fall ist in der Praxis recht häufig, da die Versorgungsunternehmen ihre Kabel und sonstigen Leistungen meist nur in das zum Zeitpunkt der Verlegung von ihnen angetroffene Gelände verlegen, bzw. die Verlegungstiefe nach der vorhandenen Geländeoberfläche bestimmen, ohne Rücksicht auf die spätere „planmäßige" Geländehöhe. Werden also zu flach liegende oder auch anderswie gefährdete Einrichtungen angetroffen (Erkundungspflicht des Auftragnehmers), hat der Auftragnehmer neben erforderlichen Sicherungen gegebenenfalls Bedenken anzumelden, wenn die vorgesehene Art der Ausführung die vorhandenen Einrichtungen gefährdet oder gefährden kann. Wegen ev. Möglichkeit von Ersatzansprüchen an den Auftragnehmer bei einem eintretenden Schaden sollte man hier mit der Anmeldung von Bedenken nicht allzu vorsichtig sein, gegebenenfalls sollte man sich bei den Eigentümern dieser Einrichtungen über mögliche Einwirkungsgrenzen erkundigen. Dies können Mindestabstände, Höchstlasten, maximale Erschütterungen usw. sein.

Ungeeignete Bauzeitplanungen

295 Hier sind denkbar bestimmte, oft regionalbedingte ungünstige Jahreszeiten für die Bearbeitung von wasserempfindlichen Böden, den Keimungsprozeß von Rasensaatgut gefährdende Jahreszeiten (Winter, Hochsommer), ungünstige Pflanztermine schlechthin oder aber nur für einzelne Pflanzenarten (z. B. Birken möglichst nicht im Herbst pflanzen).

Ungeeignete Standortverhältnisse

296 Diese können begründet sein in der Beschaffenheit des Bodens, wie Dicke der Bodendecke, Bodenart, Bodenfeuchte, Grundwasserstand, Gehalt an organischer Substanz, Wasserdurchlässigkeit, Wasserspeichervermögen, pH-Wert, die Exposition u. ä. Auch das Klima hat mit seinen Faktoren wie Niederschlagshäufigkeit, Niederschlagsmenge, Tiefst-, Mittel- und Höchsttemperaturen, Kaltluftgegenden, Kaltluftschneisen, Windstärken, Hauptwindrichtungen, Zugluftbewegungen (z. B. zwischen Hochhäu-

sern) u. ä. erheblichen Einfluß auf die zu etablierende Vegetation, insbesondere im Anfangsstadium.

Unter Wasser kann man neben den Faktoren des Wassers im Boden und als Niederschlag wie schon zuvor genannt, die Einwirkungen möglicher Hoch- und Niedrigwasser verstehen. Sonstige Immissionen können vielfältiger Natur sein, wie Staub, Ruß, Abgase, Hitzeabstrahlungen u. a.

Verunreinigtes Gelände

297

Das Baugelände kann durch eine Vielzahl von Stoffen verunreinigt sein, deren Auswirkungen auf die vorgesehene Leistung zu prüfen sind. So wird z. B. Glas im Baugrund eines Rasensportplatzes keine Rolle spielen, im Oberboden einer Liegewiese jedoch unzulässig sein. Chemikalien oder Mineralöle im Baugrund werden, soweit sie die Lagerungsdichte oder die Tragfähigkeit eines Sportplatzes mit Tennenbelag nicht beeinträchtigen, dort nicht von Bedeutung sein, bei einem Rasensportplatz können sie jedoch auch noch im Baugrund für den Rasen tödlich wirken, abgesehen von verbotenen Einwirkungen auf das Grundwasser.

Das immer stärkere Vordringen der chemischen Baustoffe und Bauhilfsstoffe macht eine sorgfältige Überprüfung des Bodens auf mögliche Verunreinigungen immer wichtiger. Auch muß während der Bauzeit auf einen sorgfältigen Umgang mit diesen Stoffen bei allen Unternehmern gedrungen und geachtet werden. Im Schadensfalle ist verunreinigter Boden auszutauschen, der Verursacher zur Kostenerstattung heranzuziehen, wenn nicht sogar Maßnahmen erforderlich werden, wie sie die Umweltschutzgesetzgebung verlangt.

Weiter ist auf die Verunreinigung mit Bauabfällen, die in unverrottbarer und dabei Sperrschichten bildender Art, löslicher und dabei gegebenenfalls schädliche Nebenprodukte entwickelnder Art, zusammenfallender und dabei Bodensetzungen verursachender Art u. ä. auftreten können, zu achten. Im Zeitalter der großen, leistungsfähigen Baumaschinen verschwindet davon sehr viel und zu schnell in zu verfüllenden Bauräumen. Wenn schon die Bauführung des Auftraggebers nicht zuvor auf solche fachwidrigen Arbeitsweisen geachtet hat, muß sie in Kauf nehmen, daß nach entsprechend geltendgemachten Bedenken solche Schuttnester mit meist hohem, gesondert zu vergütendem Aufwand wieder aufgegraben und ihre Inhalte entfernt werden müssen. Ein besonderes Augenmerk ist auf Beton- und Mörtelmischplätze zu richten, bei denen oft tiefreichende Bodenverunreinigungen und Bodenverfestigungen festzustellen sind. Das gleiche gilt für Baustellen-Tankstellen, Heizöllager und Abschmier- und Ölwechselplätze, auch wenn hier die Gesetzgebung wegen der Grundwassergefährdung inzwischen besonders streng geworden ist.

Durch Baubetrieb gefährdete Pflanzen und Flächen

298 Die möglichen Gefährdungen von Pflanzen und von Vegetationsflächen durch den Baubetrieb sind vielfältig. Sie sind in der DIN 18 920 hinreichend beschrieben. Werden vom Auftragnehmer Verstöße gegen diese dort genannten Festlegungen angetroffen, muß er hierzu unbedingt Bedenken geltend machen. Dies ist einerseits erforderlich um den Auftraggeber vor weiterem Schaden zu bewahren und andererseits um sich selbst vor Ansprüchen zu schützen, die ihm dann ev. erst später, weil meist erst später in den Auswirkungen sichtbar, zur Last gelegt werden können. Auf die Notwendigkeit der Erstellung eines Protokolles über den Zustand der Baustelle vor Beginn der Arbeiten gemäß VOB/B § 3 Nr. 4 wird an dieser Stelle besonders hingewiesen (siehe auch Rdn 338 ff.).

Zum Wiederverwenden nicht geeigneter Aufwuchs und Rasen

299 Ist zur Wiederverwendung vorgesehener Aufwuchs (fachlicher wohl besser mit „Pflanzenbestand" zu bezeichnen) für diesen Zweck ungeeignet — z. B. wegen mangelhafter Bewurzelung bei Gehölzen und Stauden, bei Rasen wegen mangelhafter Narbendichte oder zu starker Verunkrautung oder Nichteignung für den vorgesehenen Rasentyp — sind entsprechende Bedenken geltend zu machen. Während die Wiederverwendung von Gehölzen sich meist auf Junggehölze und auf wertvollere Großgehölze beschränkt, ist die Wiederverwendung von Rasen — soweit nicht Schälmaschinen eingesetzt werden können — ohnehin aus wirtschaftlichen Gründen unüblich geworden.

Vorhandene Dauerunkräuter in für vegetationstechnische Zwecke vorgesehenen Böden

300 Das Problem von Dauerunkräutern, die in auf der Baustelle vorhandenen Böden (Oberboden oder auch nach längerer Freilegung verunkrauteter Unterboden) vorhanden sind oder in vom Auftraggeber von anderer Stelle beigestellten Böden, die mehr oder weniger zahlreich mit Dauerunkräutern durchsetzt oder besetzt sind, ist von besonderer Bedeutung.

Während dieses Problem bei Rasenflächen durch geeignete Maßnahmen in der Pflegezeit (Schnitt, selektive chemische Bekämpfung) etwas geringer ist, stellt es sich bei Pflanzflächen, insbesondere bei Bodendecker- und Stauden-Pflanzflächen in aller Schärfe.

In DIN 18 915, Blatt 2, ist in Abschnitt 1.1 und 1.2 ausführlich aufgezählt, was zu den gefährlichen Dauerunkräutern zählt und nicht in für Vegetationsflächen vorgesehenem Boden vorhanden sein darf. In DIN 18 915, Blatt 3, werden in den Abschnitten 7.1 und 7.3 die zur Bekämpfung von Unkräutern notwendigen Maßnahmen genannt.

Enthält nun ein vorhandener Boden Dauerunkräuter in einem Maß, das eine Bekämpfung dieser Unkräuter nach der Pflanzung schwierig erscheinen läßt, sind entsprechende Bedenken geltend zu machen. Die Schwierigkeit der Bekämpfung wird von der Art der Bepflanzung abhängen, d. h. wie dicht stehen diese Pflanzen bzw. wie leicht kann zwischen ihnen gehackt werden, und sie hängt von der Art der vorhandenen Unkräuter ab. So wird z. B. Löwenzahn (Taraxacum officinale) in einer Pflanzfläche weniger kritisch sein als Quecke (Triticum repens), bei Rasenflächen ist dies zumeist umgekehrt.

Unterläßt der Auftragnehmer das Geltendmachen von Bedenken in einem solchen Falle, wird er bei der Fertigstellungspflege mit erheblichen Schwierigkeiten zu kämpfen haben. Macht er rechtzeitig, d. h. vor der Verwendung solcher Böden und berechtigt Bedenken geltend, hat er Anspruch auf eine gesonderte Vergütung von zusätzlichen Leistungen zur Unkrautfreimachung.

Dem Auftraggeber kann an dieser Stelle nur geraten werden, durch geeignete Maßnahmen zur Verwendung vorgesehene Böden von Unkraut freizuhalten oder aufgekommenes Unkraut rechtzeitig, d. h. vor der Samenbildung zu bekämpfen. Setzt er dazu chemische Mittel ein, muß er evtl. Karenzzeiten bis zur geplanten Ansaat oder Pflanzung beachten.

Der rechtzeitigen Freimachung von Böden von Unkraut kann nicht genug Bedeutung zugemessen werden. Nicht alle Dauerunkräuter können — wenn sie erst einmal den Boden verseucht haben — bei der Bodenbearbeitung und der der Pflanzung oder Ansaat nachfolgenden Fertigstellungspflege beseitigt werden, der Rest wird oft bei der Abnahme übersehen. Das Ergebnis sind in kurzer Zeit von Dauerunkräutern besetzte Pflanzflächen, die nie mehr, auch bei noch so hohem Unterhaltungs-Pflegeaufwand unkrautfrei zu bekommen sind, insbesondere wenn es sich um Bodendeckerflächen handelt. Unzählige, total verunkrautete Bodendeckerflächen an und zwischen Verkehrswegen, in Wohnsiedlungen, Dachgärten und Pflanztrögen sind unübersehbare Zeugen für entsprechende Unterlassungen in der Vergangenheit.

Abweichung der Geländeform von den Planunterlagen

301 Recht häufig treten in der Praxis Abweichungen der tatsächlichen Geländeform von den Planunterlagen auf. Als Beispiele seien genannt: Andere Stellung der Gebäude, an die anzuschließen ist, sowohl der Höhe als der Lage nach; ein abweichendes bauseitiges Rohplanum, andere Straßenanschlüsse, usw.

Da es sich hierbei oft nicht nur um gestalterische Probleme handelt, die durch solche Abweichungen bedingt sind, sondern ebenso oft um technische und preisliche Fragen wie zusätzliche Auf- oder Abträge von Boden,

Treppen, Entwässerungen usw., ist das Anmelden von Bedenken unerläßlich. Es geht nicht an, daß aus Nachlässigkeit oder Gleichgültigkeit erst mal so gebaut wird, wie es im Plan angegeben ist und dann der Bauherr vor vollendete, aber falsche Ergebnisse gestellt wird. Schon nach VOB/B § 3 Nr. 3 2. Satz ist der Auftragnehmer im Rahmen der ordnungsgemäßen Vertragserfüllung verpflichtet, alle Vertragsunterlagen und Absteckungen auf etwaige Unstimmigkeiten zu prüfen und den Auftraggeber auf entdeckte oder vermutete Mängel hinzuweisen. Führt der Auftragnehmer den fehlerhaften Plan eines Landschaftsarchitekten oder Architekten aus, obwohl er genau erkennt, daß der Planungsfehler mit Sicherheit zu einem Mangel am Bauwerk führen muß, und ohne den Auftraggeber bzw. dessen beauftragten Bauführer selbst vorher darauf hingewiesen zu haben, so verletzt er den Rechtsgrundsatz von Treu und Glauben gegenüber dem Auftraggeber, er kann sich dann auch nicht auf ein mitwirkendes Verschulden des Architekten als Erfüllungsgehilfen des Auftraggebers berufen.

Unzureichend oder unzweckmäßig vorgeschriebene Düngung oder Bodenverbesserung

302 Die Vorläuferfassung der DIN 18 320 sah als Mindestgabe je 100 m^2 3 kg Mehrfachdünger und 1 Ballen Torfmull vor. Abgesehen davon, daß die Angaben reichlich pauschal waren (welches NPK-Verhältnis sollte dieser Dünger haben und wie groß mußte der Torfmullballen sein), hatte diese Festlegung keinen Bezug zur Bodenbeschaffenheit und zur späteren Nutzungsart des Bodens.

In der DIN 18 915, Teil 3, und in DIN 18 035, Teil 4, sind exaktere Angaben über die notwendigen Düngermengen für die Vorratsdüngung angegeben. Diese Werte sind bezogen auf erforderliche Mindestmengen, ausgedrückt in Reinnährstoffen und bezogen auf die spätere Nutzung des Bodens (z. B. Landschaftsrasen, Gebrauchsrasen, Pflanzfläche usw.). Grundsätzlich ist dabei davon ausgegangen worden, daß die im Landschaftsbau in der Regel Verwendung findenden Böden gestörter Natur sind und daß Nährstoffe kaum oder zumindest nicht in einem ausgewogenen Verhältnis vorhanden sind. Der Auftraggeber darf im Leistungsverzeichnis von den Mindestmengen der Norm nur abweichen, wenn er durch entsprechende Bodenuntersuchungen entsprechende Nährstoffreserven in den zur Verwendung vorgesehenen Böden hat feststellen lassen. Die Ergebnisse einer solchen Untersuchung müssen in den Ausschreibungsunterlagen genannt sein (siehe auch Rdn 208, Rdn 209, Rdn 376).

Da unzureichende Düngegaben die Vollendung der vertraglichen Leistung, das Erreichen des abnahmefähigen Zustandes der zu etablierenden Vegetationen gefährden können, ist die Anmeldung entsprechender Bedenken in der Regel stets gerechtfertigt, ja zur Abwendung von Schaden, der nicht nur den Auftragnehmer trifft, dringend geboten. Dies gilt insbesondere aus wirtschaftlichen Gründen, denn der erforderliche Dünger stellt meist nur einen geringen Anteil an der Gesamtbausumme dar. Ungerechtfertigte Kürzungen an dieser Stelle können dagegen aber umfängliche andere Leistungen (Ansaaten, Pflanzungen) erheblich gefährden.

Weniger einfach ist die Frage der erforderlichen Bodenverbesserungen zu lösen. In der Praxis hat man damit bisher meist sehr ungenau, sehr ungezielt gearbeitet. Oft wurde nach dem Grundsatz „Viel hilft viel" vorgegangen und man brachte damit oft erst recht Schwierigkeiten auf die Baustelle. So wurde z. B., „weil man es immer so machte" (siehe alte DIN 18 320), Torf in bindige Böden eingebracht. Danach stellte man dann verwundert fest, daß der ohnehin sehr wasserhaltende Boden noch schwammiger und als Rasenfläche schon nach geringen Regenfällen unbetretbar geworden war.

Jedes Bodenverbesserungsmittel muß gezielt eingesetzt werden. Dies kann nur bei ausreichender Kenntnis der Bodenbeschaffenheit (Wasserdurchlässigkeit, Wasserkapazität, Gehalt an organischer Substanz, pH-Wert) erfolgen. Gegebenenfalls sind entsprechende Laboruntersuchungen der Entscheidung voranzustellen. Die Beschaffenheit des Bodens und die vorgesehene Verwendung des Bodens (Belastbarkeit, bestimmte Pflanzenarten) bestimmen dann Art und Menge der einzusetzenden Bodenverbesserungsstoffe. Die Vielzahl der hieraus gegebenen Möglichkeiten ließ in der Normung die Nennung von festgelegten Rezepten oder Mindestmengen nicht zu. Hier muß der Sachverstand des Auftraggebers bzw. von dessen Fachberatern und der des Auftragnehmers einsetzen, um die richtige Art und Menge zu finden. Auch sollte dabei die Wirtschaftlichkeit nicht außer Betracht gelassen werden. Viele auf dem Markt befindliche Verbesserungsstoffe sind bei allem Respekt vor den Leistungen der chemischen Industrie oft durch örtlich vorhandene, billigere Naturbaustoffe, wie z. B. durch Kiessand zur Steigerung der Wasserdurchlässigkeit oder für Filter- bzw. Sickerschichten zu ersetzen.

Unzureichender Umfang oder unzweckmäßige Art der vorgeschriebenen Pflegearbeiten

303 Die in den jeweiligen Normen genannten Pflegearbeiten zur Fertigstellungspflege und zur Unterhaltung der Vegetationsflächen stellen in Bezug auf ihren Umfang ein Mindestmaß dar. Der erforderliche Umfang der Leistung kann je nach Lage des Einzelfalles erheblich höher sein, siehe dazu auch Abschnitt 6.1 in DIN 18 917 sowie Abschnitt 3.1 in DIN 18 035, Teil 4, sowie schließlich Abschnitt 8.1 in DIN 18 918.

Wenn auch im Abschnitt 7.1 der DIN 18 916 ein entsprechender Hinweis fehlt, muß die Notwendigkeit der Berücksichtigung des Einzelfalles bei der Bemessung von Art und Umfang der Leistungen zur Fertigstellungspflege auch bei Pflanzungen in gleichem Maße wie bei den zuvor genannten Normen beachtet werden. Ebenso sind die im Abschnitt 7.1 der DIN 18 916 genannten Leistungen als Mindestleistungen zu verstehen.

Wird von diesen Mindestleistungen nach unten abgewichen, ist in der Regel Gefahr für die Etablierung oder den Bestand der Vegetationen im Verzuge und das Anmelden von Bedenken unerläßlich.

Aber auch in einem Abweichen von der Art der in den betreffenden Normen genannten Pflegeleistungen liegen Gefahren. Sie stellen jeweils ein System dar, das nur im Zusammenwirken aller dort genannten Leistungen zum gewünschten Erfolg führt. Fehlen einzelne Leistungsteile oder sind sie falsch kombiniert, wird auch hierzu das Anmelden entsprechender Bedenken in der Regel angezeigt sein.

Dies gilt insbesondere für den Leistungsabschnitt „Fertigstellungspflege", der in dieser Fassung der DIN 18 320 erstmals auftaucht und zu dem es in der Handhabung in der Praxis noch der Sammlung einiger Erfahrungen auf beiden Seiten bedürfen wird (siehe dazu Rdn 311 bis Rdn 316).

3.2 Bodenarbeiten

Bodenarbeiten für vegetationstechnische Zwecke sind nach DIN 18 915 Teil 3 „Landschaftsbau; Bodenarbeiten für vegetationstechnische Zwecke, Bodenbearbeitungs-Verfahren" auszuführen.

3.3 Pflanzarbeiten

Pflanzarbeiten sind nach DIN 18 916 „Landschaftsbau; Pflanzen und Pflanzarbeiten, Beschaffenheit von Pflanzen, Pflanzverfahren" auszuführen.

3.4 Rasen

3.4.1 Rasen im Landschaftsbau

Rasen (Gebrauchsrasen, Spielrasen, Landschaftsrasen, Parkplatzrasen und Zierrasen) ist nach DIN 18 917 „Landschaftsbau; Rasen Saatgut, Fertigrasen, Herstellen von Rasenflächen" auszuführen.

3.4.2 Sportrasen

Rasen für Sportplätze ist nach DIN 18 035 Teil 4 „Sportplätze: Rasenflächen, Anforderungen, Pflege, Prüfung" auszuführen.

3.5 Sicherungsarbeiten

Sicherungsarbeiten in der Landschaft zum Schutz gegen Erosionen, Austrocknung u. ä. sind nach DIN 18 918 „Landschaftsbau; Sicherungsbauweisen, Sicherungen durch Ansaaten, Bauweisen mit lebenden und nichtlebenden Stoffen und Bauteilen, kombinierte Bauweisen" auszuführen.

3.6 Sportplätze

Sportplätze sind nach DIN 18 035 Teil 4 „Sportplätze; Rasenflächen Anforderungen, Pflege, Prüfung" und nach Teil 5 „Sportplätze; Tennenflächen, Anforderungen, Pflege, Prüfung" auszuführen.

3.7 Fertigstellungspflegearbeiten

Fertigstellungspflegearbeiten für die Leistungen nach den Abschnitten 3.3 bis 3.6 sind nach den in den betreffenden DIN-Normen enthaltenen Bestimmungen auszuführen.

3.8 Unterhaltungsarbeiten

Unterhaltungsarbeiten sind nach DIN 18 919 „Landschaftsbau; Unterhaltungsarbeiten bei Vegetationsflächen, Stoffe, Verfahren" auszuführen.

Hinweis: Die vorstehenden Normen des Landschaftsbaues sind kommentiert im Band II und die des Sportplatzbaues im Band III des Gesamtwerkes!

304 Wie bereits in der Einführung zur Neufassung der DIN 18 320 gesagt wurde, enthält diese ATV nur noch **vertragsrechtliche Regelungen** (siehe auch Rdn 200). Alle Festlegungen zur Art und zum Umfang einer fachlich richtigen, normengerechten Ausführung einer Leistung sind in den **jeweiligen Fachnormen** enthalten (siehe dazu auch Rdn 279).

Der **Zwang zur Beachtung dieser Fachnormen** bei allen Leistungen des Landschaftsbaues ist mit der Verwendung des Hilfsverbums „sind" begründet. „Sind" stellt nach DIN 820 Teil 23 Tabelle 1 ein Gebot mit unbedingt forderndem Charakter dar (siehe dazu auch Rdn 430).

305 Weiter ist die Beachtung nicht nur dieser Normen, sondern aller einschlägigen Normen zwingend durch die VOB/A § 9 Nr. 7 Absatz 1 vorgeschrieben. Dort ist die **Beachtung der einschlägigen Normen bei der Beschreibung der Leistungen** verlangt. Da aber nur normengerecht geplante Leistungen normengerecht beschrieben werden können, ergibt sich daraus über die Forderung nach normengerechter Leistungsbeschreibung hinaus auch der unumgängliche **Zwang zu normengerechter Planung** in Bezug auf Abmessungen, Bauweisen, Baustoffe usw.

306 Für den Auftragnehmer wird die gleiche Forderung nach normengerechtem Verhalten durch VOB/B § 4 Nr. 2 Absatz 1 2. Satz — Beachtung der **anerkannten Regeln der Technik** — erhoben.

Ein Verletzen dieser Vertragspflicht kann Gewährleistungs- und Schadensersatzansprüche auslösen.

Die Vertragspflichtverletzung ist auch dann gegeben, wenn der Auftragnehmer Anordnungen des Auftraggebers befolgt, die nicht im Einklang mit den Regeln der Technik stehen, ohne daß er dagegen Bedenken anmeldet.

307 Zu den Regeln der Technik — hier sind darunter im engeren Sinne die Regeln der Baukunst zu verstehen — zählen die **bautechnischen Regeln,** insbesondere die **DIN-Normen,** die **Einheitlichen Technischen Baubestimmungen** (ETB-Normen), die **Normen des deutschen Ausschusses für Stahlbeton** im DIN, die Vorschriften der **Berufsgenossenschaften** (soweit sie die Ausführung von Leistungen direkt betreffen), die **VDE-Vorschriften** u. ä.

Weiter zählen zu den Regeln der Baukunst auch die Regeln, die nicht nur der Wissenschaft, sondern auch in den Kreisen der einschlägigen Techniker bekannt und als richtig anerkannt sind. Es genügt nicht, daß eine Regel nur im Schrifttum oder nur an Fach- oder Hochschulen vertreten wird. Sie muß in der Praxis erprobt und bewährt sein. Unerheblich ist es dabei, ob einzelne Personen oder Personengruppen diese Regeln nicht anerkennen oder überhaupt nicht kennen. Maßgebend ist die Durchschnittsmeinung, die sich in den Kreisen der Praktiker gebildet hat, bei der durchaus regionale Unterschiede vorliegen können.

308 Die **Regeln der Technik** sind in jedem Falle entsprechend dem Fortschritt der Technik **wandelbar.** So können z. B. auch Festlegungen in Normen veraltet und in der Praxis durch neue gesicherte Erkenntnisse ersetzt werden. Eine Ausnahme bilden behördlich festgelegte Regeln wie die ETB-Normen, die Bestandteil der Bauordnungen der einzelnen Länder geworden sind. Soll von denen abgewichen werden, bedarf es der Zustimmung der zuständigen Baubehörden und sehr sorgfältiger zusätzlicher Vertragsregelungen bezüglich Haftung und Gewährleistung.

Die besonders sorgfältige Vertragsgestaltung ist auch bei allen anderen Abweichungen von DIN-Normen zu fordern, z. B. bei neuartigen Sportplatz-Bausystemen, die noch nicht von der Normung erfaßt worden sind bzw. wegen ihres oft verfahrensgeschützten Charakters (Patente, Gebrauchsmuster) nicht Eingang in die Normung finden können.

Unrichtig wäre es dagegen, anzunehmen, daß Neuerungen, nur weil sie wegen ihrer Neuartigkeit nicht in die Regeln der Normung eingeordnet werden können, als Bauleistungen bei Anwendung der VOB (und damit der zugeordneten DIN-Normen) ausgeschlossen sein müßten. Eine solche Auffassung würde jede fortschrittliche Entwicklung hemmen.

Einerseits ist hier dem Auftragnehmer im Rahmen seiner Eigenverantwortung bei der Ausführung der Leistungen nach VOB/B § 4 Nr. 2 Abs. 1 1. Satz ein entsprechender Spielraum gegeben. Andererseits kann auch der Auftraggeber im Rahmen von vorrangigen Besonderen oder Zusätzlichen Vertragsbedingungen bzw. Zusätzlichen Technischen Vorschriften Weiterentwicklungen gegenüber der Normung Rechnung tragen. Auf die besondere Sorgfalt bei der Vertragsgestaltung in solchen Fällen ist bereits zuvor hingewiesen worden.

309 Die ständige Weiterentwicklung der Regeln der Technik, also auch der DIN-Normen, macht es erforderlich, begonnene oder fertiggestellte Planungen und bereits begonnene Leistungen **laufend dieser Entwicklung anzupassen.** Der Auftraggeber hat nach dem Rechtsgrundsatz von Treu und Glauben den Anspruch auf ein nach dem jeweils gültigen Stand der Regeln der Technik hergestelltes Bauwerk. So greifen neue DIN-Normen (Fachnormen) ab Herausgabedatum auch in laufende Bauvorhaben ein. Jeder am Bau Beteiligte muß daher die Entwicklung der Regeln der Technik verfolgen, mit seinem Bauvorhaben vergleichen und als Auftraggeber gegebenenfalls sofort Änderungen veranlassen oder als Auftragnehmer entsprechende Bedenken gegen die vorgesehene, nunmehr veraltete Art der Ausführung anmelden. Die Entscheidung darüber, ob die vorgesehene Art der Ausführung der neuen Entwicklung angepaßt wird, verbleibt

im Entscheidungsbereich des Auftraggebers, insbesondere wenn eine solche Anpassung mit zusätzlichen Kosten verbunden ist. Grundsätzlich **endet dieser Anpassungsprozeß erst mit der Abnahme der Leistungen.** Dazu ist in VOB/B § 13 Nr. 1 gefordert, daß die Leistung zu diesem Zeitpunkt die vertraglich zugesicherten Eigenschaften besitzen muß. Die vertraglichen Eigenschaften sind bei VOB-Verträgen, aus dem vorstehend Gesagten gefolgert, die jeweils gültigen Regeln der Technik, also immer deren neuester Stand.

Lehnt der Auftraggeber eine Anpassung an neue Normen ab, z. B. aus Kostengründen, empfiehlt sich für den Auftragnehmer dringend die Einholung einer entsprechenden schriftlichen Erklärung des Auftraggebers. Nur so kann er sich wirksam gegen evtl. spätere Gewährleistungsansprüche schützen, die die fortgeschrittene Normenentwicklung zur Grundlage haben. Der Auftragnehmer sollte dabei bedenken, daß er sich während der Gewährleistungsfrist nicht immer den gleichen Vertretern des Auftraggebers gegenüber sieht wie während der Ausführung der Leistungen bzw. wie vor der Abnahme, bisweilen ist auch oft das menschliche Erinnerungsvermögen an vor längerer Zeit getroffene mündliche Vereinbarungen recht schwach.

310 Nicht unerwähnt darf bleiben, daß die Regeln der Technik, also auch die einschlägigen DIN-Normen **auch für nicht nach den Bedingungen der VOB abgeschlossene Bauverträge** — was heute nur noch im nicht-öffentlichen Bereich möglich ist — nach dem Rechtsgrundsatz von Treu und Glauben ihre volle Wirkung haben. Die Rechtsfindung wird sich im Streitfalle immer zunächst an diesen Regeln orientieren.

311 An dieser Stelle soll nicht der Inhalt dieser Fachnormen besprochen werden, dies bleibt den jeweiligen Einzelkommentaren vorbehalten. Doch eine Einrichtung, die in allen Ausführungs-Normen enthalten ist und mit deren Verankerung in dieser Fassung der DIN 18 320 eine grundsätzliche Änderung gegenüber der Vorläuferfassung erfolgt, soll hier in ihrer vertragsrechtlichen Auswirkung ausführlich behandelt werden: **Die Fertigstellungspflege!**

312 Nach der alten DIN 18 320 mußte der Auftragnehmer unbeschränkt Ersatz leisten (d. h. mit der Ausnahme der recht schwierig zu beweisenden und oft umstrittenen Schäden infolge von Einwirkung durch höhere Gewalt) wenn er:

a) das für Rasen erforderliche Saatgut und die für die Pflanzungen erforderlichen Pflanzen selbst lieferte und

b) wenn ihm nach der Abnahme die Pflege der Pflanz- und Rasenflächen für die Dauer eines Jahres übertragen wurde.

Diese Regelung stieß bei den Beratungen zur Neufassung der ATV aus zwei Gründen auf energischen Widerstand.

1. Die Regelung beinhaltete eine eindeutige Garantieverpflichtung, während die VOB nur die enger gefaßte Gewährleistung kennt.

   Eine Garantie geht in der Regel über die Gewährleistungs-Verpflichtung hinaus. Sie begründet z. B. die Verpflichtung für das Eintreten eines bestimmten Erfolges oder die Verpflichtung der Gefahrübernahme eines künftigen, noch nicht entstandenen Schadens, unabhängig, wer ihn verursacht hat.

   Die Gewährleistung beginnt mit der Abnahme. Der Auftragnehmer übernimmt dabei die Gewähr, daß die Leistung zu diesem Zeitpunkt die vertraglich zugesicherten Eigenschaften hat, den anerkannten Regeln der Technik entspricht und nicht mit Fehlern behaftet (Wertminderung, Gebrauchsuntauglichkeit) ist.

   Die Gewährleistung ist an eine Verjährungsfrist gebunden. Der Auftragnehmer ist verpflichtet, alle während der Verjährungsfrist an der Leistung auftretenden Mängel zu beseitigen, wenn der Auftraggeber diese Beseitigung schriftlich fordert und die Mängel auf eine vertragswidrige Leistung zurückzuführen sind (die Vertragswidrigkeit muß der Auftraggeber nachweisen).

   Bei einer Garantie muß dagegen der Auftragnehmer jeden vom Auftraggeber angezeigten Mangel beseitigen, gleichgültig wer ihn verursacht hat.

   Da die VOB grundsätzlich keine Garantieverpflichtungen kennt, sondern nur die Gewährleistung, wurde die alte Garantieklausel (der Abschnitt 1.1 der alten DIN 18 320) von den VOB-Juristen (den juristischen Beratern des Deutschen Verdingungsausschusses für Bauleistungen) als nicht VOB-konform ersatzlos gestrichen.

   Dazu gab es aus grundsätzlichen Gründen kein „Wenn und Aber". Es gab nur die Alternativen Streichen der Garantie-Klausel oder keine neue DIN 18 320 (aber auch keine alte DIN 18 320 mehr).

2. Die alte Fassung enthielt, obwohl nur von einer Abnahme gesprochen wurde, nämlich der Abnahme nach dem Pflanzen und/oder nach dem Ansäen, also vor Beginn der Pflegezeit, zwei Abnahmen. In der Tat wurde nämlich stets noch eine zweite Abnahme notwendig, die meist als „Schlußabnahme" bezeichnet wurde. Bei dieser wurde am Ende der Pflegezeit (für die es in der ATV keine Bezeichnung gab, die doch oft richtig als „Garantiepflege" oder auch fälschlich als „Gewährleistungspflege" bezeichnet wurde) der vertragliche Zustand, das vollständige, mängelfreie Vorhandensein von Pflanzen und Rasen festgestellt.

   Die Abnahme nach der VOB/B § 13 hat u. a. die wichtige Wirkung des Überganges der Gefahr auf den Auftraggeber. Wenn nach der Abnahme eine Garantiefrist einsetzte, war bei der alten Regelung entweder die Abnahme zumindestens in Hinsicht auf den Übergang der Gefahr keine Abnahme oder der Begriff „Abnahme" für diese Handlung, die nur eine Leistungsprüfung bzw. Zwischenprüfung darstellte, falsch. In der Tatsache war wohl nur die sogenannte „Schlußabnahme", die aber in der ATV nicht erwähnt war, die eigentliche Abnahme. Doch wurde meist die Gewährleistungsfrist mit der „Garantieperiode" gleichgesetzt, die aber nach VOB/B § 13 erst an die Abnahme anschließt.

Zusammenfassend muß gesagt werden, daß dieser Abschnitt 1.1 der alten DIN 18 320 eine Fülle von vertragsrechtlichen Ungereimtheiten enthielt, die dringend einer Verbesserung, besser grundsätzlichen Neuordnung bedurften.

Die Neuordnung wurde jedoch nicht nur aus diesen vertragsrechtlichen Gründen unerläßlich. Da die Abnahme auch erhebliche steuerrechtliche Konsequenzen hat — Fälligwerden der Mehrwertsteuer, Ende des Herstellungsaufwandes, Beginn des Unterhaltungsaufwandes — war auch aus diesem Grunde die Beendigung des alten, zumindest unklaren Zustandes dringend geboten.

313 Alle Beteiligten waren sich bei den Novellierungsberatungen über die besondere Situation beim Landschafts- und Sportplatzbau einig.

Während Bauleistungen im allgemeinen mit dem vollendeten Einbau von Baustoffen und Bauteilen als fertige Leistung, somit als abnahmefähige Leistung zu betrachten sind, ist dies bei Ansaaten und Pflanzungen nicht der Fall, ebenso nicht bei Tennenflächen.

Ausgesätes Saatgut ist bestenfalls ein Versprechen auf einen Rasen, doch noch keine normengerechte, prüfungs- und somit abnahmefähige Rasendecke. Der Auftraggeber kann jedoch nur das abnehmen, was abnahmefähig ist.

Dies gilt sinngemäß auch für die Pflanze. Nur die angewachsene Pflanze hat das Leistungsziel erreicht, ist als vertragsgerechte Leistung abnahmefähig.

Alle Leistungen, die erforderlich sind, um auf der Tragschicht das eingebrachte Saatgut zur Rasendecke werden zu lassen bzw. die gepflanzte Pflanze zum gesicherten Anwachsen zu bringen, werden als Fertigstellungspflege bezeichnet. Ihr Mindestumfang ist in den jeweiligen Fachnormen festgelegt. **Die Fertigstellungspflege ist ein untrennbarer Bestandteil der Bauleistung. Sie ist keine Nebenleistung.** Dies geht schon aus ihrer Einordnung in Abschnitt 3 der DIN 18 320 hervor.

Sie ist wie jede Leistung zu beschreiben (umfassend, eindeutig, zweifelsfrei). Es bleibt dem Auftraggeber jedoch offen, ob er sie in Einzelleistungen gliedert oder als Pauschale aufnimmt oder der Position „Ansaat" oder „Pflanzarbeit" anhängt. Dies bleibt dem Einzelfall überlassen, wenn nur die Vollständigkeit, Eindeutigkeit und Zweifelsfreiheit gewahrt wird.

In der Praxis hat sich jedoch die Gliederung nach Einzelleistungen als vorteilhafter erwiesen, da diese eine wettbewerbsgerechtere Preisbildung und eine flexiblere Handhabung bei der Ausführung ermöglicht.

Fehlt die Fertigstellungspflege in dem Leistungsverzeichnis, kann sie vom Auftraggeber nicht als Nebenleistung ohne gesonderte Vergütung gefordert werden, der Auftragnehmer muß jedoch Bedenken nach VOB/B § 4 Nr. 3 gegen die vorgesehene Art der Ausführung anmelden, da ein wesentlicher Leistungsteil fehlt, die Gesamtleistung „Rasen" bzw. „Pflanzung" ohne diesen nicht erbringbar ist (siehe auch Rdn 120 und Rdn 303).

314 Bei der Bemessung der Art und des Umfanges der Leistungen zur Fertigstellungspflege — soweit sie aus Gründen, die sich im Einzelfall ergeben über das in den Normen genannte, unerläßliche Mindestmaß hinausgehen — stehen Auftragnehmer und Auftraggeber zwischen zwei gegensätzlichen Motivationen zur Gestaltung kurzer oder längerer Fristen.

Der Auftraggeber wird zunächst einmal bestrebt sein, die Fertigstellungspflege nach Zeit bzw. Umfang der Leistungen möglichst lang bzw. groß zu bemessen. Er kann damit den Zeitpunkt der Übernahme der Gefahr hinausschieben, er kann aber, was viel wichtiger ist, den Startzeitraum, die Etablierungsphase von Pflanzen und Rasen, also den Zeitraum, in dem Pflanzen und Rasen noch am empfindlichsten sind, möglichst lange in das Risiko des Auftragnehmers legen. Einen Auftragnehmer, der die Leistung, die optimal in Art und Umfang ausgeschrieben war, ebenso optimal ausgeführt hat, wird eine lange, auch überlange Fertigstellungspflege nicht schrecken. So gesehen, können längere Fertigstellungspflegezeiten auf lange Frist nur zur Bereinigung des Marktes von Auftragnehmern mit zu weitherzigem Gewissen bei der Ausführung führen.

Andererseits ist der Auftraggeber stets daran interessiert, Bauleistungen so rasch wie möglich abzuschließen bzw. abzurechnen, er will gegebenenfalls, wie im Beispiel eines Sportrasens, diesen auch möglichst rasch benutzen können.

Der Auftragnehmer ist zunächst einmal an einem möglichst großen Umfang des Auftrages interessiert, also auch an einer umfangreichen Fertigstellungspflege, obwohl je nach Organisationsform eines Betriebes, ob auf Pflegeleistungen eingerichtet oder nicht, in der Praxis erhebliche Unterschiede anzutreffen sind.

Dagegen ist der Auftragnehmer aber auch an einer möglichst raschen Beendigung des Zeitraumes interessiert, in dem er die Gefahr für den Bestand der Leistung trägt (VOB/B § 4 Nr. 5 1. Satz). Er will also auch ebenso gern einen umfangreichen Auftrag wie dessen rasche Abnahme.

315

Es ist unbestritten, daß die neue Einrichtung „Fertigstellungspflege“ einige Zeit der Anpassung und Erfahrungssammlung benötigen wird, bis sich hier allseitig zufriedenstellende Praktiken in bezug auf Art und Umfang herauskristallisiert haben.

Dort, wo bereits seit vielen Jahren mit der Fertigstellungspflege in ähnlicher Form (Art und Umfang) und ähnlicher Wirkung (Abnahme, Gewährleistung usw.) gearbeitet wurde — und die Zahl der so behandelten Bauvorhaben ist nicht gering —, spricht man nicht mehr über Schwierigkeiten. Man kennt die Probleme und hat sich darauf eingerichtet.

316

Hierzu noch einige Empfehlungen:

a) Die Zahl der zu vergütenden Leistungen und der vorgesehene Leistungszeitraum zur Fertigstellungspflege sollte im Leistungsverzeichnis eindeutig beschrieben und begrenzt sein.

   Stellt sich im Verlaufe einer vernünftig bemessenen, d. h. ausreichend nach Art und Umfang bemessenen Fertigstellungspflege heraus, daß der abnahmefähige Zustand von Pflanzen oder Rasen nicht erreicht wurde, wird dies meist auf Mängel der Ausführung zurückzuführen sein. Diese Mängel können schon in der Bodenbearbeitung liegen oder bei anderen Folgeleistungen, aber auch in der Art der Ausführung der Fertigstellungspflege selbst. Jeder dieser Mängel kommt mit dem Nichtgelingen der Pflanzung oder der Ansaat unweigerlich in der Fertigstellungspflegezeit zu Tage.

   Die Folge ist ein zusätzlich erforderlich werdender Aufwand von Rasenschnitten, Düngungen, Bodenpflegemaßnahmen. Dieser Mehraufwand kann jedoch nicht dem Auftraggeber angelastet werden, da er in der Regel durch Leistungsmängel des Auftragnehmers begründet ist. Es empfiehlt sich die Aufnahme einer Bedingung in das Leistungsverzeichnis, z. B. als Vorbemerkung zur Fertigstellungspflege wie:

   „Die nachstehend bezeichneten Leistungen zur Fertigstellungspflege sind nach den örtlichen und vertraglichen Gegebenheiten zum Erreichen des abnahmefähigen Zustandes ausreichend bemessen. Wird mit diesen Leistungen der abnahmefähige Zustand nicht erreicht, gehen zusätzlich erforderlich werdende Leistungen zu Lasten des Auftragnehmers.“

   Diese Regelung hat sich in der Praxis bewährt, auch ist sie gut geeignet, um Pfuschern wirksam entgegentreten zu können.

b) Dem Auftragnehmer kann aus Erfahrung geraten werden, daß bei in der Fertigstellungspflegezeit auftretenden Mängeln an der Leistung nur ein voller Einsatz zu deren Behebung Erfolg und somit eine fristgerechte Abnahme verspricht. Wird hier mit falscher Sparsamkeit probiert oder auf die ausgleichenden Kräfte der Natur gehofft, ist in der Regel mit einem Vielfachen, aber dann unvergütetem Vielfachen an Aufwand zu rechnen.

c) An die Auftraggeberseite wird hier noch die dringende Aufforderung gerichtet, die nach der Abnahme erforderlichen Unterhaltungs-Pflegeleistungen rechtzeitig sicherzustellen, d. h. für den Einsatz von entsprechend qualifizierten Firmen oder, was meist schwieriger ist, für eigene qualifizierte Fachkräfte, Maschinen, Dünger usw. zu sorgen und die notwendigen finanziellen Mittel bereitzustellen.

Die Erfahrungen aus der Praxis in bezug auf Rechtzeitigkeit und Vollständigkeit sind nicht immer die besten gewesen.

Auch die Vorstellungen über die erforderliche Qualifikation der Pflegekräfte gehen oft an den tatsächlichen Erfordernissen weit vorbei. Mit dem meist ohnehin vorhandenen Hausmeister/Heizer ist es zumindestens in den ersten drei bis fünf Jahren eines Rasens und einer Pflanzung nicht getan. Um z. B. aus der frisch etablierten Pflanzung eine voll funktionsfähige Schutzpflanzung werden zu lassen, bedarf es doch erheblicher Fachkenntnisse, die nicht im eigenen Hausgarten als Hobbygärtner erworben werden können.

4 Nebenleistungen

Nebenleistungen sind Leistungen, die auch ohne Erwähnung in der Leistungsbeschreibung zur vertraglichen Leistung gehören (siehe Teil B — DIN 1961 — § 2 Nr. 1).

317 Der Hauptabschnitt „Nebenleistungen“ ist in drei Abschnitte unterteilt. Der erste Abschnitt 4.1 enthält Leistungen, die auch ohne Erwähnung in der Leistungsbeschreibung zur vertraglichen Leistung gehören, ohne daß bei ihrer Ausführung ein gesonderter Vergütungsanspruch entsteht. Sie sind erfahrungsgemäß immer wieder zur Erstellung der Leistung notwendig.

Nach VOB B § 2 Nr. 1 können sich darüber hinaus nebenleistungsähnliche zur Hauptleistung gehörende Leistungen aus der örtlichen Verkehrssitte ergeben, deren Umfang örtlich verschieden ist.

Im zweiten Abschnitt 4.2 sind die Leistungen erfaßt, die in der Regel Nebenleistungen sind. Sie können jedoch nach Lage des Einzelfalles — z. B. Größe der Baustelle, vorausgesehene mehrmalige Unterbrechungen bei der Ausführung u. ä. — als Leistungen in das Leistungsverzeichnis aufgenommen werden. Der letzte Abschnitt 4.3. behandelt, um Irrtümern vorzubeugen, die Leistungen, die ausdrücklich keine Nebenleistungen sind und gegebenenfalls als gesondert zu vergütende Leistungen im Leistungsverzeichnis aufzuführen sind.

Schließlich sind alle Leistungen, die im Hauptabschnitt „3. Ausführung" genannt sind, grundsätzlich keine Nebenleistungen.

318 Wird im Einzelfalle vom Auftraggeber gewünscht, daß Leistungen, wie z. B. die Fertigstellungspflege als Nebenleistung zu betrachten sind, muß er dies in geeigneter, insbesondere in **deutlicher** und **unübersehbarer** Weise dem Bieter zu erkennen geben. Eine solche Verfahrensweise ist auch bei den Nebenleistungen nach örtlicher Verkehrssitte zu empfehlen, insbesondere dann, wenn mit der Beteiligung ortsfremder Bieter am Wettbewerb gerechnet wird.

319 Nebenleistungen dürfen nicht mit Teilen einer Leistung verwechselt werden. Hier soll das Herstellen des Feinplanums bei Ansaaten als Beispiel dienen. Es ist wie das Einarbeiten des Saatgutes ein typischer Teil des Gesamtkomplexes Rasenansaat. Ein Teil einer Leistung ist stets eine Leistung, für die ein Vergütungsanspruch besteht. Teile von Leistungen sind aber in der Regel zu einer Leistung zusammengefaßt. Sie müssen aber innerhalb der Leistung eindeutig und erschöpfend beschrieben sein. Ein einfacher Hinweis wie z. B. „einschließlich aller Nebenarbeiten" genügt dazu nicht.

320 Der auch manchmal benutzte Hinweis „einschließlich aller Nebenleistungen" ist dagegen überflüssig, da die nach der VOB zu Nebenleistungen zählenden Leistungen (Abschnitt 4.1.1) ohnehin durch die Anwendung der VOB zu den vertraglichen Leistungen gehören. Noch schlimmer ist der mancherorts gebräuchliche Nachsatz „in fix und fertiger Arbeit". Als Arbeit ist wohl die Leistung zu verstehen, die in der Regel aus Arbeit und Lieferung besteht. Daß diese Leistung fertig sein muß, versteht sich ohnehin. Sie ist sonst nicht dem Vertrag entsprechend und nicht abnahmefähig. Andererseits kann wohl niemand erwarten, daß man eine geforderte Leistung nur halbfertig abliefern könnte. Was aber eine „fixe" Leistung sein soll, habe ich bisher nicht herausfinden können. Man sollte derartige überholte, sinnlose und überflüssige Zöpfe endlich abschneiden.

4.1 Folgende Leistungen sind Nebenleistungen:

4.1.1 Messungen für das Ausführen und Abrechnen der Arbeiten einschließlich des Vorhaltens der Meßgeräte, Lehren, Absteckzeichen usw., des Erhaltens der Lehren und Absteckzeichen während der Bauausführung und des Stellens der Arbeitskräfte, jedoch nicht die Leistung nach Teil B — DIN 1961 — § 3 Nr. 2.

321 Dieser Abschnitt spricht fünf Arten von Messungen an:

1. Vor Beginn der Leistungen des Auftragnehmers hat der Auftraggeber nach VOB/B § 3 Nr. 2 die Hauptachsen der baulichen Anlagen und die Grenzen des Baugeländes abzustecken, sowie in unmittelbarer Nähe der baulichen Anlagen für Höhenfestpunkte zu sorgen.

   Diese Leistungen können nur aus dem Bereich des Auftraggebers kommen und sollen eine einwandfreie Bauausführung sichern, siehe auch dazu Rdn 107 ff.

Werden auf Verlangen des Auftraggebers vom Auftragnehmer Baustoffe, Bauteile für diese Leistungen geliefert und Meßgeräte zur Benutzung überlassen, Arbeitskräfte zu Verfügung gestellt oder diese Messungen ganz oder teilweise durchgeführt, sind sie nach VOB/B § 2 Nr. 6 (Preisvereinbarung) oder nach VOB/B § 15 (Stundenlohnarbeiten) gesondert zu vergüten.

322 2. Alle Messungen zur Ausführung der Leistungen sind unter Benutzung der vom Auftraggeber erbrachten Vorleistungen (Hauptachsen, Grenzen, Höhenfestpunkte) vom Auftragnehmer ohne besondere Vergütung auszuführen. Die dazu erforderlichen Hilfsmittel wie Meßgeräte, Lehren und Absteckzeichen hat er ebenfalls ohne gesonderte Vergütung vorzuhalten bzw. zu liefern.

Auch hat er die dazu erforderlichen Arbeitskräfte zu stellen. Dabei wird kein Unterschied in der Qualifikation dieser Arbeitskräfte gemacht, der Ingenieur ist ebenso gemeint wie der Hilfsarbeiter.

Weiter ist hier als Nebenleistung eingeschlossen das Erhalten der Lehren und Absteckzeichen des Auftragnehmers während der Bauausführung; d. h. gegebenenfalls bis zur Abnahme der Leistungen. Dies gilt aber auch im besonderen Maße für die Lehren und Absteckzeichen des Auftraggebers (lt. VOB/B § 4 Nr. 5). Auch diese sind als Nebenleistungen zu erhalten und gegen Beschädigung oder Verlust zu sichern. Sie dürfen nur mit Zustimmung des Auftraggebers entfernt werden.

Müssen die Lehren und Zeichen des Auftraggebers im Verlaufe der Ausführung der vertraglichen Leistungen vorübergehend entfernt werden, ist deren erneute Einmessung keine Nebenleistung. Die vorübergehende Entfernung bedarf jedoch der vorherigen Zustimmung durch den Auftraggeber.

Ist der Auftragnehmer auf Meßarbeiten bzw. auf spezielle Meßarbeiten nicht eingerichtet, kann er diese auch ohne vorherige Zustimmung des Auftraggebers gemäß VOB/B § 4 Nr. 8 an entsprechende Nachunternehmer (z. B. Vermessungsingenieure) weitervergeben. Der Auftragnehmer bleibt jedoch für diese Messungen gegenüber dem Auftraggeber verantwortlich. Er muß gegebenenfalls also auch für evtl. Meßfehler seines Nachunternehmers und die daraus gegebenenfalls resultierenden Folgen einstehen wie auch bei eigenen Messungen.

323 3. Die dritte, hier angesprochene Art von Messungen, sind die zur Abrechnung erforderlichen Messungen. Auch diese sind Nebenleistungen, zu denen der Auftragnehmer die erforderlichen Hilfsmittel und Arbeitskräfte zu stellen hat. Er hat die Messungen zur Abrechnung der Leistungen in eigener Verantwortung auszuführen. Diese Regelung wird durch die Festlegung nach VOB/B § 14 Nr. 1 3. Satz bestätigt, nach der vom Auftragnehmer der Abrechnung als Nachweise Mas-

senabrechnungen und Zeichnungen beizufügen sind. Eine Mitwirkung des Auftraggebers beim Messen zur Feststellung der Leistungen, d. h. das „gemeinsame Aufmaß" wird in der Zukunft die Ausnahme sein (siehe auch Rdn 404).

Die Mitwirkung des Auftraggebers kann sich dabei auf eine kontrollierende Aufsicht beschränken.

4. Zum Bereich der Nebenleistungen gehören auch die **Eignungsprüfungen** (siehe dazu auch Rdn 374). 324

Eignungsprüfungen sind Prüfungen zum Nachweis der Eignung der Baustoffe, Baustoffgemische und Bauteile für den vorgesehenen Verwendungszweck unter Berücksichtigung der Anforderungen der jeweiligen Norm.

Der Auftragnehmer hat die Eignung der vorgesehenen Baustoffe, Baustoffgemische und Bauteile unter Berücksichtigung des beabsichtigten Einbauverfahrens nachzuweisen. Der Nachweis ist durch Prüfzeugnisse einer neutralen einschlägig qualifizierten Prüfstelle zu erbringen.

In geeigneten Fällen, z. B. bei industriell vorgefertigten Baustoffen und Bauteilen, kann nach Zustimmung durch den Auftraggeber auf frühere Eignungsprüfungen zurückgegriffen werden, sofern sich Art und Eigenschaft der zu verwendenden Baustoffe, Baustoffgemische sowie Bauteile und/oder deren Einbauverfahren nicht geändert haben und die Prüfzeugnisse nicht älter als zwei Jahre sind.

Ändern sich Art und Eigenschaften der Baustoffe, Baustoffgemische sowie Bauteile und/oder deren Einbauverfahren, so ist die Eignung erneut nachzuweisen. Der Auftragnehmer hat die Ergebnisse der Eignungsprüfungen (Prüfzeugnisse) dem Auftraggeber vorzulegen.

Die Art und der Umfang der als Nebenleistung zu erbringenden Eignungsprüfungen ist z. T. in den jeweiligen Fachnormen festgelegt. Da in einigen Normen derartige Festlegungen noch fehlen, hat es die Forschungsgesellschaft für Landschaftsentwicklung und Landschaftsbau (FLL e.V.) übernommen, hierfür in einer Richtlinie „Prüfungen" entsprechende Regeln aufzustellen. 325

Werden darüber hinaus zusätzliche Eignungsprüfungen verlangt oder werden auch andere als die in den Normen für Baustoffe, Baustoffgemische und Bauteile genannten Eignungsprüfungen verlangt, sind diese keine Nebenleistung, die auch ohne besondere Nennung im Leistungsverzeichnis ohne besondere Vergütung gefordert werden können. Für derartige zusätzliche Eignungsprüfungen sind gesonderte Ansätze bzw. Positionen im Leistungsverzeichnis erforderlich. 326

5. Eigenüberwachungsprüfungen sind die laufenden Prüfungen des Auftragnehmers um festzustellen, ob die Beschaffenheit der Baustoffe, der 327

Baustoffgemische, der Bauteile und der fertigen Leistung den vertraglichen Anforderungen entspricht.

Der Auftragnehmer hat die Eigenüberwachungsprüfungen während der Ausführung mit der erforderlichen Sorgfalt und in erforderlichem Umfang durchzuführen.

Die Kosten der Eigenüberwachungsprüfungen werden nicht gesondert vergütet, sie sind eine Nebenleistung. Die Art und der Umfang der Eigenüberwachungsprüfungen sind nicht begrenzt bzw. festgelegt.

Sie sind gemäß VOB/B § 4 Nr. 2 im Rahmen der Eigenverantwortung des Auftragnehmers für die vertragsgemäße Ausführung der Leistungen von diesem zu bestimmen. Mit diesen Prüfungen kann er sich schließlich vor Überraschungen bei der Kontrollprüfung sichern. Er sollte diese Prüfungen zumindestens dort von sich aus vornehmen, wo er selbst Zweifel an der Beschaffenheit seiner Leistungen hegt. Dies kann z. B. die ausreichende Wasserdurchlässigkeit sein, die er besser schon bei der ersten eingebauten Baustoffpartie prüft, als wenn er einen ganzen Platz wieder auswechseln muß, wenn die abschließende Kontrollprüfung Mängel anzeigt (siehe auch Rdn 374).

4.1.2 Schutz- und Sicherheitsmaßnahmen nach den Unfallverhütungsvorschriften und den behördlichen Bestimmungen.

328 Dieser Schutz muß alle Menschen und Sachen umfassen, die durch die Bauleistung betroffen werden können. Dabei ist kein Unterschied zwischen Arbeitskräften, Inventar und sonstigen Anlagen des Auftragnehmers oder fremder Personen, Sachen bzw. Anlagen oder Verkehrsteilnehmern zu machen. Hierbei ist auch VOB/B § 10 Nr. 2 Abs. 2 zu beachten. Neben den Unfallverhütungsvorschriften der Gartenbau-Berufsgenossenschaft sind gegebenenfalls auch die Vorschriften anderer Berufsgenossenschaften, wie z. B. Hochbau oder Tiefbau zu beachten. Dies gilt vor allem dann, wenn im Rahmen einer Landschaftsbaumaßnahme Leistungen anfallen, die nicht im Katalog der Gartenbau-Berufsgenossenschaft enthalten sind. Weiter sind zu beachten alle einschlägigen behördlichen Bestimmungen, wie die Bauordnungen der Bundesbahn und Bundespost, der Polizei, der Feuerwehr, der Luftfahrt, des Umweltschutzes usw.

4.1.3 Schutz der ausgeführten Leistungen und der für die Ausführung übergebenen Gegenstände vor Beschädigung und Diebstahl bis zur Abnahme.

329 Diese Nebenleistung entspricht den Festlegungen in VOB/B § 4 Nr. 5. Dabei sind aber auch die Festlegungen in VOB/A § 10 Nr. 4 Abs. 2 (besondere Vereinbarungen über die Verteilung der Gefahr bei Schäden, z. B. bei besonders gefahrgeneigten Leistungen), VOB/B § 7 (Verteilung der Gefahr bei Umständen, die der Auftragnehmer nicht zu vertreten hat) und VOB/B § 10 (Haftung der Vertragsparteien untereinander) zu beach-

ten. Auf die Grenzen dieser Nebenpflicht bei besonderem Schutz der Leistung vor der Abnahme wird hier nur hingewiesen (siehe dazu Rdn 123).

330 Die Erhaltungs- und Schutzpflicht erstreckt sich auf die vom Auftragnehmer ausgeführten Leistungen. Sie beginnt mit dem Anfang der Ausführung und endet mit der Abnahme. Daraus wird deutlich, daß nicht nur fertige Leistungen zu schützen sind, sondern auch begonnene bzw. noch nicht fertiggestellte. Die Schutzpflicht bezieht sich nicht nur auf evtl. Schäden durch Dritte, Witterung usw., sie schließt auch den Schutz gegen Einwirkungen durch andere Leistungen des Auftragnehmers mit ein.

331 In diese Nebenleistung ist auch der Schutz der vom Auftraggeber für die Ausführung übergebenen Gegenstände eingeschlossen.

Hiermit sind alle Gegenstände gemeint, die entweder nur zur Benutzung übergeben wurden oder die bei der Ausführung verbraucht oder eingebaut werden, z. B. Baustoffe, Bauteile, Maschinen, Werkzeuge, das Grundstück, Teile des Grundstückes, Vorleistungen anderer Unternehmer usw.

Die Schutzpflicht beginnt hier mit der ausdrücklichen Übergabe und endet ebenfalls mit der Abnahme.

332 Werden Teile der Leistungen gemäß VOB/B § 12 Nr. 2 a) oder b) vor der Fertigstellung der Gesamtleistung abgenommen, ist zu vereinbaren, ob für diese Teile die Schutzpflicht endet oder ob sie bis zur Abnahme auch der übrigen Teile der Leistung nach der Fertigstellung der Gesamtleistung beim Auftragnehmer verbleibt.

Wird hierzu keine besondere Vereinbarung getroffen, ist das Ende der Schutzpflicht für diese Teilleistung mit deren Abnahme anzunehmen.

Wie auch die Fragen, ob Teilabnahmen möglich sind und für welche Teile sie möglich sind, in den Ausschreibungsunterlagen geklärt sein sollten, da sie u. U. von Einfluß auf die Preisbildung sein können, sollte auch die Frage des Endes oder des Fortdauerns der Schutzpflicht bei von Teilabnahmen erfaßten Teilleistungen billigerweise dort eindeutig angegeben werden.

333 An die Erhaltungs- und Schutzpflicht des Auftragnehmers sind strenge Anforderungen zu stellen. Wie dieser Schutz vom Auftragnehmer auszuführen ist, hängt von den örtlichen Gegebenheiten ab.

Eine Pflicht zur Versicherung der vom Auftraggeber übergebenen Gegenstände besteht jedoch nicht. Wird diese jedoch vom Auftraggeber gefordert, ist sie gesondert zu vergüten.

334 Die Erhaltungs- und Schutzpflicht erstreckt sich gemäß VOB/B § 7 nicht auf Schäden, die vor der Abnahme entstehen durch „höhere Gewalt, Krieg, Aufruhr und andere unabwendbare vom Auftragnehmer nicht zu vertretende Umstände“ (siehe dazu Rdn 133 ff.).

335 Die Grenzen der Erhaltungs- und Schutzpflicht des Auftragnehmers liegen grundsätzlich bei deren Zumutbarkeit. Diese Zumutbarkeit wird durch die Festlegungen in VOB/A § 9 Nr. 2 definiert: „Dem Auftragnehmer soll kein ungewöhnliches Wagnis aufgebürdet werden für Umstände und Ereignisse, auf die er keinen Einfluß hat und deren Einwirkung auf die Preise und Fristen er nicht im voraus schätzen kann."

Der Auftragnehmer muß demnach im Rahmen der Regeln der Technik und der gewerblichen Verkehrssitte handeln. Ein Schutzbedürfnis des Auftraggebers, das diese Grenzen übersteigt, also die Grenzen der Zumutbarkeit übersteigt, muß als besondere Leistung vergütet werden.

336 Der Kommentar würde eine wesentliche Lücke aufweisen, wenn nicht wenigstens versucht werden würde, die Grenzen der Zumutbarkeit zu definieren. Dazu einige Beispiele:

a) Ansaat auf einem Straßenmittelstreifen, der beispielsweise 1 km lang und 3 m breit ist, der keine erhöhten Begrenzungen des Fahrbahnrandes und auch keine Leitplanken o. ä. aufweist.

1. Die Straße liegt während der ganzen Bauzeit unter Verkehr. Hier würde ein wirksamer Schutz gegen Überfahren der herzustellenden Fläche (durch Abkommen von der Fahrbahn, unberechtigtes Wenden oder Parken o. ä.) die Zumutbarkeit übersteigen. Einfache Schutzvorrichtungen wie Flatterleinen an Pfählen wären wirkungslos, massivere Vorrichtungen wie mehrreihige Spanndrähte oder Stangenzäune könnten im Unglücksfalle zu einer höheren Gefährdung der Betroffenen führen. Ein wirksamer Schutz, wie z. B. eine Stahlleitplanke würde die Kosten für die Leistung „Rasenansaat" bei weitem übersteigen. Aber auch würde in diesem Falle der vor der Leitplanke verbleibende Rasenstreifen ungeschützt bleiben.

   Hier wäre es objektiv richtig, wenn die Reparatur solcher Schäden im Stundenlohn vergütet wird und dazu bereits eine entsprechende Anzahl von Lohnstunden für Stundenlohnarbeiten in das Leistungsverzeichnis aufgenommen wird.

   Die Leistung wird kalkulierbarer, weil das in der Nebenleistung „Schutzpflicht" liegende Risiko begrenzt ist. Beläßt man in diesem Falle das Reparieren von Schäden durch Befahren oder Beparken solcher Flächen als Nebenleistung beim Auftragnehmer, kann die Kalkulation zur Spekulation werden. Der mit hohem Risiko kalkulierende Bieter wird nicht zum Auftrag gelangen, da er im Angebot zu teuer sein wird, mit dem auf niedriges Risiko spekulierenden Bieter wird es, wenn er den Auftrag erhält, im Falle vermehrter Schäden in der Regel zum Streit über die Zumutbarkeit kommen, d. h. zu einem Streit, dessen Ausgang, würde er vor Gericht ausgetragen werden, völlig ungewiß wäre.

Über die vielen, objektiv meist nicht vorher einzuschätzenden Einflußfaktoren kann hier im einzelnen gar nicht gesprochen werden, wie z. B. wenn die Straße an einem Fußballplatz eines bisher zweitklassigen Vereines vorbeiführt, der zu Spielen ein geringes Zuschaueraufkommen hat. Durch unerwarteten Aufstieg in eine höhere Spielklasse finden sich plötzlich vielfach vermehrt Zuschauer ein, der bisherige Parkraum und die Zufahrten reichen nicht mehr, die Rasenfläche des Mittelstreifens wird, obwohl verboten, zur Verkehrsfläche (Stauraum, Parkfläche, Wendefläche usw.); ein Bild, das wir alle kennen. Hier wäre die Zumutbarkeit eindeutig überschritten.

2. Liegt die betreffende Straße bis zur Abnahme aber noch nicht unter Verkehr, ist eine umfassende Schutzpflicht zumutbar. Sie könnte mit einfachen, im Verhältnis zur Leistung stehenden Mitteln, wie z. B. Flatterleinen, erfüllt werden. Der Kreis der möglichen Beschädiger (z. B. sonstige auf der Baustelle tätige Unternehmer) wäre begrenzt und übersehbar, evtl. Schädiger leicht zu ermitteln und zur Kostenerstattung heranzuziehen, gegebenenfalls mit Hilfe des Auftraggebers.
3. Wird die betr. Straße aber vorzeitig, d. h. vor dem in den Ausschreibungsunterlagen angegebenen Termin, für den öffentlichen Verkehr freigegeben, ist eine Schutzpflicht nach diesem Termin nicht mehr zumutbar.
4. Verlängert sich aber die Fertigstellung der Leistung aus Gründen, die der Auftragnehmer zu vertreten hat über die vorgesehene Baufrist hinaus und gerät somit hinter den Zeitpunkt der Verkehrsfreigabe, verbleibt die Schutzpflicht beim Auftragnehmer, er hat dann für die Behebung von in diesem Zeitraum auftretenden Schäden keinen Anspruch auf gesonderte Vergütung.

b) Herstellen der Außenanlagen bei einem Schulneubau.

1. Bis zum Beginn des Schulbetriebes ist die uneingeschränkte Schutzpflicht in der Regel zumutbar.
2. Ist jedoch abzusehen, daß die Ausführung von Teilen der Leistung erst nach Beginn des Schulbetriebes möglich ist oder sind die Leistungen bei laufendem Schulbetrieb auszuführen, kann die Grenze der Zumutbarkeit überschritten werden. Dies wird auch durch eine Reihe von Einzelfaktoren bestimmt werden, wie z. B. Schülerzahl und zur Verfügung stehender Pausenraum, Art der Schule, Altersstufen und Bildungsgrad der Schüler, Lage der Leistung zu stärker frequentierten Verkehrsflächen usw. Auch hier sollte vom Auftraggeber rechtzeitig, d. h. bereits in der Ausschreibung abgewogen und angegeben werden, welche Schutzmaßnahmen erforderlich

sind oder welche Teile der Leistung wegen höherer Gefährdung eines besonderen Schutzes bedürfen, welche Schutzmaßnahmen möglich (technisch, wirtschaftlich) oder erwünscht (optisch, psychologisch) sind.

Wie schon bei dem Beispiel der Mittelstreifenansaat gesagt wurde, gilt auch der Grundsatz, daß ein begrenztes Risiko besser vergleichbare Angebote ergibt, mit allen daraus für den Auftraggeber resultierenden Vorteilen.

c) Pflanzung an Verkehrswegen

Bei Pflanzungen an Verkehrswegen wie Landstraßen, Autobahnen u. ä. treten häufig Diebstähle von Pflanzen aus bereits fertigen Pflanzungen auf. Hier muß man mit einem derartigen Risiko rechnen, da solche Diebstähle leider bereits zur Grunderfahrung eines Auftragnehmers gerechnet werden müssen. Die Schutzpflicht liegt dann bereits im Zumutbaren, da ein voraussehbares und abwägbares Risiko gegeben ist. Dies gilt auch dann, wenn ein wirksamer Schutz der Leistung durch Maßnahmen wie Zäune oder Bewachung wegen zu hoher Kosten nicht möglich ist.

Da im Abschnitt 4.1.3 nicht gesagt wird, wie die Leistungen zu schützen sind, kann anstelle einer Schutzmaßnahme diese auch durch entsprechende, kalkulierte Ersatzleistungen ersetzt werden. Damit wird nicht gegen den Grundsatz der Abwägbarkeit der Risiken verstoßen, nur muß eben, wie im vorliegenden Falle das Risiko innerhalb bestimmter Grenzen abwägbar sein. Dabei muß man alle Faktoren wie Verkehrsdichte (Störung von Dieben), Übersichtlichkeit (Trassenführung, Beleuchtung), Häufigkeit und Übersichtlichkeit von Park- oder Rastplätzen (als Ausgangsbasis für Diebstähle) u. ä. bei der Kalkulation des Risikos in Betracht ziehen.

Ein Ersatz gestohlener Pflanzen wird jedenfalls in der Regel billiger als eine Bewachung o. ä. sein. Ein kräftiges Behandeln der Pflanzen mit einem stinkenden oder klebrigen Wildverbißmittel kann auch eine gewisse Abschreckungswirkung haben und gleichzeitig den Schutz gegen Wildverbiß bewirken.

Aus den vorgenannten Beispielen wird deutlich, daß neben den Festlegungen der Normen und der Verkehrssitte die Lage des Einzelfalles von ausschlaggebender Bedeutung für die Ermittlung der Grenzen der Zumutbarkeit ist. Die nach Art und Umfang gleiche Schutzmaßnahme kann bei einem Großprojekt zumutbar, bei einem kleineren aus wirtschaftlichen Gründen dagegen unzumutbar sein. Es wird daher also keine feste Grenze der Zumutbarkeit festgelegt werden können, wie z. B. ein Verhältniswert zur Auftragssumme. Es kann an dieser Stelle nur dem Auftraggeber geraten werden, zur Schaffung einer möglichst gleichen Kalkulationsbasis gemäß VOB/B § 9 Nr. 1 und Nr. 2 ein besonders hohes oder ein das Übliche übersteigendes Maß an Schutzrisiko durch eine entsprechende Vertragsgestaltung zu begrenzen. Andererseits muß sich der Auftragnehmer auf eine weitgehende Schutz- und Erhaltungspflicht einrichten. Werden nach seiner Auffassung dabei die Grenzen der Zumutbarkeit überschritten, obliegt ihm im Streitfalle die Beweispflicht.

Auf die Fragen zum Thema „höhere Gewalt" ist an dieser Stelle nicht eingegangen worden, (siehe dazu Rdn 133 ff.).

337 Die in den einzelnen Normen genannten Schutzmaßnahmen, wie z. B. in DIN 18 916 die Schutzmaßnahmen für Pflanzen gegen Transportschäden, die Verankerung von Pflanzen, der Schutz der Pflanzen vor Austrocknung, der Schutz gegen Wildverbiß und Weidevieh, der Schutz von Jungpflanzen und Steckhölzern gegen Abmähen u. ä. sind ebenfalls als Nebenleistungen anzusehen, wenn in der Leistungsbeschreibung hierzu keine besonderen Angaben gemacht wurden.

Dies gilt jedoch nur insoweit, wie diese Schutzmaßnahmen bzw. Schutzvorrichtungen nicht in die Leistungen eingehen bzw. solange nicht gefordert wird, daß sie in die Leistung eingehen. Wird z. B. der Verbleib der Baumverankerungen an den Bäumen auch noch für den Zeitraum nach der Abnahme gefordert, ist ihre Lieferung und ihr Einbau keine Nebenleistung mehr. Sie wird zu einer Leistung, die in die Leistungsbeschreibung (oder in Zusätzlichen Technischen Vorschriften) aufzunehmen und entsprechend zu vergüten ist.

Auch wenn der Auftraggeber eine bestimmte Art der Ausführung dieser Schutzmaßnahmen wünscht, z. B. Dreiböcke als Verankerung von Großgehölzen oder Drahthosen gegen Wildverbiß, muß er dies in geeigneter, deutlicher Form in den Ausschreibungsunterlagen, d. h. in Zusätzlichen Technischen Vorschriften oder in besonderen Ansätzen (Positionen) in dem Leistungsverzeichnis o. ä. angeben.

Ist keine bestimmte Art der Ausführung dieser Schutzmaßnahmen vorgeschrieben, verbleibt dem Auftragnehmer unter Beachtung der Festlegungen in den jeweiligen Normen die Wahl der ihm als geeignet und ausreichend erscheinenden Ausführungsart. Erweist sich die von ihm gewählte Ausführungsart als für den Schutzzweck nicht ausreichend, muß er sich gegebenenfalls daraus entstehende Mängel an den Leistungen zu seinem Nachteil anrechnen lassen.

4.1.4 Feststellen des Zustandes der Straße und Geländeoberflächen, der Vorfluter usw. nach Teil B — DIN 1961 — § 3 Nr. 4, sowie Feststellen des Wassergehalts von Böden zur Ermittlung ihrer Bearbeitbarkeit nach DIN 18 915 Teil 1 „Landschaftsbau; Bodenarbeiten für vegetationstechnische Zwecke, Bewertung von Böden und Einordnung der Böden in Bodengruppen".

338 In VOB/B § 3 Nr. 4 wird gesagt: „Vor Beginn der Arbeiten ist, soweit notwendig, der Zustand der Straßen und Geländeoberfläche, der Vorflu-

ter und Vorflutleitungen, ferner der baulichen Anlagen im Baubereich in einer Niederschrift festzuhalten, die vom Auftraggeber anzuerkennen ist."

Nach Abschnitt 4.1.4 ist diese Feststellung dem Auftragnehmer als Nebenpflicht übertragen. Die Mitwirkung des Auftraggebers beschränkt sich auf eine Nachprüfung und Bestätigung der Aufzeichnungen des Auftragnehmers.

339 Wenn im vorstehend zitierten Teil der VOB/B von „soweit notwendig" gesprochen wird, bezieht sich dies auf die Notwendigkeit zur Aufzeichnung, die durch die Art der Leistungen der einzelnen Auftragnehmer begründet ist. So wird z. B. ein Elektriker sich nicht um den Zustand der Vorfluter kümmern brauchen, wohl aber um den Zustand der baulichen Anlagen, an denen er seine Leistungen anzubringen hat.

Der Landschaftsbau-Auftragnehmer wird sich mit dem gesamten Zustand der Baustelle zu beschäftigen haben, den er zu Beginn seiner Leistungen vorfindet. Dies beginnt bei der Zufahrt, endet an den Grenzen des Grundstückes und schließt dabei den gesamten Bestand ein.

Der Auftragnehmer soll sich dazu Bestandspläne des Auftraggebers aushändigen oder sich gegebenenfalls in vorhandene Anlagen einweisen lassen. Es sind in der Regel nicht die großen, ohne weiteres sichtbaren Anlagen oder Einrichtungen bzw. deren Zustand, die im Schadensfalle zum Streit führen. Der Streit über Verschulden an Beschädigung oder Untergang entzündet sich meist an relativen Kleinigkeiten, z. B. Schachtdekkeln, Kabelmerksteinen, Grenzsteinen, einzelnen Bordsteinen usw., die in der Summe dann doch einen erheblichen Ersatz- oder Reparaturaufwand darstellen. Es ist also zu großer Sorgfalt bei diesen Aufzeichnungen zu raten, gegebenenfalls sind sie durch Fotos, Zeichnungen u. ä. zu ergänzen. Versäumt der Auftragnehmer die rechtzeitige Aufzeichnung, insbesondere wenn ihn der Auftraggeber dazu ausdrücklich aufgefordert hat, trägt er die Beweislast am Nichtverschulden von nachträglich festgestellten Schäden.

340 In dieser ATV ist der sonst hierzu übliche Standardsatz ergänzt worden um: „... . . sowie Feststellen des Wassergehaltes von Böden zur Ermittlung ihrer Bearbeitbarkeit nach DIN 18 915 Teil 1 . . ." Da nur der aktuelle Wassergehalt eines Bodens, also der Wassergehalt zum Zeitpunkt der Bodenbearbeitung, von Ausschlag für seine Bearbeitbarkeit ist, diese Prüfung also nicht in den Bereich der vom Auftraggeber vorzunehmenden Voruntersuchungen über den allgemeinen Bodenzustand fällt (siehe auch Rdn 376 sowie Kommentar zu DIN 18 915 Teil 1 und Teil 3), wurde diese Prüfung dem Auftragnehmer übertragen.

Sie ist eine Eigenüberwachungsprüfung (siehe auch Rdn 327).

Diese Verpflichtung trifft den Auftragnehmer nur, wenn er wasserempfindliche, also bindige Böden zu bearbeiten hat. Doch dann ist sie für den

Landschaftsbau-Auftragnehmer von besonderer Bedeutung, zumal ihm bei der Bodenbearbeitung für vegetationstechnische Zwecke durch die DIN 18 320 engere Grenzen gezogen worden sind, als dem Erdbauer nach DIN 18 300. Die Tatsache, daß innerhalb der VOB in zwei verschiedenen ATV für die gleiche Leistung unterschiedliche Festlegungen getroffen wurden, ist bedauerlich und auf Dauer gesehen unhaltbar. Doch wird zu gegebener Zeit und Stelle über eine eindeutige Abgrenzung oder gleichlautende Regelung befunden werden müssen.

Zunächst muß festgestellt werden, daß nach DIN 18 320, bzw. DIN 18 915 Teil 1 und 3 bindiger Boden nur im „halbfesten" Zustand bearbeitet werden darf, Boden (auch Boden zur Verwendung für vegetationstechnische Zwecke) nach DIN 18 300 aber bereits im „weichen" Zustand. Da nach Auffassung des Fachnormen-Arbeitsausschusses „Landschaftsbau" eine Bearbeitung des Bodens im „weichen" Zustand bereits zu schweren, z. T. irreversiblen Bodenschäden führen kann, die sich in entscheidendem Maße negativ auf später darauf zu etablierende Vegetationen auswirken können, müssen bei festgestellten Schäden sofort Bedenken angemeldet werden.

Da die Fähigkeit zur Auswahl der richtigen Bodenbearbeitung (dazu gehört die Beachtung der Bearbeitbarkeitsgrenzen) ein besonderes Merkmal des Landschaftsunternehmers ist, hat er hier mit besonderer Sorgfalt vorzugehen!

4.1.5 **Heranbringen von Wasser und Energie von den vom Auftraggeber auf der Baustelle zur Verfügung gestellten Anschlußstellen zu den Verwendungsstellen.**

341

Bei dieser Nebenpflicht spielt es keine Rolle, wie weit die Anschlußstellen von den Verwendungsstellen entfernt sind. Sie müssen jedoch auf der Baustelle liegen. Auch ist es dem Auftraggeber überlassen, wie er dieses Heranbringen bewerkstelligt, soweit er dabei nicht andere Unternehmer an der Ausführung ihrer Leistungen behindert.

Die Forderung an den Auftraggeber zur Bezeichnung von Art, Leistung und Lage der Entnahmestellen, die zuvor in den Ausschreibungsunterlagen erfüllt sein muß, ergibt sich aus VOB/A § 9 Nr. 4 (siehe dazu Rdn 31) und VOB/B § 4 Nr. 4 (siehe dazu Rdn 124).

Diese Forderung ist im Landschaftsbau besonders wichtig, da oft auf der Baustelle, z. B. bei Arbeiten in der freien Landschaft (Verkehrswege, Windschutzpflanzungen), keine Anschlüsse für Wasser oder Energie vorhanden sind, Wasser z. B. von weiter entfernten Entnahmestellen herangeholt, Energie auf der Baustelle selbst erzeugt werden muß. Fehlen in den Ausschreibungsunterlagen entsprechende Angaben, muß der Bieter diese erfragen, sonst kann ihm gegebenenfalls später mangelnde Sorgfalt bei der Angebotserstellung angelastet werden, denn er muß es schließlich genau wissen, ob und in welchem Umfang er Wasser oder Energie für die Ausführung seiner Leistungen benötigt.

4.1.6 **Vorhalten der Kleingeräte und Werkzeuge.**

342 Bei der Auslegung des Begriffes „Kleingeräte" ist von der BGL, der Baugeräteliste* der Bauindustrie, auszugehen, die bis auf wenige Ausnahmen keine Geräte enthält, die als Kleingeräte zu bezeichnen sind (Kleingeräte sind in der BAL** aufgeführt). Als weitere Erläuterung kann davon ausgegangen werden, daß alle motorisch angetriebenen Geräte keine Kleingeräte sind, aber auch nicht eine fahrbare Leiter, dagegen aber Stehleitern in jeder Form zu Kleingeräten zu rechnen sind. Andererseits kann aus der Beschränkung auf Kleingeräte nicht gefolgert werden, daß das Vorhalten von Großgeräten bei Leistungen nach Einheitspreis — oder Pauschalvergütung keine Nebenleistung ist und die Vergütung hierfür gesondert zu erfolgen hat. Deren Vorhaltungskosten sind bereits in den Leistungspreis einzurechnen, zumal diese Kosten (bis auf die Baustellen-Gemeinkostenanteile) oft den eigentlichen Preis ausmachen (z. B. bei Bodenarbeiten).

4.1.7 **Lieferung der Betriebsstoffe.**

343 Betriebsstoffe sind alle Stoffe, die nicht direkt oder auf Dauer in die Leistung eingehen, aber zur Ausführung der Leistung benötigt werden, z. B. zum Antrieb, als Fördermittel, als Pflegemittel usw. Für die Bedeutung als Nebenleistung ist die Stelle, bei der sie in die Kalkulation eingehen (Gemeinkosten oder eigener Kostenfaktor) unerheblich.

4.1.8 **Befördern aller Stoffe, Bauteile und Pflanzenteile, auch wenn sie vom Auftraggeber beigestellt sind, von den Lagerstellen auf der Baustelle zu den Verwendungsstellen und etwaiges Rückbefördern.**

344 Das Befördern der Stoffe, Bauteile, Pflanzen und Pflanzenteile von den Lagerstellen auf der Baustelle zu den Verwendungsstellen ist eine eindeutige Nebenleistung, die mit den Vertragspreisen abgegolten ist. Dies gilt auch für ein evtl. erforderlich werdendes Rückbefördern von den Verwendungsstellen zur Lagerstelle, wenn z. B. Stoffe usw. vor dem täglichen Arbeitsende nicht mehr rechtzeitig eingebaut oder verwendet werden können. Im ersten und im zweiten Falle ist es dabei gleichgültig, ob der Auftragnehmer dabei diese Stoffe usw. über Zwischenlagerstellen passieren läßt.

Fordert jedoch der Auftraggeber aus Gründen, die er zu vertreten hat, ein Umlagern der Stoffe usw., ist ein solches Befördern keine Nebenleistung mehr. Wird ein solches Umlagern aber erforderlich, weil der Auftragnehmer den zum Zeitpunkt der Lagerung vorliegenden und ihm bekannten Baustellenordnungsplan nicht beachtet hat, ist das Umlagern eine Nebenleistung.

---

*) BGL — Baugeräteliste 1971. 2. Auflage. — Wiesbaden und Berlin: Bauverlag GmbH 1977.

**) BAL — Baustellenausstattungs- und Werkzeugliste 1974 mit Ergänzung 1977. — Wiesbaden und Berlin: Bauverlag GmbH.

Hat der Auftraggeber einen solchen Baustellenordnungsplan aufgestellt, muß er diesen den beteiligten Auftragnehmern rechtzeitig zur Kenntnis geben, diese müssen sich andererseits nach einem solchen Plan erkundigen oder vor der Einrichtung umfänglicher oder langfristiger Lager (und auch Baustelleneinrichtungen) über die Zweckmäßigkeit der vorgesehenen Orte erkundigen bzw. sich durch den Auftraggeber einweisen lassen.

Schließlich beinhaltet dieser Abschnitt im Gegensatz zum Abschnitt 1.2. (siehe auch Rdn 263) den eindeutigen Einschluß der vom Auftraggeber beigestellten Stoffe in die Beförderungs- und Rückbeförderungspflicht.

4.1.9 Sichern der Arbeiten gegen Tagwasser, mit dem normalerweise gerechnet werden muß, und seine etwa erforderliche Beseitigung, mit Ausnahme der Leistungen nach Abschnitt 3.5.

345

Dieser Satz ist in seinem ersten Teil, d. h. bis „... Beseitigung, ..." ein Standardsatz in allen ATV. Er entspricht VOB/B § 6 Nr. 2 Abs. 1: „Witterungseinflüsse während der Ausführungszeit, mit denen bei Abgabe des Angebotes gerechnet werden mußte, gelten nicht als Behinderung". Dabei ist auf die Angabe „bei Abgabe des Angebotes", die im Abschnitt 4.1.9 fehlt, besonders zu achten. Da im Angebot auch die vorgesehene Ausführungsfrist genannt sein muß, kann also der Bieter sich auf die Witterungsverhältnisse, die in der dort genannten Ausführungsfrist in der Regel herrschen, einstellen. Verschiebt sich die Ausführungsfrist aus Gründen, die der Auftragnehmer nicht zu vertreten hat, z. B. aus dem niederschlagsärmeren Sommer in den niederschlagsreicheren Herbst (häufigeres Eintreten von Nichtbearbeitbarkeit des Bodens, umfangreichere Maßnahmen zur Ableitung des Tagwassers usw.), sollte hier der Auftragnehmer gegebenenfalls Bedenken gegen die vorgesehene Ausführungsfrist (Art der Ausführung) sowie auch gegebenenfalls nach VOB/B § 6 Nr. 6 Nachforderungen für nachzuweisenden Mehraufwand anmelden.

346

Jedoch auch diesen Nebenleistungen sind Grenzen gesetzt, wie sich aus VOB/A § 9 Nr. 2 („kein ungewöhnliches Wagnis") ergibt. Diese Grenzen sind einmal durch den Nachsatz zu Abschnitt 4.1.9: „mit Ausnahme der Leistungen nach Abschnitt 3.5." gegeben. Dieser Nachsatz wurde in der ersten Ausgabe der VOB 1973 leider irrtümlicherweise (Druckfehler) verstümmelt abgedruckt. Es fehlten dort die Worte: „mit Ausnahme der ...". Dieser Fehler ist bereits in der Ergänzungsausgabe 1976 korrigiert worden.

Dieser Nachsatz bedeutet, daß jede Sicherung gegen Tagwasser dann keine Nebenleistung ist, wenn zur Abwendung von Gefahren aus Tagwasser Leistungen vorgenommen werden müssen, die zum Leistungsbereich des Abschnittes „3.5. Sicherungsarbeiten" gemäß DIN 18 918 gehören. Mit dieser Einschränkung wird der besonderen Situation des Landschaftsbaues, mit ihren wesentlich stärker witterungsabhängigen Leistungen als die der meisten anderen ATV, Rechnung getragen. Als Nebenleistung ist also nur ein Schutz zu verstehen, der aus einfachen Mitteln, wie z. B. Gräben und Dämme ohne besonderen Verbau, herzustellen ist. Jede weitere Sicherung, wie z. B. das Ausbilden eines solchen Grabens als Folienrinne oder als Rauhbettrinne oder die Sicherung eines Dammes mit Flechtwerk oder die Festlegung von Flächen durch Anspritzen mit Klebern mit und ohne Rasensaatgut, übersteigt den Charakter der Nebenleistung im Sinne dieses Abschnittes.

347 Auch muß bei der Auslegung des Begriffes „Tagwasser“ ein enger Maßstab angelegt werden. Unter Tagwasser wird nicht Wasser verstanden, das seinen Ursprung aus dem Boden hat, wie z. B. Grundwasser, Schichtenwasser, Quellen, auch wenn dieses letztlich aus Niederschlagswasser gespeist wird. Auch zählt Hangwasser nicht dazu, das seinen Einzugsbereich aus Flächen hat, die oberhalb der zu schützenden Leistung außerhalb der Baustelle liegen.

Da Wasser aus diesen Herkünften in der Regel auch nach Fertigstellung der Leistungen für den Fortbestand der Leistungen von Gefahr ist, müssen hier ohnehin entsprechende Sicherungen nach Abschnitt 3.5. vom Auftraggeber vorgesehen und vergütet werden. Fehlen entsprechende, an sich für die Ausführung und den Fortbestand der Leistungen erforderliche Sicherungsmaßnahmen, muß der Auftragnehmer in ausreichender Form Bedenken anmelden.

348 Unter Tagwasser wird nach dem vorher Gesagten nur das bei Niederschlägen (Regen und Schnee mit entsprechendem Schmelzwasser) anfallende Wasser verstanden und dann nur in den Mengen, mit den „normalerweise“ gerechnet werden muß. Außergewöhnliche Niederschläge, also solche, mit denen nach den örtlich bekannten Verhältnissen im langjährigen Mittel nicht zu rechnen ist, gehören nicht hierzu. Dies sind Fälle, zu denen VOB/B § 7 „höhere Gewalt“ wirksam wird (siehe auch dazu Rdn 133). Tagwasser kann durch seine ungewöhnliche Menge allein, durch eine ungewöhnliche hohe Menge in ungewöhnlich kurzer Zeit, aber auch zu einer ungewöhnlichen Jahreszeit zur höheren Gewalt werden. Die Ungewöhnlichkeit ist in der Regel nur unter Vorlage von Gutachten bzw. entsprechende Aufzeichnungen der Wetterämter durch den Auftragnehmer nachzuweisen. Dabei ist streng darauf zu achten, daß dies auf das Witterungsgeschehen am Ort der Leistung bezogen sein muß. Es wird dabei die Problematik solcher Nachweise nicht verkannt, da solche Unwetter oft in sehr begrenzten Räumen auftreten und nicht immer oder nicht immer im gleichen Maße wie auf der Baustelle auftretend, von den Beobachtungsstellen der Wetterämter erfaßt werden. Eine genaue Wetteraufzeichnung gehört daher in jedes Baustellentagebuch, wie zumindestens auf jeder größeren Baustelle ein Regenmeßgerät und ein Thermometer sein sollte. Es wird also nochmals betont, daß der Nachweis der

Ungewöhnlichkeit dem Auftragnehmer obliegt und mit großer Sorgfalt geführt werden muß, um den Tatbestand der höheren Gewalt zu seiner Entlastung in Anspruch nehmen zu können. Da aber zum Tatbestand der höheren Gewalt nicht nur die Unvorhersehbarkeit, sondern auch die Unabwendbarkeit gegeben sein muß, ist auch der Nachweis über die getroffenen Sicherungsmaßnahmen unerläßlich.

Schließlich bleibt noch zu erwähnen, obwohl selbstverständlich, daß bei der Auswahl der Sicherungen nach Abschnitt 4.1.9 die Gegebenheiten der Baustelle, wie z. B. Bodengruppe, Flächenneigung, Flächengröße usw. zu berücksichtigen sind, wie auch bei allen Leistungen nach Abschnitt 3.5.

4.1.10 Beleuchten und Reinigen der Aufenthaltsräume und Aborte für die Beschäftigten des Auftragnehmers sowie Beheizen der Aufenthaltsräume.

349 Die Durchführung der Bestimmungen der Sozial- und Gesundheitsfürsorge (hier wird insbesondere auf die „Ausführungsverordnung zum Gesetz über die Unterkunft bei Bauten", neueste Fassung, verwiesen), die Fürsorge des Arbeitgebers, auch auf Baustellen hygienische und menschenwürdige Verhältnisse in Unterkünften, Abortanlagen, Waschräumen sowie bei entlegenen Baustellen auch in Kantinen und Wohnlagern zu bewirken, sind Pflicht und auch Eigeninteresse des Auftragnehmers (vgl. auch VOB/B § 4 Nr. 2.2).

Die Notwendigkeit zur Schaffung solcher Verhältnisse bedarf also keiner besonderen Erwähnung im Leistungsverzeichnis, sie ist eine Nebenleistung, die in die Gemeinkosten der Baustelle aufzunehmen ist. Davon unberührt ist das Vorhalten dieser Einrichtungen (siehe dazu Abschnitt 4.2).

4.1.11 Beseitigen aller Verunreinigungen (Abfälle, Bauschutt und dergleichen), die von den Arbeiten des Auftragnehmers herrühren.

350 Der Grundsatz, daß jeder Auftragnehmer die von ihm verursachten Verunreinigungen selbst zu beseitigen hat, ist nicht nur eine Frage der Vergütung (hier also eine nicht gesondert zu vergütende Nebenleistung), sondern auch eine Angelegenheit der allgemeinen Ordnung auf der Baustelle, also der Nichtbehinderung anderer Unternehmer auf der Baustelle und der Verhinderung von Unfällen, die durch Lagerungen von Abfällen usw. nicht selten verursacht werden. Somit ist auch der Zwang zur umgehenden Beseitigung oder zumindestens zur geordneten Lagerung, z. B. in besonderen Unrat-Containern gegeben.

351 Die unkontrollierte Lagerung von Abfällen, Bauschutt u. a., deren Herkunft oft nicht einwandfrei zu klären ist, insbesondere auf größeren Baustellen bei gleichzeitigem Arbeiten vieler Auftragnehmer, erfordert häufig von der Bauführung des Auftraggebers einen sehr hohen Zeitaufwand zur Aufspürung der Übeltäter. Hier kann oft nur das Androhen von drakoni-

schen Maßnahmen helfen. Oft wird auch das Beseitigen von anonymem Schutt als Umlageabzug von der Vergütung vertraglich festgelegt. Leider bewirkt eine solche Maßnahme nicht selten nur den vermehrten Anfall von anonymen Ablagerungen auf der Baustelle. Auch wird der Landschaftsbau-Unternehmer von solchen Vertragsvereinbarungen ungerecht betroffen, weil er entweder zu Beginn eines solchen Bauvorhabens (z. B. bei der Oberbodenbergung, bei Baumschutzmaßnahmen u. ä.) oder zum Ende des Bauvorhabens (er ist naturgemäß immer der Letzte) noch oder wieder allein auf der Baustelle ist. Zu Beginn muß er vor der Oberbodenbergung evtl. Verunreinigungen ohnehin abräumen und hinterläßt dabei keine. Zum Ende des Bauvorhabens muß er, bevor er seine Leistungen beginnen kann, in der Regel den Schutt anderer Unternehmer ebenfalls beseitigen. Seine eigenen Abfälle sind meist gut kenntlich, eine Beseitigungsaufforderung des Auftraggebers meist leicht durchsetzbar. Eine Einbeziehung auch des Landschaftsbau-Auftragnehmers in eine allgemeine „Schuttumlage“ ist daher in der Regel nicht zu vertreten.

352 In VOB/B § 4 Nr. 2 wird nur von der Ordnung auf der „Arbeitsstelle“ gesprochen, was gleichbedeutend mit der „Baustelle“ ist. Im Abschnitt 4.1.11 ist eine derartige räumliche Beschränkung für die Beseitigungspflicht nicht vorgesehen. Es sind also alle Verunreinigungen, die von den Arbeiten des Auftragnehmers herrühren, auch wenn sie außerhalb der Baustelle anfallen, zu beseitigen. Das können sein z. B. Verunreinigungen der Zufahrtsstraßen, Staubablagerungen auf Nachbargrundstücken, Verunreinigungen von Gewässern usw.. Hierbei ist auf die gesetzlichen und behördlichen Bestimmungen, insbesondere des Abfallbeseitigungsgesetzes (Umweltschutz) zu achten.

4.1.12 **Beseitigen einzelner Sträucher und einzelner Bäume bis zu 10 cm Stammdurchmesser, gemessen 1 m über dem Erdboden, der dazugehörigen Baumstümpfe und Wurzeln.**

353 In dieser Festlegung ist leider nur eindeutig, daß Bäume bis 10 cm Stammdurchmesser, gemessen über 1 m über dem Erdboden, sowie deren Stümpfe und Wurzeln und auch die Stümpfe und Wurzeln von Sträuchern als Nebenleistung, d. h. ohne gesonderte Vergütung zu entfernen sind.

Die Festlegung, daß es sich um **einzelne** Sträucher und Bäume handeln muß, ist dagegen nicht eindeutig. Bei den Beratungen zur Neufassung dieser ATV gelang es nicht, eine zweifelsfreie Begrenzung der Stückzahl zu erreichen. Da in der Praxis hierzu oft Streitigkeiten zwischen den Vertragspartnern entstanden, wird folgende Regelung als angemessen empfohlen:

„Als Nebenleistung sind zu entfernen:

a) Bis zu 5 Sträucher unter 100 cm Höhe oder Umfang je 100 m^2 Bearbeitungsfläche, einschließlich deren Stümpfe und Hauptwurzeln,

b) bis zu 1 Strauch über 100 cm Höhe oder Umfang je 100 m^2 Bearbeitungsfläche, einschließlich deren Stümpfe und Hauptwurzeln,

c) bis zu 1 Baum bis zu 10 cm Stammdurchmesser, je 100 m^2 Bearbeitungsfläche, gemessen 1 m über dem Erdboden, einschließlich deren Stümpfe und Hauptwurzeln."

Es wird nicht verkannt, daß auch diese Empfehlung bei Baustellen mit großer Flächenausdehnung zu Stückzahlen führen kann, die ein für eine Nebenleistung vertretbares Maß weit überschreiten. Aber auch hier muß einerseits das partnerschaftliche Verantwortungsbewußtsein des Auftraggebers bei der Aufstellung des Leistungsverzeichnisses regelnd eingreifen (gemäß VOB/B § 9 Nr. 4 Abs. 1 „Um eine einwandfreie Preisermittlung zu ermöglichen, sind alle sie beeinflussenden Umstände festzustellen und in den Verdingungsunterlagen anzugeben"). Andererseits wird deutlich, wie wichtig für den Bieter eine Ortsbesichtigung vor der Angebotsabgabe ist (siehe dazu auch Rdn 26).

4.1.13 Beseitigen von einzelnen Steinen und Mauerresten bis zu 0,03 m^3 Rauminhalt.

354 Auch hier kann es über den Begriff „einzeln" zu Streit zwischen den Vertragspartnern kommen, doch hier können die Bodengruppen nach DIN 18 915 Blatt 1 eine Auslegungshilfe sein.

Ein Stein von 0,03 m^3 Rauminhalt entspricht einer Kugel mit einem Durchmesser von ca. 400 mm. Die Obergrenzen der Korngrößen liegen bei den Bodengruppen 2, 4, 6 und 8 bei einem Korndurchmesser von 50 mm und bei den Bodengruppen von 3, 5, 7 und 9 bei einem Korndurchmesser von 200 mm. Demnach sind bei den jeweiligen Bodengruppen alle Steine über 50 mm bzw. 200 mm in Betracht zu ziehen. Steine über diesen Grenzwerten bis zu einem Durchmesser von 400 mm würden unter die Regelung dieses Abschnittes fallen.

Dabei kann z. B. eine Gesamtmenge von ca. 5 m^3 an solchen Steinen aus je 1 000 m^2 Bearbeitungsfläche noch als einzelne Steine bezeichnet werden.

Das Beseitigen von Steinen und Bauwerksresten über 0,03 m^3 Rauminhalt (gleich einer Kugel von über 400 mm Durchmesser) kann nicht mehr als Nebenleistung angesehen werden.

4.1.14 Herstellen der werkgerechten Anschlüsse an angrenzende Bauteile.

355 Wie Anschlüsse an angrenzende Bauwerke herzustellen sind, ist z. T. in den Fachnormen angegeben worden, wie in DIN 18 035 Blatt 6, Abschnitt 3.5.1. Wünscht der Auftraggeber davon abweichende Bauweisen oder in anderen Fällen spezielle Bauweisen bzw. besondere Ausbildungen von Anschlüssen, muß er dies in der Leistungsbeschreibung angeben. Dies ist insbesondere dann erforderlich, wenn die Ausbildung dieser An-

schlüsse mittels besonderer Bauteile, wie z. B. Dichtungsbänder, gefordert wird.

4.1.15 Herstellen des nötigen Gefälles bei der Oberflächenausbildung von Vegetationsflächen, Belägen und Sicherungsbauwerken zur Wasserableitung.

356 Durch nicht ausreichende oder falsche Ausbildung von erforderlichen Gefällen können Schäden auftreten, die die Funktionstüchtigkeit der mit Gefälle herzustellenden Flächen selbst beeinträchtigen, wie z. B. unzureichender Abfluß von Oberflächenwasser bei Spielrasen, Sportrasen, Laufbahnen und sonstigen Sportflächen mit der Wirkung einer Nichtbespielbarkeit. In ihrer Folge kann aber auch eine Beeinträchtigung der Leistung selbst entstehen, wie z. B. die Zerstörung der Rasendecke infolge Benutzung des Rasens bei Durchweichung der Rasentragschicht wegen unzureichendem Oberflächenabfluß (insbesondere im Winter bei einsetzendem Tauwetter). Auch können Rasen, Gehölze und Stauden auf bindigem, wasserundurchlässigen Boden auf aus gestalterischen Gründen durchgemuldeten Flächen infolge Staunässe erheblichen Schaden leiden, der bis zum Absterben dieser Pflanzen führen kann.

Schließlich können auch angrenzende Bauwerke durch falsche, aber auch schon durch nicht ausreichende Gefälleausbildungen Schaden leiden, wie z. B. vollaufende Keller, weggespülte Wege usw.. Gerade bei einem Beispiel des weggespülten Weges wird deutlich, wie wichtig eine in einer Hand liegende Planung der Außenanlagen, nämlich der des Landschaftsarchitekten ist. Liegt die Entwässerungsplanung von Wege- und Platzflächen, auch der Gebäudefassaden und der sonstigen, in der Regel grünen Freiflächen nicht in einer Verantwortung, sind fast immer teure Doppellösungen unvermeidlich.

Dem Auftragnehmer ist dringend anzuraten, die ihm übergebenen Ausführungsunterlagen (Bauzeichnungen) auch hinsichtlich der dort gemachten Gefälle- bzw. Höhenangaben zu überprüfen und bei nicht ausreichendem oder falschem Gefälle Bedenken geltend zu machen. Unterläßt er dies, gehen alle dadurch an der Bauleistung selbst und an angrenzenden Bauwerken entstehenden Mängel oder Schäden zu seinen Lasten.

4.2 Folgende Leistungen sind Nebenleistungen, wenn sie nicht nicht durch besondere Ansätze in der Leistungsbeschreibung erfaßt sind:

357 In diesem Hauptabschnitt sind Leistungen enthalten, die in der Regel und insbesondere bei kleineren Baustellen Nebenleistungen sind. Bei größeren Baustellen, oder bei Baustellen mit besonderen Anforderungen an die Baustelleneinrichtung und/oder Gerätevorhaltung kann es aber von besonderem Interesse des Auftraggebers sein, wenn deren Kosten in eigenen Positionen im Leistungsverzeichnis aufgeführt werden. Durch die damit verbundene Entlastung der Preise der Leistungen wird eine gerechtere Wertung der Angebote ermöglicht. Auch hat ein solches preisbereinigen-

des Verfahren Vorteile bei Preisverhandlungen im Falle von Über- oder Unterschreitungen von Leistungsmengen nach VOB/B § 2 Nr. 3 Abs. 3. Weiter läßt sich auch bei Zwischenrechnungen der betr. Leistungsstand besser abgrenzen.

4.2.1 Einrichten und Räumen der Baustelle.

4.2.2 Vorhalten der Baustelleneinrichtung einschließlich der Geräte, Gerüste und dergleichen.

358 Diese beiden Standardsätze stehen meist in engem Zusammenhang und werden daher auch gemeinsam besprochen. Bei der Ausschreibung hat der Auftraggeber zu entscheiden, ob er diese Leistungen als Nebenleistungen behandeln oder ob er dafür in das Leistungsverzeichnis entsprechende Positionen aufnehmen will. Er muß dabei VOB/A § 9 Nr. 8 Abs. 2 beachten: „Für die Einrichtung größerer Baustellen mit Maschinen, Geräten, Gerüsten, Baracken und dergleichen und für die Räumung solcher Baustellen sowie für etwaige zusätzliche Anforderungen an Zufahrten (z. B. hinsichtlich der Tragfähigkeit) sind besondere Ansätze (Ordnungszahlen) vorzusehen."

Der Auftraggeber hat dazu jedoch Handlungsfreiheit, der Auftragnehmer hat keinen Anspruch auf das eine oder andere Verfahren.

359 Wenn jedoch der Auftraggeber sich zur Bildung von besonderen Ansätzen im Leistungsverzeichnis entschlossen hat, sollte er dies nicht mit einer Sammelposition für Einrichten, Räumen und Vorhalten bewenden lassen. So übersichtlich und geordnet wie sich eine Baustelle und ihr voraussichtlicher Ablauf meist im Planungs- bzw. Ausschreibungsstadium darstellt, so läuft sie aber oft nicht. Nicht vorhersehbare Einwirkungen, wie z. B. konjunkturpolitische Auswirkungen auf die Verwendung von Haushaltsmitteln, umweltpolitische Kontraentwicklungen u. ä., führen nicht selten zu Behinderungen und Arbeitsunterbrechungen. Auch ist manchmal von vornherein mit Unterbrechungen zu rechnen, wie z. B. auch bei extrem witterungsabhängigen Leistungen wie die Herstellung von Kunststoffdekken im Sportplatzbau.

Es ist auf jeden Fall anzuraten, das Einrichten und Räumen der Baustelle von der Vorhaltung der Baustelleneinrichtung, der Geräte und Maschinen zu trennen. Nicht selten ist ein wiederholtes Einrichten und Räumen billiger als das Vorhalten über einen längeren Zeitraum.

360 Nachstehend soll in einer Aufstellung alles erfaßt werden, was in der Regel, d. h. auch nach der gewerblichen Verkehrssitte zur normalen Baustelleneinrichtung gehört:

a) Aufladen der Einzelteile der Einrichtung, Maschinen und Geräte im Lager (Betriebshof) des Auftragnehmers;

b) Transport der Einrichtung, Maschinen und Geräte vom Lager (Betriebshof) des Auftragnehmers zur Baustelle, einschließlich aller Kosten für Fracht, Umschlag und Fahrten;

c) Vorbereiten des Baustelleneinrichtungsplatzes, wie einfache Bodenplanierung, Flächensäuberung, Platzbefestigung sowie gegebenenfalls Einzäunung dieses Platzes;

d) Zufahrtswege auf der Baustelle (Baustraßen), die zur Durchführung der Leistungen des Auftragnehmers erforderlich sind;

e) Vorbereiten der Zufahrtswege zum Einrichtungsplatz;

f) Aufstellen der Baustellenbegrenzung, Hinweise- und Verbotstafeln;

g) Abladen der Einrichtung, Maschinen und Geräte auf der Baustelle;

h) Aufbau der Unterkünfte, Toiletten, Waschräume, Lagerräume usw.;

i) Montage der Geräte und Maschinen;

j) Herstellen der Anschlüsse für Energie, Wasser, Telefon usw.

Zum Abräumen der Baustelleneinrichtung ist zu rechnen:

a) Demontage der Unterkünfte usw., der Umzäunung und Begrenzungen;

b) Demontage der Geräte und Maschinen, sowie der Anschlüsse;

c) Aufladen der Einrichtung, Geräte und Maschinen;

d) Transport der Einrichtung, Geräte und Maschinen von der Baustelle zum Lagerplatz (Betriebshof) des Auftragnehmers einschließlich der Kosten für Fracht, Umschlag, Fahrten sowie Abladen.

e) Wiederherstellen des ursprünglichen Geländezustandes.

361 Besondere Anforderungen an Bauzäune, Rodungen, Einrichten von Kantinen, Ausbau von Baustraßen für andere Unternehmer auf der Baustelle, Verkehrsumleitungen, Signaldienst usw. sind nicht Bestandteil der Nebenleistung nach Abschnitt 4.1 (siehe auch die Abschnitte 4.3.2 bis 4.3.6).

362 Während die Kosten für die Einrichtung und das Räumen in der Regel einmalig und unabhängig von der Dauer der Bauzeit sind, sind die Vorhaltungskosten für die Einrichtung, Geräte und Maschinen von der Bauzeit bzw. Vorhaltungszeit abhängig. Schon aus diesem Grunde sind sie im Leistungsverzeichnis zu trennen.

Auch empfiehlt sich, nicht nur eine pauschale Vorhaltung in das Leistungsverzeichnis aufzunehmen, sondern bestimmte Zeiträume, wie z. B. Monate, bei bestimmten Geräten oder Maschinen evtl. auch Tage, zu nennen. Auch ist eine Berücksichtigung von Stilliegezeiten bzw. Wartezeiten zu empfehlen, wenn diese der Auftragnehmer nicht zu vertreten hat (Streik, Planungsänderung usw.).

363 Zu den Vorhaltekosten gehören in der Regel:

a) Bereitstellung, Benutzung und Pflege ab Bereitstellung bis Räumungsende;

b) Kapitaldienst (Abschreibung, Zinsen, Mieten) für die Einsatzzeit;

c) laufende Reparaturen und Überholungen ab Bereitstellung bis Räumungsende.

Gegebenenfalls ist dabei, wie schon zuvor gesagt, eine Unterscheidung zwischen Einsatz- und Stilliegezeiten vorzunehmen.

Für die Bemessung der Kosten für Kapitaldienst und Reparaturen wird die Anwendung der Baugeräteliste des Hauptverbandes der Bauindustrie empfohlen. Die Betriebskosten der Geräte und Anlagen, für Lohn, Stoffe und Energie sind nicht Bestandteil der Vorhaltekosten.

364 Es muß aber auch deutlich gesagt werden, daß nur die Vorhaltezeit vergütet werden kann, die bei zügigem Bauablauf entsteht. Verzögert sich die Fertigstellung der Leistung aus Gründen, die der Auftragnehmer zu vertreten hat, kann dieser nicht mit einer Vergütung für den auf diese Verzögerung entfallenden Teil der Vorhaltezeit rechnen.

4.3 Folgende Leistungen sind keine Nebenleistungen:

365 Dieser Abschnitt enthält die Leistungen, die nach VOB/A § 9 Nr. 6 „besondere Leistungen" von allgemeiner Natur sind (Abschnitt 4.3.1) und dann weiter die Leistungen, die in dem speziellen Fachgebiet dieser ATV zu den „besonderen Leistungen" zählen (Abschnitt 4.3.2 bis 4.3.14). „Besondere Leistungen" sind im Gegensatz zu den Nebenleistungen nach Abschnitt 4.1 in keinem Fall Nebenleistungen. Wird die Ausführung der „besonderen Leistungen" vom Auftraggeber gewünscht, muß er hierfür besondere Ansätze in der Leistungsbeschreibung vorsehen oder sie gemäß VOB/B § 2 Nr. 6 gesondert vergüten.

Die Aufzählung dieser Leistungen im Abschnitt 4.3 ist inbesondere deswegen erforderlich, weil die Grenzen der nach der zur gewerblichen Verkehrssitte zur Hauptleistung zu zählenden nebenleistungsartigen Leistungen nicht immer eindeutig sind oder unterschiedlich beurteilt werden.

Werden darüber hinaus bei der Aufstellung des Leistungsverzeichnisses Leistungen übersehen, die zur vollständigen Herstellung der Bauleistung erforderlich sind, oder werden über das Leistungsverzeichnis hinaus weitere Leistungen aus Gründen der Planungsänderung nach der Vergabe erforderlich, greift ebenfalls die Regelung nach VOB/B § 2 Nr. 6 ein.

4.3.1 „Besondere Leistungen" nach Teil A — DIN 1960 — § 9 Nr. 6.

366 Aus Gründen der Übersichtlichkeit werden hier noch einmal die Angaben zu VOB/A § 9 Nr. 6, die allgemeinen „besonderen Leistungen", nochmals wiederholt:

a) Beaufsichtigung der Leistungen anderer Unternehmer,

b) Sicherungsmaßnahmen zur Unfallverhütung für Leistungen anderer Unternehmer,

c) besondere Schutzmaßnahmen gegen Witterungsschäden, Hochwasser und Grundwasser,

d) Versicherung der Leistung bis zur Abnahme zugunsten des Auftraggebers oder Versicherung eines außergewöhnlichen Haftpflicht-Wagnisses,

e) besondere Prüfung von Stoffen oder Bauteilen, die der Auftragnehmer liefert,

f) Abnahme von Stoffen oder Bauteilen vor der Anlieferung auf die Baustelle auf Verlangen des Auftragnehmers.

Diese Leistungen sind in den Verdingungsunterlagen anzufordern, in der Regel in besonderen Ansätzen (Positionen oder Ordnungszahlen) im Leistungsverzeichnis.

4.3.2 Aufstellen, Vorhalten und Beseitigen von Bauzäunen, Blenden und Schutzgerüsten zur Sicherung des öffentlichen Verkehrs sowie von Einrichtungen außerhalb der Baustelle zur Umleitung und Regelung des öffentlichen Verkehrs.

367 Unter Rdn 222 ist hierzu bereits Stellung genommen. Zusammengefaßt wird daher hier nur kurz wiederholt, daß der Auftraggeber verpflichtet ist, „die erforderlichen Erlaubnisse zur Regelung des öffentlichen Verkehrs einzuholen". Er muß dies rechtzeitig vornehmen, d. h. so rechtzeitig, wie es zur Aufnahme von evtl. dazu erforderlichen Leistungen in das Leistungsverzeichnis sein muß. Diese Leistungen sind keine Nebenleistungen, ganz gleich welchen Umfanges sie sind. Je größer aber ihr voraussichtlicher Umfang ist, um so notwendiger ist aus Gründen eines gerechten Wettbewerbes eine rechtzeitige Preisvereinbarung über die Ausschreibung.

4.3.3 Besondere Maßnahmen zur Sicherung gefährdeter Bauwerke und zum Schutz benachbarter Grundstücke, z. B. Unterfangen, Stützmauern, Bodenverfestigungen.

368 Dieser Abschnitt steht im Zusammenhang mit dem Abschnitt 0.1.9, siehe dazu auch Rdn 218 und 219.

Die Notwendigkeit des Schützens gefährdeter Bauwerke und benachbarter Grundstücke mit ihrem gesamten Bestand steht außer Zweifel. Dies wird bereits in den betreffenden allgemeinen gesetzlichen Bestimmungen geregelt sowie in den gesetzlichen Haftpflichtbestimmungen (siehe auch VOB/B § 10 Nr. 2).

Die Art und den Umfang der erforderlichen Schutzmaßnahmen hat der Auftraggeber als Veranlasser der Bauleistungen zu erkunden und in den Verdingungsunterlagen, möglichst in eigenen Ansätzen (Positionen), im Leistungsverzeichnis festzulegen. Wird aus irgendwelchen Gründen z. B. das Fehlen von Bestandsplänen oder unvermutetes Auftreten von Gefährdungen erst während der Ausführung die Notwendigkeit von Schutzmaßnahmen erkannt, sind hierzu entsprechende Preisvereinbarungen gemäß VOB/B § 2 Nr. 6 bzw. 7 zu treffen.

Ist wegen akuter Gefährdung ein sofortiges Handeln des Auftragnehmers erforderlich, hat der Auftragnehmer unter Berücksichtigung von VOB/B § 2 Nr. 8 Abs. 2 ebenfalls Anspruch auf eine gesonderte Vergütung der bereits erfolgten Schutzmaßnahmen. Die ausgeführten Maßnahmen müssen jedoch zur Erfüllung des Vertrages notwendig sein, dem mutmaßlichen Willen des Auftraggebers entsprechen (z. B. zur Abwendung größerer Gefahren oder Schäden) und ihm unverzüglich angezeigt werden.

4.3.4 Sichern von Leitungen, Kanälen, Dränen, Kabeln, Grenzsteinen, Bäumen, Pflanzenbeständen, Vegetationsflächen und dergleichen.

369

Hierzu sind auch die Ausführungen zu den Abschnitten 0.1.8 und 0.1.10 (Rdn 215 bis 217 und Rdn 220 und 221) zu beachten.

An dieser Stelle ist noch zu sagen, daß alle Sicherungsmaßnahmen sehr sorgfältig geplant und ausgeführt werden müssen.

Schäden an Bäumen und Sträuchern sowie Vegetationsflächen, oft beim Verursachen noch gar nicht sichtbar, wie z. B. Wurzelrisse durch Überfahren der Wurzelbereiche, können schwere Beeinträchtigungen, ja oft auch den Totalverlust zur Folge haben.

Die Auswirkungen von Baumschäden, insbesondere von Wurzelschäden, zeigen sich in der Regel erst sehr lange nach der tatsächlichen Schadensursache, oft erst mehrere Jahre danach. Die Bauleitung des Auftraggebers, die zumindestens dann aus ihren Versäumnissen Lehren ziehen könnte, ist nicht mehr greifbar. Die Bauleistung ist abgerechnet, die Gewährleistungszeit verstrichen, es besteht aus dem Vertrag heraus keine Möglichkeit mehr, den Auftragnehmer zu belangen. Auch ist dann der Verschuldensnachweis nicht mehr mit genügender Sicherheit zu erbringen. Nur die peinlich genaue Beachtung der DIN 18 920 kann da vorbeugend helfen. Ihre Beachtung sollte um so leichter sein, als sie nicht nur die Forderung nach baulichen, mit Kosten verbundenen Schutzmaßnahmen erhebt, wie z. B. Schutzvorrichtungen um Bäume oder Wurzelvorhänge bei Abgrabungen, sondern auch Verbote enthält, deren Einhaltung nichts kostet, weil sie nur die Unterlassung bestimmter Handlungen fordern, wie z. B. das Verbot des offenen Feuers oder von Baustellenheizungen unter Bäumen oder das Verbot des Ausgießens von Säuren, Laugen oder Mineralölen.

Auf die Baumschutzverordnungen der Kommunen wird hiermit besonders hingewiesen!

Bei Leitungen, Kanälen, Kabeln können selbst geringfügige Einwirkungen, wie das Einschlagen eines Markierungspfahles, oft schwerwiegende Folgen in bezug auf die Gefährdung von Personen, materiellen Werten usw. haben. Dazu Beispiele aufzuführen erübrigt sich, denn die Zahl der aufgetretenen Schäden ist so hoch, die Art der Schäden so vielfältig, sie dürften jedem Praktiker hinreichend bekannt sein.

Da nicht nur diese Sicherungsmaßnahmen keine Nebenleistung sind und sie im engen Zusammenhang mit dem Suchen von Kabeln, Leitungen usw. stehen, wird hier auch auf Abschnitt 4.3.12 hingewiesen (siehe Rdn 395).

4.3.5 Beseitigen von Hindernissen, Leitungen, Kanälen, Dränen, Kabeln und dergleichen, ausgenommen Leistungen nach Abschnitt 4.1.11, und von störenden und/oder pflanzenschädigenden Bodenarten.

370 Der erste Teil dieses Abschnittes ist ein Standardsatz, der in engem Zusammenhang mit dem Abschnitt 4.1.11 steht.

In der Regel wird ein Beseitigen von Leitungen, Kanälen, Kabeln und dergleichen nur bei nicht mehr in Betrieb befindlichen Einrichtungen dieser Art erforderlich sein. In jedem Falle darf dieses Beseitigen nur auf ausdrückliche Anordnung des Auftraggebers erfolgen, nur dieser kann über Verbleib, weil nur vorübergehend stillgelegt, oder über Beseitigen, weil nicht mehr erforderlich, verbindlich entscheiden, wie auch über die Behandlung der zu beseitigenden Teile. Er kann hierzu z. B. einen zerstörungsfreien Ausbau anordnen, weil die Teile noch anderweitig verwendbar sind.

Schließlich steht mit dem Weisungsrecht des Auftraggebers über Art und Umfang der Beseitigung die Frage der zu vereinbarenden Vergütung in engem Zusammenhang. Einfacher liegt der Fall, wenn alle diese Fragen bei der Vergabe durch Aufnahme dieser Leistungen in das Leistungsverzeichnis gelöst werden.

371 Hindernisse, wie im Boden verborgene größere Steine, Mauerreste, Fundmunition, auch im Untergrund auftauchende schwierig bearbeitbare Böden sind in der Regel noch nicht bei der Aufstellung des Leistungsverzeichnisses erfaßbar. Die Vergütung für dazu erforderliche Leistungen wird nach VOB/B § 2 Nr. 6 geregelt werden müssen.

Anders verhält es sich dabei bei bereits vorher sichtbaren Hindernissen. Ein Auftraggeber, der solche sichtbaren Hindernisse nach Abgrenzung nach Abschnitt 4.1.11 (Größe bzw. Rauminhalt sowie Anzahl, was auch für die nicht sichtbaren Hindernisse gilt), nicht in das Leistungsverzeichnis aufnimmt, handelt wettbewerbsgefährdend und fahrlässig zu seinem eigenen Schaden. Eine nachträglich nach VOB/B § 2 Nr. 6 zu treffende Vergütungsvereinbarung wird in der Regel für ihn ungünstiger sein, als eine unter Wettbewerbsbedingungen zustandegekommene.

372 Besondere Beachtung wird im Landschaftsbau der dritte Teil dieses Abschnittes finden müssen, das Beseitigen „von störenden und/oder pflanzenschädigenden Bodenarten".

Eine störende Bodenart kann z. B. ein mit Glasresten durchsetzter Oberboden sein, der für eine Liegewiese verwendet werden soll oder eine Moorlinse im Baugrund eines Spielfeldes. Eine Pflanzenschädigung kann durch ungeeigneten Boden bedingt sein, wie z. B. Sandboden für Sumpfpflanzen oder wasserhaltender Boden für Heidepflanzen; die Pflanzenschädigung kann auch durch Mineralöle, Farbreste, Säuren, Laugen, Bauschutt usw. bewirkt werden, schließlich auch durch eine ungünstige Bodenreaktion (pH-Wert).

Alle hier zum Abwenden von Schäden erforderlichen Maßnahmen, wie z. B. Bodenaustausch, Überschüttungen usw., sind keine Nebenleistung. Auch hier wird auf die wettbewerbsgerechte Aufnahme dieser Leistungen in das Leistungsverzeichnis verwiesen, sonst wird gegebenenfalls eine gesonderte Vergütung nach VOB/B § 2 Nr. 6 erfolgen müssen.

4.3.6 **Besondere Maßnahmen aus Gründen der Landespflege und des Umweltschutzes.**

373 Zu diesem Thema ist bereits alles Wichtige bei der Behandlung der Abschnitte 0.1.5, 0.1.6 und 0.1.7 ausgesagt worden. Da es sich hier in der Regel um recht umfängliche und oft auch teure Maßnahmen handeln dürfte, ist eine rechtzeitige Aufnahme der betreffenden Leistungen in das Leistungsverzeichnis anzuraten.

4.3.7 **Boden-, Wasser- und Wasserstandsuntersuchungen sowie besondere Prüfverfahren, ausgenommen die Feststellungen nach Abschnitt 4.1.4.**

374 Es muß zugegeben werden, daß bei der Aufstellung der DIN 18 320 und einem Teil der dazugehörigen Fachnormen des Landschafts- und Sportplatzbaues noch nicht die Übersicht über die vertragsrechtliche Einordnung der erforderlichen Prüfungen und Untersuchungen bestand, wie sie sich heute durchsetzt. Über diese Tatsache und die davon ausgehenden Bemühungen der FLL, der „Forschungsgesellschaft für Landschaftsentwicklung und Landschaftsbau e. V." zur Schaffung der Richtlinie „Prüfungen", ist bereits unter Rdn 324 bis 327 berichtet worden. Dort sind auch die zum Kreis der Nebenleistungen gehörenden Eignungs- und Eigenüberwachungsprüfungen genannt und besprochen worden.

Hier sind nun die Prüfungen und Untersuchungen zu nennen, die nach dem Verständnis dieses Abschnittes und nach der vorerwähnten Richtlinie der FLL nicht zu den Nebenleistungen gehören:

375 1. **Voruntersuchungen**

Voruntersuchungen sind Untersuchungen des Auftraggebers im Rahmen seiner Planung. Sie sind in den betr. Fachnormen als solche bezeichnet und detailliert beschrieben. Die Ergebnisse der Voruntersuchungen sollen Aufschluß über die erforderlichen Bauleistungen geben, um vollständige und auf die tatsächlichen örtlichen Verhältnisse abgestimmte Planungen erstellen zu können.

Die Ergebnisse der Voruntersuchung sind gemäß VOB/C DIN 18 320 Abschnitt 0.1.4 in der Leistungsbeschreibung anzugeben.

Die Kosten der Voruntersuchung trägt der Auftraggeber. Wird der Auftragnehmer zur Hilfeleistung bei Voruntersuchungen beauftragt, z. B. beim Anlegen von Schürfgruben, sind diese Leistungen gesondert zu vergüten.

376 Da Voruntersuchungen in der Regel in den Planungsbereich gehören, also auch zeitlich vor der Ausführung liegen, stellte sich hier die Frage, ob sie zu den Nebenleistungen gehören oder nicht, in der Regel auch nicht.

Sie sind eindeutig keine Nebenleistung.

In Ausnahmefällen kann der Auftraggeber Voruntersuchungen dem Auftragnehmer als von diesem zu erbringende Leistungen (als Ansatz bzw. Position in dem Leistungsverzeichnis oder gesonderten Prüflisten o. ä.) übertragen. Sie sind also vertragsrechtlich als Eignungsprüfungen einzuordnen (siehe dazu Rdn 324 bis 326).

Ein solches Verfahren ist z. B. bei der Ausschreibung eines Rasentragschicht-Gemisches denkbar. Nachstehend sollen die verschiedenen Möglichkeiten der Ausschreibung einer Rasentragschicht genannt werden.

a) Der Auftraggeber kann hier einerseits ein im Rahmen seiner Vorprüfungen als geeignet festgestelltes Substrat mit genauer Bezeichnung der zu verwendenden Baustoffe (Art, Beschaffenheit, Herkunft, Mengenverhältnis usw.) ausschreiben. Dann obliegt dem Auftragnehmer im Rahmen der Eigenüberwachungspflicht nur der Nachweis, daß er diese Angaben sorgfältig eingehalten hat. Die Verantwortung für die Richtigkeit und die Funktionsfähigkeit dieses Substrates trägt er dann nicht, es sei denn, er stellt fest, daß dieses Substrat ungeeignet oder mangelhaft ist. Dann muß er aber lediglich Bedenken wegen der vorgesehenen Art der Ausführung geltend machen. Eine Pflicht zur labormäßigen Nachprüfung der Auftraggeberangaben obliegt ihm in diesem Falle nicht, es reicht eine begründbare Vermutung.

   Der Vorteil dieser Verfahrensweise liegt in der frühzeitigen Festlegung der Zusammensetzung und somit der Beschaffenheit der Rasentragschicht. Sie erfordert jedoch von dem Ausschreibenden eine genaue Kenntnis der örtlichen Baustoffe in technischer und wirtschaftlicher Hinsicht.

Der Nachteil dieser Verfahrensweise liegt in einer gewissen Beschränkung des freien Wettbewerbes durch die genaue Festlegung der Baustoffe und deren Herkunft. Auch kann zwischen dem Zeitpunkt der Vorprüfung und der Ausführung eine größere Zeitspanne liegen, die die Beschaffbarkeit des vorgeprüften Baustoffes in Frage stellen kann. Dies gilt insbesondere für natürliche, nicht industriell vorgefertigte Baustoffe.

b) Der Auftraggeber nennt im Leistungsverzeichnis die Mischungskomponenten (z. B. Oberboden, Kiessand, Torf, Dünger) mit genauer Beschaffenheitsangabe in getrennten Ansätzen (Positionen) und überläßt dann dem Bieter die Wahl der günstigsten Herkunft. Weiter wird dem Bieter bzw. Auftragnehmer der Nachweis des geeigneten Mischungsverhältnisses durch entsprechende Laboruntersuchungen als Eignungsprüfung übertragen (gesonderter Ansatz). Schließlich ist in einem weiteren Ansatz das Mischen der Baustoffe nach Maßgabe des Laborberichtes vorzusehen.

Diese Verfahrensweise überläßt dem Bieter die Auswahl der günstigsten Herkünfte der Baustoffe, sichert eine normgerechte Beschaffenheit der Mischung und berücksichtigt die tatsächlichen Aufwandmengen der Baustoffe.

Der Nachteil liegt in dem Nichtbekanntsein der genauen Baukosten zum Zeitpunkt der Vergabe, da der erforderliche Baustoffaufwand erst durch die später erfolgende Laboruntersuchung ermittelt werden kann.

c) Als Alternative zu b) ist es möglich, daß vom Bieter nur ein Angebot über eine Reihe von Baustoffen (z. B. mehrere Kiessande und Oberboden) mit bestimmten Anforderungen an deren Beschaffenheit einschl. Vorlage von Proben und für das Zusammenmischen dieser Baustoffe nach Maßgabe der besten Eignung gefordert wird. Der Auftraggeber übergibt einem Prüflabor diese Proben, läßt dort die technisch günstigste Mischung ermitteln, gegebenenfalls dazu auch Alternativen (aus wirtschaftlichen Gründen) und nennt dann das von ihm gewünschte Mischungsverhältnis und die dabei einzusetzenden Baustoffe.

Dieses Verfahren sichert ebenfalls den Wettbewerb der Bieter und begrenzt das Angebotsrisiko. Der Auftraggeber behält einen maximalen Einfluß auf die Auswahl der Baustoffe und die Zusammensetzung und die Eignung der daraus herzustellenden Rasentragschicht.

Nachteilig ist auch hierbei, daß die genauen Kosten der Rasentragschicht erst nach dem Laborbericht ermittelt werden können.

d) Als dritte Verfahrensweise ist denkbar, daß der Auftraggeber im Leistungsverzeichnis nur eine „Rasentragschicht nach DIN 18 035

Teil 4" fordert und dabei dem Bieter bzw. Auftragnehmer die Art und Herkunft der Baustoffe und deren Mischungsverhältnis (einschl. Eignungsprüfung) überläßt.

Die Beteiligten bei dieser Verfahrensart müssen sich jedoch über deren Konsequenzen im klaren sein. Der Auftraggeber muß dabei als Leistung annehmen, was der Auftragnehmer ihm anbietet, wobei er zu bedenken hat, daß z. B. auch die Sportrasennorm einen recht weiten Spielraum zwischen „gerade noch ausreichend" bis „sehr gut" bietet. Der Auftragnehmer dagegen muß wissen, daß dieses Verfahren, welches ihm zunächst mehr Spielraum bei der Produktauswahl und somit bei der Kalkulation bietet, ein erhebliches Mehr an Prüfungsaufwand im Rahmen seiner Nachweisverpflichtung aufbürdet, sowie an Verantwortung für die Funktionsfähigkeit der von ihm angebotenen Leistung.

Die erste Verfahrensweise (a) wird der Auftraggeber wählen, der ganz feste Vorstellungen von den zu verwendenden Baustoffen hat und diese schon mit Erfolg erprobt hat.

Die zweite Verfahrensweise (b) wird dort Anwendung finden, wo örtlich Baustoffe aus einer größeren Zahl von möglichen Bezugsquellen gewählt und somit gegebenenfalls günstigere Angebote auf diesem Weg erzielt werden können.

Bei der dritten Verfahrensweise (c) — als Alternative zur zweiten — ergibt sich ein größeres Maß der möglichen Einflußnahme des Auftraggebers auf die Bauweise bei aller Wahrung des Wettbewerbes.

Die letzte Verfahrensweise (d) wird ein qualifizierter Auftraggeber ablehnen, da hier dem Auftragnehmer ein zu großer Handlungsspielraum eingeräumt wird. Aber auch der seriöse Bieter wird einer solchen Verfahrensweise zumindestens skeptisch gegenüberstehen, da er bei einem derartigen „Catch-as-catch-can"-Wettbewerb kaum Chancen für sein Angebot sehen wird.

377 2. **Kontrollprüfungen**

Kontrollprüfungen sind Prüfungen des Auftraggebers, um festzustellen, ob die Beschaffenheit der Baustoffe, Baustoffgemische, Bauteile und der fertigen Leistung den vertraglichen Anforderungen entspricht. Die Ergebnisse der Kontrollprüfungen werden der Abnahme und Abrechnung zugrunde gelegt. Kontrollprüfungen ersetzen die Eigenüberwachungsprüfungen des Auftragnehmers nicht.

Die Probenahmen sowie die Prüfungen, die auf der Baustelle erfolgen, führt der Auftraggeber in Anwesenheit des Auftragnehmers nach entsprechender Terminvereinbarung durch. Sie findet auch in Abwesenheit des Auftragnehmers statt, wenn dieser den angegebenen Termin nicht wahrnimmt.

Sollen die Probenahmen und die versandfertige Verpackung der Proben hilfsweise vom Auftragnehmer durchgeführt werden, so sind diese Leistungen gesondert zu vergüten. Den Versand der Proben hat in der Regel der Auftraggeber auszuführen.

Die Kosten der Kontrollprüfungen trägt der Auftraggeber. Werden jedoch aus Gründen, die der Auftragnehmer zu vertreten hat, Wiederholungen der Kontrollprüfungen erforderlich, trägt hierfür der Auftragnehmer die Kosten.

378 Die Kontrollprüfungen des Auftraggebers sind keine Nebenleistungen im Sinne des Abschnittes 4.1.1., sie sind „besondere Prüfungen" nach Abschnitt 4.3.7 der DIN 18 320.

Sie werden vom Auftraggeber selbst (z. B. Prüfen von Höhenlage, Ebenflächigkeit u. ä.) durchgeführt oder von einem vom Auftraggeber beauftragten Prüflabor (z. B. Prüfen von Lagerungsdichte, Tragfähigkeit, Wasserdurchlässigkeit u. ä.). Wird zur Durchführung von Kontrolluntersuchungen die Mithilfe des Auftragnehmers durch Beistellen von Hilfskräften (z. B. Meßgehilfen) und/oder Hilfsgeräten (z. B. LKW als Kontergewicht bei Plattendruckversuchen) verlangt, ist diese gesondert zu vergüten.

Es müssen dann also nicht nur die Art der vorzunehmenden Kontrollprüfungen genannt werden, sondern auch deren Anzahl sowie gegebenenfalls auch deren Zeitpunkt.

379 Die sorgfältige und vollständige Ausführung der Kontrollprüfungen ist eine ausdrückliche Verpflichtung für den Auftraggeber im Rahmen seiner Bauüberwachung. Nur mit Hilfe der Kontrollprüfungen kann eine einwandfreie Beurteilung der vertragsgemäßen Beschaffenheit der Leistungen des Auftragnehmers erfolgen und somit die Voraussetzungen für eine einwandfreie Abnahme geschaffen werden.

Werden durch unterlassene oder unvollständige Kontrollprüfungen vorhandene Mängel nicht vor bzw. zur Abnahme erkannt, trifft den Auftraggeber bei nach der Abnahme sichtbar werdenden Mängeln die volle Beweislast.

380 Versäumt ein mit der Bauüberwachung Beauftragter (z. B. Landschaftsarchitekt) die vollständige und rechtzeitige Durchführung der Kontrollprüfungen und entstehen dadurch dem Auftraggeber Nachteile, kann dieser gegen den Beauftragten Schadensersatzansprüche wegen positiver Vertragsverletzung (Nichterfüllung der Leistungen) geltend machen.

381 **3. Zusätzliche Kontrollprüfungen**

Wenn der Auftragnehmer annimmt, daß das Ergebnis einer Kontrollprüfung nicht kennzeichnend für die ganze zugeordnete Leistung ist, ist er berechtigt, die Durchführung zusätzlicher Kontrollprüfungen zu verlangen. Die Orte der Entnahme bzw. Prüfung bestimmen Auftraggeber und Auftragnehmer gemeinsam.

Das Recht des Auftraggebers, nach seinem Ermessen weitere Kontrollprüfungen durchzuführen, bleibt unberührt.

Für die Abnahme sind die Ergebnisse der zusätzlichen Prüfungen für die ihnen nunmehr zugeordneten Leistungsteile maßgebend.

Die Kosten für vom Auftragnehmer beantragte zusätzliche Kontrollprüfungen trägt der Auftragnehmer. Dies gilt auch für dazu vom Auftragnehmer gegebenenfalls zu stellende Hilfskräfte und/oder Hilfsgeräte.

382 Schon aus dem Verlangen nach diesen Prüfungen durch den Auftragnehmer geht hervor, daß dieser auch für die Kosten einzutreten hat. Zusätzliche Kontrollprüfungen können die Vorstufe zu Schiedsfallprüfungen sein, nämlich dann, wenn sich Auftragnehmer und Auftraggeber auch dann nicht über die Ergebnisse der Prüfungen (Kontrollprüfungen und zusätzliche Kontrollprüfungen) einigen.

Andererseits kann eine zusätzliche Kontrollprüfung die Schiedsfallprüfung gegebenenfalls erübrigen. Der Vorteil der zusätzlichen Kontrollprüfungen liegt in deren Kostenbegrenzung für den Auftragnehmer, d. h. er muß nur die bezahlen, die er wünscht. Bei einer Schiedsfallprüfung muß er dagegen im Falle seines Unterliegens deren Gesamtkosten übernehmen.

383 Zu allen Kontroll-Prüfungen gehören auch, soweit erforderlich,

— die Probenahme,
— das versandfertige Verpacken der Probe,
— der Transport der Probe von der Entnahmestelle zur Prüfstelle,
— die Durchführung der Prüfung (an Proben in der Prüfstelle, bei Baustellenprüfungen auf der Baustelle).

Sollen die Probenahmen und das versandfertige Verpacken der Proben hilfsweise vom Auftragnehmer durchgeführt werden, so sind diese Leistungen gesondert zu vergüten. Den Versand der Proben hat in der Regel der Auftraggeber auszuführen.

384 Einen besonderen vertragsrechtlichen Rang nimmt die **Schiedsfallprüfung** ein.

Sie ist die Wiederholung einer Kontrollprüfung, an deren sachgerechter Durchführung begründete Zweifel des Auftraggebers oder des Auftragnehmers bestehen.

Sie ist auf Antrag eines Vertragspartners durch eine einschlägig qualifizierte, neutrale Prüfstelle, die nicht die Kontrollprüfungen durchgeführt hat, vorzunehmen.

Ihr Ergebnis tritt an die Stelle des ursprünglichen Prüfungsergebnisses.

Die Kosten der Schiedsfallprüfung zuzüglich aller Nebenkosten trägt derjenige, zu dessen Ungunsten das Ergebnis ausfällt.

385 Die Schiedsfallprüfungen sind somit keine Nebenleistungen nach DIN 18 320 Abschnitt 4.1.1, aber auch keine Leistungen nach deren Abschnitt 4.3.7. Sie sind vertragsrechtlich in den Bereich der VOB/B § 18 „Streitigkeiten" einzuordnen und zwar sinngemäß in dessen Nr. 3.

386 In diesem Abschnitt wird zwar die Vornahme der Untersuchungen bei Streitfällen durch eine staatliche oder staatlich anerkannte Materialprüfungsstelle vorgeschrieben. Da jedoch für den Bereich des Landschafts- und Sportplatzbaues noch keine staatlichen Regelungen für die Anerkennung von Prüfstellen aufgestellt wurden, es also auch keine entsprechenden staatlichen oder staatlich anerkannten Prüfstellen gibt, können hier auch andere einschlägig qualifizierte, neutrale Prüfstellen eingesetzt werden.

387 Prüfstellen von Ausführungsunternehmen und Lieferfirmen sind in der Regel nicht als unabhängig anzusehen. Dies gilt auch für alle anderen Arten von Prüfungen.

4.3.8 Besonderer Schutz der Bauleistung, der vom Auftraggeber für eine vorzeitige Benutzung verlangt wird, seine Unterhaltung und spätere Beseitigung.

388 Auch hierzu ist bei den „Hinweisen zur Leistungsbeschreibung" zu Abschnitt 0.1.29 (Rdn 245) ausführlich Stellung genommen worden. Hier soll nur wiederholt werden, daß Schutzmaßnahmen für eine vorzeitige Benutzung von Teilen der Leistung vor der Abnahme möglichst in besonderen Ansätzen (Positionen) in die Leistungsbeschreibung aufgenommen werden sollen. Ist das nicht möglich, z. B. wenn die Notwendigkeit einer vorzeitigen Benutzung sich erst im Verlaufe der Bauzeit ergibt, sind alle damit verbundenen Schutzmaßnahmen und sonstige damit verbundenen Erschwernisse zusätzliche Leistungen mit Vergütungsanspruch nach VOB/B § 2 Nr. 6.

Dabei kann es sich um den Schutz der Bauleistung selbst (Rasenfläche, Pflanzflächen usw.) aber auch um Schutz vor Unfallgefahren für Menschen handeln, gleichgültig, ob es sich dabei um Personal der Vertragspartner oder um Dritte handelt. Auch zählen zu den zu vergütenden Leistungen Erschwernisse, die durch die Schutzmaßnahmen bei der Weiterführung der übrigen Leistungen entstehen können, wie z. B. Behinderungen durch dadurch bedingte Umwege bzw. längere Wegstrecken.

Zu dem Kreis dieser Leistungen zählt schließlich eine evtl. erforderliche Unterhaltung der Schutzvorrichtungen und deren Abbau am Ende der Schutzzeit (siehe hierzu auch die Ausführungen zu Rdn 329 ff.).

4.3.9 Liefern von Wasser bei Leistungen für Unterhaltungsarbeiten.

389 Diese Festlegung ist eine Einschränkung des Grundsatzes des Einschlusses der Lieferung aller erforderlichen Stoffe bei der Ausführung der Leistungen gemäß Abschnitt 1.2 (siehe auch Rdn 10).

Da schon vor Beginn der Unterhaltungsarbeiten, also zum Zeitpunkt der Abnahme der Bauleistungen, die Außenanlagen fertiggestellt sind, die Bauwasseranschlüsse ebenfalls in der Regel entfernt sind, also auch die zur Feststellung der Wasserentnahmemenge dort vorhanden gewesenen Einrichtungen, die für die Unterhaltungsarbeiten installierten Anschlüsse aber in der Regel keine Meßvorrichtungen für die Wasserentnahmemenge besitzen, wurde die Lieferung des Wassers bei Unterhaltungsarbeiten aus der Stofflieferungsverpflichtung nach Abschnitt 1.2 herausgenommen.

Davon unberührt bleibt die Lieferung der sonstigen Stoffe, wie Dünger, Bodenverbesserungsmittel usw., ebenso wie die Lieferung von Wasser bei Leistungen zur Fertigstellungspflege. Diese sind in die Stofflieferungsverpflichtung nach Abschnitt 1.2 eingeschlossen.

390 Für das Heranschaffen von Wasser von den vom Auftragggeber zur Verfügung gestellten Anschlüssen gilt auch für Unterhaltungsarbeiten der Abschnitt 4.1.5. Das Heranschaffen bleibt also eine Nebenleistung.

4.3.10 Bauarbeiten zur Aufrechterhaltung des Verkehrs, der Wasserläufe und der Vorflut, Aufbrechen und Wiederinstandsetzen von Wegen und Straßen.

391 Während im Abschnitt 4.3.2 Sicherungsmaßnahmen zur Aufrechterhaltung des öffentlichen Verkehrs angesprochen sind, handelt es sich hier um Maßnahmen, die über den einfachen Charakter einer Schutzmaßnahme herausgehen. Hier sind Bauarbeiten wie Notstraßen, Notbrücken gemeint, wie auch das Umleiten und/oder Aufstauen von Wasserläufen und Vorflutern und schließlich das Aufbrechen von Straßen (z. B. von durch Bauverkehr oder Bauarbeiten unvermeidbar beschädigten Straßen, Gehwegen u. ä.) und deren Wiederinstandsetzung.

Aus der Aufzählung der Beispiele und schließlich aus dem Wortlaut des Abschnittes 4.3.10 wird deutlich, daß hier nicht nur öffentliche Anlagen gemeint sind, sondern schlechthin alle entsprechenden Bauarbeiten. Unter Bauarbeiten ist hierzu die Herstellung und auch die Unterhaltung sowie auch die Wiederbeseitigung gemeint. Auch ist es hier gleichgültig, ob es sich um Bauarbeiten für Leistungen handelt, die nur zur Durchführung der sonstigen Leistungen erforderlich sind, oder ob sie als ständige oder zeitlich befristete Einrichtung geschaffen werden.

Das Erfordernis, solche Leistungen, die oft recht umfänglich sind, in das Leistungsverzeichnis mit besonderen Ansätzen (Positionen) aufzunehmen, soll hier nur kurz betont werden. Geschieht dies nicht, verbleibt für den Auftragnehmer der Vergütungsanspruch nach VOB/B § 2 Nr. 6.

4.3.11 **Vorhalten von Aufenthalts- und Lagerräumen für Unterhaltungsarbeiten nach Abschnitt 3.8, wenn der Auftraggeber Räume, die leicht verschließbar gemacht werden können, nicht zur Verfügung stellt.**

392 Nach Abschnitt 4.2.2 ist das Vorhalten der Baustelleneinrichtung, also auch von Aufenthalts- und Lagerräumen, eine Nebenleistung. Da es in der Regel nicht möglich und auch nicht wünschenswert ist, in eine fertige Außenanlage Aufenthalts- und Lagerhütten zu stellen, voraussehende Auftraggeber ohnehin für diese Unterhaltungsarbeiten geeignete Räume für Aufenthalt (heizbar, beleuchtbar), Lager und sanitäre Bedürfnisse des Unterhaltungspersonals bereitstellen, wie z. B. in Kellerräumen, Betriebshöfen u. ä., erschien es angebracht, diesen Teil der Baustelleneinrichtung aus der Vorhaltungspflicht herauszunehmen. Das Einrichten in diesen bzw. das Ausräumen aus diesen Räumen sowie die Kosten für die Vorhaltung der Geräte, Maschinen sowie der Kleingeräte bleiben eine Nebenleistung nach Abschnitt 4.1 bzw. 4.2. Auch ist das leichte Verschließbarmachen von bereitgestellten Räumen eine Nebenleistung. Zum „leichten" Verschließbarmachen ist z. B. das Anbringen von Schlössern an vorhandene Türen, aber auch das Anbringen von einfachen Türen einschließlich Schlössern an vorhandene Türrahmen zu rechnen.

393 Kann der Auftraggeber derartige Räume nicht zur Verfügung stellen, muß er dem Auftragnehmer eine entsprechende Fläche für diese Einrichtungen anweisen, d. h. von ausreichender Größe und möglichst mit Anschlüssen für Wasser, Abwasser und Strom. Die Kosten für das Vorhalten dieser Baustelleneinrichtung (Aufenthalts-, Lager- und Sanitärräume sowie gegebenenfalls von deren Einfriedung) sind dann vom Auftraggeber zu vergüten.

394 Sind weder geeignete Räume, noch ausreichende bzw. geeignete Flächen für eine Baustelleneinrichtung vorhanden, ist entweder ein vom Auftragnehmer vorzunehmendes Anmieten geeigneter fremder Flächen in der Nähe der Arbeitsstelle für die Baustelleneinrichtung oder ein erforderlicher, gegebenenfalls täglicher Hin- und Rücktransport des Personals und der Maschinen und Geräte vom und zum Betriebshof des Auftragnehmers durch den Auftraggeber zu vergüten. Auch hierzu sollten zweckmäßigerweise besondere Ansätze (Positionen) in die Leistungsbeschreibung aufgenommen werden, insbesondere wenn die Möglichkeit einer späteren Bereitstellung von Räumen durch den Auftraggeber abzusehen ist, z. B. bei späterer Beziehbarkeit von Werkräumen oder Betriebshöfen.

4.3.12 **Maßnahmen zur Feststellung von unterirdischen Einrichtungen, deren Lage im Baubereich nicht genau bekannt ist.**

395 Im Abschnitt 0.1.17 wird die Verpflichtung des Auftraggebers angeführt, alle vorhandenen unterirdischen Einrichtungen und deren Lage zu erkunden und möglichst unter Auslegung von Bestandsplänen dem Auftragnehmer zur Kenntnis zu geben, wenn diese Verpflichtung nicht dem Auftragnehmer im Vertrag übertragen wurde.

Ist die Lage dieser Einrichtungen nicht genau bekannt oder werden entsprechende Einrichtungen im Baustellenbereich nur vermutet, gehen alle Leistungen, wie das Aufgraben von Suchschlitzen in Handarbeit, zu Lasten des Auftraggebers.

Nicht genau bekannt ist die Lage einer Einrichtung bereits dann, wenn an der angegebenen Stelle und dort in der angegebenen Tiefe diese Einrichtung nicht angetroffen wird und eine Suche in senkrechter und/oder waagerechter Richtung erfolgen muß. Diese Mehrleistung gegenüber der normalen Sicherungsarbeit, die eine Nebenleistung nach Abschnitt 4.1.2 ist (siehe auch Rdn 328), ist eine eindeutig zusätzliche Leistung. Auch hier ist dringend die Aufnahme besonderer Ansätze (Positionen) in das Leistungsverzeichnis zu empfehlen, insbesondere weil diese aus Sicherheitsgründen in der Regel nur in Handarbeit auszuführenden Leistungen u. U. recht teuer werden können.

4.3.13 Zusätzliche Maßnahmen für die Weiterarbeit bei Frost und Schnee, soweit sie dem Auftragnehmer nicht ohnehin obliegen.

396 In der Regel werden die Arbeiten bei Frost und Schnee im Landschaftsbau eingestellt. Ein Schützen gegen Frost oder ein Abräumen von Schnee ist wegen der Lage im Freien und der meist großen Flächenausdehnung der Arbeitsstellen aus wirtschaftlichen Gründen fast immer nicht realisierbar.

Weiter sind einige Leistungen wie z. B. die Pflanzarbeit bei Frost nicht zulässig. Bei anderen Leistungen, wie z. B. Baumfällarbeiten kann Frost und auch Schnee besondere Sicherheitsrisiken bewirken, die zu beachten sind.

Der Nachsatz des Abschnittes 4.3.13 „soweit sie dem Auftragnehmer nicht ohnehin obliegen" bezieht sich auf die Vertragsgestaltung bzw. auf eine dort erforderliche Erwähnung derartiger Verpflichtungen, siehe dazu auch VOB/B § 4 Nr. 5, 2. und 3. Satz.

4.3.14 Herausschaffen, Aufladen und Abfahren des Bauschutts anderer Unternehmer.

397 Dieser Abschnitt hat sein Gegenstück im Abschnitt 4.11.11 (Pflicht zur Beseitigung der vom Auftragnehmer herrührenden Verunreinigungen als Nebenleistung (siehe auch Rdn 350 bis Rdn 352).

Danach ist eindeutig, daß das Herausschaffen, Aufladen und Abfahren des Bauschuttes anderer Unternehmer (auf Anordnung des Auftraggebers) einschließlich aller damit verbundenen Kosten wie Kipp- oder Ver brennungsgebühren, Containermieten usw. eine gesondert zu vergütende Leistung ist.

5 Abrechnung

398 Vor 1973 lautete der Titel dieses Hauptabschnittes „Aufmaß und Abrechnung". Die Änderung in „Abrechnung" hat mehrere Gründe. Für das Abrechnen einer Leistung sind mehrere Methoden der Mengenermittlung möglich. Es kann örtlich aufgemessen werden, was aus Rationalisierungsgründen in der Regel durch das Ermitteln der Leistung aus den Ausführungszeichnungen ersetzt werden soll. Auch kann sich ebenfalls ein Aufmaß erübrigen, wie z. B. bei einem Pauschalvertrag sowie bei Bauleistungen, für die das Gewicht (Masse) die Abrechnungsmenge ergibt oder die Zeit (z. B. Stunden, Tage, Monate) bei Stundenlohnarbeiten oder Vorhaltungen.

Mit dieser Änderung des Titels ist auch im Text dieses Abschnittes der Begriff „Aufmessen" durch „Abrechnen" ersetzt worden, wenn auch klar sein dürfte, daß ein Abrechnen oft auch ein Aufmessen bzw. Messen zur Voraussetzung hat.

Grundsätzlich ist wie bisher der Hauptabschnitt 5 auf die Festlegungen in VOB/A § 5 Nr. 1 ausgerichtet, d. h. auf den Einheitspreisvertrag. Er ist aber im gleichen Maße für den Pauschalpreisvertrag anzuwenden, denn auch hier wird abgerechnet, sei es bei der vorherigen Feststellung der Mengen oder leider nicht selten bei Abweichungen während der Ausführung.

Die Regeln des Hauptabschnittes 5 gelten für alle während der Bauausführung tatsächlich geleisteten Mengen, also nicht nur für die im Leistungsverzeichnis genannten Mengen, sondern auch für die Leistungen gemäß Abschnitt 4.3.

5.1 Allgemeines

399 In einigen ATV, so auch dieser, ist den Abrechnungsregeln für die einzelnen Leistungen ein Abschnitt „Allgemeines" vorangestellt. In diesem Abschnitt sind Besonderheiten der Mengenermittlung geregelt sowie Messungstoleranzen, auch Übermessungsregeln genannt.

5.1.1 Die Leistung ist aus Zeichnungen zu ermitteln, soweit die ausgeführte Leistung diesen Zeichnungen entspricht. Sind solche Zeichnungen nicht vorhanden, ist die Leistung aufzumessen.

Der Ermittlung der Leistung — gleichgültig, ob sie nach Zeichnungen oder nach Aufmaß erfolgt — sind die Konstruktionsmaße zugrunde zu legen; dabei werden Flächen bei der Ermittlung der Leistung in der Abwicklung gemessen, wenn in der Leistungsbeschreibung nichts anderes vorgeschrieben ist, z. B. Ermittlung in Horizontalprojektion.

400 In dieser Regel ist der Grundsatz der Ermittlung der Leistung aus Zeichnungen ausdrücklich vorangestellt. Diese Festlegung soll dem Bestreben

nach Rationalisierung Rechnung tragen. Es besteht kein Zweifel über den vereinfachten Aufwand beim Ermitteln aus den Zeichnungen gegenüber dem zeitraubenden, mühevollen und oft von ungünstiger Witterung beeinflußten Ermitteln bzw. Messen auf der Baustelle.

401 Als Zeichnungen werden hier die Konstruktions- bzw. Ausführungszeichnungen verstanden. Bei Abweichungen von diesen während der Ausführung sind diese zur Abrechnung auf den neuesten Stand zu bringen. Da diese Abweichungen in der Regel durch entsprechende Anordnungen des Auftraggebers bewirkt werden, hat dieser auch für Zeichnungen zu sorgen, die dem tatsächlichen Leistungsstand entsprechen. Die Abweichung der einzelnen tatsächlichen Maße von den Zeichnungsmaßen darf dabei nicht höher sein, als in den jeweiligen Normen festgelegt ist (Bautoleranzen). Ist eine Abweichung der Leistung von den Plänen vom Auftragnehmer zu vertreten, hat dieser die entsprechenden Planberichtigungen vorzunehmen.

402 In der Ausgabe September 1976 der ATV hat der Hauptausschuß Hochbau (HAH) festgelegt, daß die Ermittlung der Flächen (aber auch der Längen) in der Abwicklung zu erfolgen hat, wenn nicht in der Leistungsbeschreibung anderes vorgeschrieben ist, wie z. B. die Ermittlung in der Horizontalprojektion.

Damit stellte sich der HAH (ohne Begründung) gegen die Auffassung des Arbeitsausschusses DIN 18 320, weil er der Auffassung war, daß aus seinem Plan — also einer zweidimensionalen Unterlage — die Ermittlung der Flächen und Längen von dreidimensionalen Gebilden (Hügeln, Tälern usw.), in der Abwicklung nicht oder nicht ohne besondere Umrechnungsverfahren (wie z. B. in: Lehr, „Taschenbuch für den Garten- und Landschaftsbau“ Abschnitt 2.5.41) möglich ist. Die Ermittlung von Flächen und Längen in der Abwicklung ist in der Praxis das Verfahren, das für das örtliche Aufmaß in der Regel Anwendung findet. Mit der neuen DIN 18 320 (wie auch bei allen anderen neuen ATV) sollte jedoch die Ermittlung der Leistung aus Zeichnungen die Regel sein (siehe auch Rdn 400).

Bei allen Abrechnungen nach Zeichnungen, also auch mit berichtigten Zeichnungen, ist jedoch die Ermittlung von Flächen und Längen in der Projektion die konsequente Fortführung des Rationalisierungsbestrebens und daher sollte diese in der Regel angewendet werden. Dies ist nach dem Wortlaut des Abschnittes 5.1.1 zulässig, jedoch nur, wenn dazu die Ausschreibungsunterlagen eine betreffende Festlegung ausdrücklich enthalten. Die Messung auf der Baustelle zur Berichtigung der Zeichnung muß dann ebenfalls in der Projektion erfolgen.

403 Diese Regelung hat beträchtliche Konsequenzen zur Folge. Jeder Bieter muß sich bei der Preisbildung für Leistungen auf geneigten Flächen auf die Abrechnung in der Projektion einstellen, die ein geringeres Abrech-

nungsergebnis ergibt als die Mengenermittlung durch örtliches Aufmaß in der Abwicklung.

Folgt man der Forderung nach einer eindeutigen Leistungsbeschreibung nach VOB/A § 9 Nr. 1, müssen die Ausschreibungsunterlagen die tatsächlichen Verhältnisse auf der Baustelle zweifelsfrei wiederspiegeln. Der Ausschreibende muß entweder die Anteile der geneigten Flächen an der Gesamtfläche der jeweiligen Leistungen in dem Leistungsverzeichnis nennen oder die entsprechenden Leistungen nach ebenen und geneigten Flächen trennen und diese entsprechend bezeichnen.

Wenn die Leistungsbeschreibung die Verhältnisse auf der Baustelle nicht ausreichend, d. h. zweifelsfrei und eindeutig wiedergeben kann, müssen diese Angaben durch beigefügte Zeichnungen ergänzt werden. Eine angebotene Einsichtnahme in Zeichnungen, z. B. im Büro des Ausschreibenden, das oft weit von der Baustelle entfernt ist, ist in der Regel nicht als ausreichende Unterrichtung anzusehen. Der Bieter muß die Zeichnungen mit der Örtlichkeit vergleichen und als Gedächtnisstütze bei der Kalkulation zur Hand haben können.

Diese Angaben können sich erübrigen, wenn vor der Angebotsabgabe durch den Auftraggeber bzw. durch den Ausschreibenden eine eingehende Einweisung auf der Baustelle erfolgt. Diese Einweisung auf der Baustelle muß jedoch für alle Bieter in gleicher Weise erfolgen. Nimmt der Bieter diese angebotene Einweisung nicht wahr, kann er sich später auch nicht auf sich für ihn evtl. daraus ergebende Nachteile berufen.

404

Schließlich entspricht die Abrechnung nach Zeichnungen auch der Forderung der Nr. 1 des § 14 der VOB/B, nach der für den Nachweis der Leistung u. a. Zeichnungen beizubringen sind. Durch die Verwendung des Hilfsverbums „sind“ bei dieser Festlegung ist der unbedingte Charakter dieser Forderung eindeutig. Soll von der Feststellung der Leistung aus Zeichnungen, also ohne Messungen im Gelände, abgewichen werden durch ein gemeinsames Aufmaß, ist der Forderung nach VOB/B § 14 Nr. 1 folgend ebenfalls eine Abrechnungszeichnung anzufertigen. Diese muß der Auftragnehmer anfertigen, denn ihm obliegt die Anfertigung aller Abrechnungsunterlagen. Will der Auftraggeber auf Abrechnungszeichnungen verzichten, hat er dies in den Ausschreibungsunterlagen anzugeben.

405

Ist keine Zeichnung vorhanden, ist die Leistung aufzumessen, gemäß VOB/B § 14 Nr. 2 möglichst gemeinsam. Da nach Abschnitt 4.1.1 dieser ATV alle Messungen zur Abrechnung der Leistungen eine vom Auftragnehmer zu erbringende Nebenleistung sind, dieser auch die dafür erforderlichen Hilfskräfte und Meßgeräte zu stellen hat, kann sich die Mitwirkung des Auftraggebers dabei auf eine reine Kontrolltätigkeit beschränken.

406 Wird die Leistung gemeinsam aufgemessen, wird in der Regel nicht in der Projektion gemessen, sondern in der Abwicklung, d. h. dem Geländeverlauf folgend. Die danach anzufertigenden Abrechnungszeichnungen (siehe auch Rdn 404) sind demnach unmaßstäblich anzufertigen. Wird vom Auftraggeber die Ermittlung der Leistung auch beim örtlichen Aufmaß in Horizontalmessung verlangt, muß er dies in der Leistungsbeschreibung angeben. Diese Forderung nach Angabe in der Leistungsbeschreibung gilt auch bei dem Verlangen nach maßstäblichen Abrechnungszeichnungen.

407 Weiter ist zu beachten, daß der Abrechnung stets die Konstruktionsmaße zugrunde zu legen sind. Tragschichten, Dränschichten werden also nur in der für die Deckschicht oder den Belag vorgesehenen Breite aufgemessen, wenn nicht aus den Ausführungsunterlagen (z. B. Detailzeichnungen) für diese Schichten eine größere Breite als für die Deckschicht oder den Belag vorgesehen ist.

Ist z. B. für einen Verbundsteinweg eine Breite von 200 cm vorgesehen und wird dieser systembedingt 205 cm breit gebaut, muß sich der Auftragnehmer eine Abrechnung mit 200 cm Breite gefallen lassen, wenn er nicht noch darüber hinaus eine Mängelrüge wegen Maßüberschreitung (einschl. Änderungsauflage) einstecken muß. Davon ist er nur frei, wenn er rechtzeitig, d. h. sofort bei Erkennen der Notwendigkeit dieser systembedingten Abweichung Bedenken anmeldet und ihm die Forderung nach einer Abweichung von Systemmaßen nicht schon vor der Angebotsabgabe bekannt war (z. B. bei Einsicht in Ausführungspläne).

408 In der Praxis flammt öfter der Streit über die Genauigkeitsanforderungen an die zu verwendenden Meßgeräte auf. In einigen Fällen wurden Abrechnungen vom Auftraggeber verworfen, weil zur Ermittlung der Leistungen keine geeichten Meßgeräte verwendet wurden oder der Nachweis der Verwendung solcher Geräte nachträglich nicht mehr erbracht werden konnte. Grundsätzlich soll die Verwendung von feuchtigkeitsunempfindlichen Meßbändern, z. B. aus Stahl als ausreichend angesehen werden, die Verwendung von Leinenbändern, Kunststoffbändern o. ä. dagegen unterbleiben.

Bei Höhenmeßgeräten sollte deren Genauigkeit durch Kontrollmessung zwischen bekannten Höhenfestpunkten geprüft werden.

Fahrzeugwaagen für den Geschäftsverkehr, also z. B. auch solche in Kieswerken, unterliegen ohnehin der amtlichen Eichpflicht.

Wünscht der Auftraggeber ausdrücklich die Verwendung von geeichten Meßgeräten zur Ermittlung der Leistung, muß er dies in den Ausschreibungsunterlagen angeben.

409 Bei den Beratungen zu dieser ATV konnte keine Einigkeit über die Aufnahme einer Ab- bzw. Aufrundungsregelung erzielt werden. Sie unterblieb schließlich, weil eine entsprechende Regelung auch in den anderen ATV nicht erfolgte. Betrachtet man jedoch die anderen, z. T. recht weitgehenden Vereinfachungen aus Rationalisierungsgründen, wie das Ermitteln der Leistungen aus Zeichnungen anstelle von Aufmessen, ist eine solche Entscheidung nicht verständlich. Grundsätzlich sollten alle Maße auf 2 Dezimalstellen gerundet werden. Dies gilt gleichermaßen für Rauminhalte, Flächen und Längen, aber auch für Teil- und Zwischensummen.

Die in der Regel übliche Verwendung von Rechnern mit Rundungsautomatik, die auf die Regeln für das Runden im Geldwesen eingestellt sind, bewirkt einen Verzicht auf die anders gearteten Rundungsregeln für den Bereich der Technik.

Gerundet werden sollte somit durch Abrunden bei einer 1, 2, 3 oder 4 und durch Aufrunden bei einer 5, 6, 7, 8 oder 9 in der dritten Dezimalstelle. Gerundet wird das Ergebnis eines jeden Rechenvorganges.

5.1.2 **Ist nach Gewicht abzurechnen, so ist das Gewicht durch Wägen, bei Schiffsladungen durch Schiffseiche festzustellen.**

410 Wie schon zu Abschnitt 0.1.28 (siehe Rdn 244) festgestellt wurde, wird eine Abrechnung nach Gewichtseinheiten (Masseeinheiten) im Landschafts- und Sportplatzbau nicht die Regel sein. Der Ermittlung nach fertiggestellten bzw. eingebauten Mengen, z. B. nach Schichtdicke, wird der Vorzug zu geben sein. Als Begründung hierzu sollen nur die bekannten Streitpunkte genannt werden, wie Meinungsverschiedenheiten über die tatsächliche Raumwichte (früher „spezifisches Gewicht") sowie über die Massenverluste (Gewichtsverluste) bei Naßbaggerungen (bei Sand, Kies, Kiessand) zwischen dem Wägen im Kieswerk und dem Eintreffen auf der Baustelle bzw. dem Zeitpunkt des Einbauens.

5.1.3 **Zu rodende Pflanzen werden vor dem Roden ermittelt, dabei Sträucher getrennt nach Höhe, Bäume getrennt nach Stammdurchmesser, der in 1 m Höhe über dem Erdboden ermittelt wird.**

411 Diese eindeutige Regelung ist nur um das Verfahren der Durchmesserermittlung bei Wurzelstöcken bzw. -stümpfen zu ergänzen: Bei diesen wird der Durchmesser an der Schnittfläche gemessen, nicht der fiktive Durchmesser des Stammes des zuvor vorhandenen Baumes.

Zu beachten ist noch, daß das Ermitteln von zu rodenden Pflanzen in der Regel durch örtliches Aufmaß erfolgt.

Weiter sind die Festlegungen zu Abschnitt 4.1.12 zu beachten.

5.1.4 **Abtrag wird an der Entnahmestelle ermittelt, wenn in der Leistungsbeschreibung keine andere Art der Abrechnung, z. B. bei Schüttgütern, wie Bauabfällen u. ä. nach loser Masse in Transportgefäßen, vorgesehen ist.**

412 Abtrag von Boden auf der Baustelle oder auch Abtrag an anderen Entnahmestellen, wie z. B. bei Oberboden, der an anderer Stelle vom Auftraggeber beigestellt wird und von dort durch den Auftragnehmer zur Baustelle zu fördern ist, wird in der Regel an der Entnahmestelle ermittelt.

Dies bedeutet zwangsläufig eine Massenermittlung im festen oder besser ausgedrückt, im ungelockerten Zustand.

Fester Zustand ist nicht gleichbedeutend mit natürlicher Lagerung, dem „gewachsenen Boden". Es kann auch ein durch vorangegangene Verdichtungsleistungen entstandener Lagerungszustand sein, aber auch der Zustand des Bodens in einer Bodenlagerung sein, gleichgültig wie lange diese Bodenlagerung besteht.

413 Nicht zu verlangen ist ein Verdichten eines relativ locker liegenden Bodens oder von zusammengetragenem Bauschutt, nur um auf einen „festen" Zustand zu kommen. Auch ist nicht zulässig einen im lockeren oder relativ lockeren Zustand vorhandenen Boden oder Bauschutt auf einen „festen" Zustand unter Zuhilfenahme von Auflockerungskoeffizienten umzurechnen.

Maßgebend ist stets der an der Entnahmestelle jeweils vorhandene Lagerungszustand.

414 Wird in seltenen Fällen Abtrag und Einbau des abgetragenen Bodens usw. in einer Position im Leistungsverzeichnis zusammengefaßt, muß dort die beabsichtigte Art der Abrechnung angegeben werden, d. h. ob die Abrechnung an der Abtragsstelle, an der Einbaustelle oder in Transportgefäßen (LKW-Brücken, LKW-Mulden u. ä.) durchgeführt werden soll.

Aus der angegebenen Ermittlungsart ist dann auch der dabei zu berücksichtigende Lagerungszustand abzuleiten.

Die Wichtigkeit der Angabe der Ermittlungsart kann nicht deutlich genug betont werden, da es hierüber in der Vergangenheit häufig zu Streitfällen wegen fehlender oder ungenauer Angaben kam.

5.1.5 **Bodenlagerungen werden jeweils im einzelnen sofort nach ihrer Fertigstellung abgerechnet.**

415 „Sofort" und „einzeln" bedeutet nicht, daß die Vertragspartner neben jeder Bodenlagerung stehen und auf deren Fertigstellung warten müssen, um dann sofort deren Mengenermittlung durchzuführen und dies möglicherweise mehrmals am Tag. „Sofort" bedeutet hier eine Mengenermittlung in einem vernünftigen Zeitraum, d. h. im Rahmen der üblichen Baustellenbesuche durch die Bauführung des Auftraggebers, längstens jedoch ein Zeitraum nach der Fristenregelung zur Abnahme nach VOB/B § 12 Nr. 1 (innerhalb von 12 Werktagen nach Aufforderung durch den Auftragnehmer). „Einzeln" ist auch auf die jeweilige Situation der Baustelle

abzustellen. Man wird in der Regel in entsprechenden Leistungsabschnitten vorgehen, die sich auch aus VOB/B § 12 Nr. 1 ableiten lassen, also ebenfalls in 12 Werktage-Schritten.

Im Grundsatz soll diese Regelung Forderungen entgegentreten, wie z. B. Mengenermittlung der Lagerungen nach 6 Wochen (Monaten) nach deren Fertigstellung, die nicht unbeträchtliche Massenänderungen durch zwischenzeitliche Setzungen zur Folge haben können.

5.1.6 Anschüttungen, Andeckungen, Einbau von Schichten werden im fertigen Zustand an den Auftragstellen ermittelt, wenn in der Leistungsbeschreibung nichts anderes vorgeschrieben ist, z. B. Ermittlung an der Entnahmestelle, Abrechnung nach Transporteinheiten (Rauminhalte, Gewichte o. ä.) bei Schüttgütern.

416

Bei Anschüttungen, Andeckungen, Einbau von Schichten wird in der Regel an der Auftragsstelle ermittelt. Dabei werden Anschüttungen und Andeckungen meist durch Nivellement ermittelt, bei dem Einbau von Schichten die Mengenermittlung aus der Fläche x Schichtdicke durchgeführt, wenn nicht der Abrechnung nach Flächenmaß bei festgelegter Schichtdicke der Vorzug gegeben wird.

Für die Schichtdicken sind die Toleranzregelungen der Leistungsbeschreibung maßgebend. Sind dort keine genannt, gelten die der jeweiligen Normen.

Anstelle der vorstehenden Ermittlungsarten kann auch die Ermittlung an der Entnahmestelle gewählt werden, wenn diese möglich ist und eine Vereinfachung der Ermittlungsarbeit erbringen kann, wie z. B. die Benutzung einer bereits vorliegenden Ermittlung der Menge einer Bodenlagerung.

Häufig wird bei Schüttgütern (Sand, Kies, Schotter u. ä.) die Abrechnung nach Transporteinheiten (Rauminhalte wie LKW-Brückenmaße oder nach Gewicht) gewählt. Sie sollte aber nur dort gewählt werden, wo später eine Ermittlung der Mengen nicht mehr möglich ist, wie z. B. nach Eingang der betreffenden Stoffe in Mischungen mit anderen Stoffen, wie bei Rasentragschichten. Die Schwierigkeiten einer laufenden Kontrolle der auf der Baustelle eintreffenden Transporteinheiten durch den Auftraggeber sind jedoch so beträchtlich, bzw. der erforderliche Aufwand an Zeit so hoch, daß diese Ermittlungsart tatsächlich auf Sonderfälle beschränkt bleiben sollte.

Auf die Notwendigkeit entsprechender Hinweise in der Leistungsbeschreibung bei Abweichungen von der Grundregel, der Ermittlung an der Auftragsstelle, wird nochmals hingewiesen (siehe auch Rdn 412 und 413). Über die Ermittlung der Mengen bei Abtrags- und Auftragsleistung in einer Position siehe Rdn 414. Grundsätzlich ist jedoch die beabsichtigte Ermittlungsart eindeutig anzugeben. Es ist nicht zulässig, zwei oder mehrere Arten anzugeben, um dann später über die günstigste Art zu streiten.

5.1.7 Boden wird getrennt nach Bodengruppen und, soweit 50 m Förderweg überschritten werden, auch nach Länge der Förderwege abgerechnet.

417 Die Trennung nach Bodengruppen steht hier voran, da jede Bodengruppe eigene Bearbeitbarkeitsmerkmale bzw. Schwierigkeitsgrade bei der Bearbeitung aufweist. Da auf einer Baustelle nur äußerst selten nur eine Bodengruppe anzutreffen ist, muß in der Regel im Leistungsverzeichnis eine entsprechende Differenzierung durch eigene Positionen für jede Bodengruppe erfolgen. Sollen aus Vereinfachungsgründen mehrere Bodengruppen zusammengefaßt werden, müssen hier die Grundsätze der Eindeutigkeit und der Verhinderung eines ungewöhnlichen Wagnisses nach VOB/A § 9 Nr. 2 beachtet werden. So könnte z. B. nichtbindiger Boden (Bodengruppe 2 und/oder 3) und schwachbindiger Boden (Bodengruppe 4 und/oder 5) zusammengefaßt werden oder Bodengruppe 4/5 mit Bodengruppe 6/7, bzw. Bodengruppe 6/7 mit Bodengruppe 8/9. Weitergehende Zusammenfassungen würden nicht mehr eine Differenzierung bedeuten und die Nennung von Bodengruppen überflüssig machen. Auch dürfen die Bodengruppen 1 und 10 nicht in Verbindung mit den anderen Bodengruppen gebracht werden, da diese jeweils extreme Böden beinhalten.

418 Ein Förderweg von bis zu 50 m Länge ist der Regelfall. Bei Förderweglängen bis zu 50 m braucht in dem Leistungsverzeichnis keine Angabe über deren Länge gemacht zu werden, der Bieter kann sich bei Fehlen entsprechender Angaben auf diese maximale Weglänge beziehen.

Übersteigt der mutmaßliche oder geplante Förderweg eine Länge von 50 m, ist dies in dem Leistungsverzeichnis anzugeben. Dabei sind für die einzelnen Längen eigene Ansätze (Positionen) aufzunehmen.

Als Empfehlung für eine Längenstaffelung können die Standard-Förderweglängen des Standardleistungsbuches 003 — Landschaftsbauarbeiten — (GAEB) genannt werden:

Förderweglänge über 50 m bis 100 m
Förderweglänge über 100 m bis 500 m
Förderweglänge über 500 m bis 1 000 m
Förderweglänge über 1 000 m bis 2 500 m
Förderweglänge über 2 500 m bis 5 000 m
(darüber nach Einzelangabe)

Im Einzelfall können jedoch auch andere Regelungen getroffen werden. Sie sollten jedoch nicht zu kleine Entfernungsschritte bringen, um nicht die Mengenermittlung zu erschweren.

Sie sollten aber auch nicht zu großzügig bemessen werden, da sonst der Sinn der Förderwegteilung, die differenzierte Preisbildung unmöglich wird. Festlegungen wie z. B. „im Baustellenbereich fördern . . .“ sollten zumindestens bei größeren möglichen Längen als 100 m unterbleiben. Sie entsprechen nicht mehr den in Rdn 18 ff. genannten Grundsätzen bei der Gestaltung von Leistungsbeschreibungen.

419 Zur Ermittlung der Förderweglänge ist die kürzeste zumutbare bzw. technisch mögliche Strecke zwischen der Mitte des Abtragskörpers und der Mitte des Auftragkörpers zugrunde zu legen.

420 Wird dem Bieter die Förderweglänge durch Übergabe von Zeichnungen oder Einsichtnahme in Zeichnungen oder durch Einweisung auf der Baustelle vor der Angebotsabgabe deutlich bekanntgegeben, kann die Angabe im Leistungsverzeichnis unterbleiben, es sei denn, daß unterschiedliche Förderweglängen zur Abrechnung kommen sollen.

5.1.8 **Bei Abrechnung nach Flächenmaß (m^2), ausgenommen Flächen nach Abschnitt 5.1.9, werden Bäume, Baumscheiben, Stützen, Einläufe, Felsnasen, Schrittplatten und andere Aussparungen bis zu 2 m^2 Einzelgröße nicht abgezogen.**

421 Bisher fehlten für den Landschaftsbau Übermessungsregelungen, was oft leider Anlaß zu spitzfindigen Aufmaß- und Abrechnungstechniken war, deren Anwendung mehr Kosten verursachte, als damit dem Auftraggeber eingespart wurde.

Die jetzt vorliegende Übermessungsregelung wird eine wesentliche Einsparung beim Ermittlungsaufwand erbringen, zumal dieser nicht den gesamten Abrechnungsaufwand darstellt, der auch davon berührt wird (Schreiben der Massenaufstellungen und deren Prüfung in vielen Instanzen bis zu Rechnungsprüfungsbehörden).

Alle Aussparungen in den abzurechnenden Flächen, gleichgültig ob sie voll in diesen Flächen liegen, oder nur in diese hineinragen, werden übermessen, wenn sie eine Einzelgröße von 2 m^2 nicht überschreiten.

Die Anzahl dieser zu übermessenden Aussparungen in einer Fläche ist nicht beschränkt. Wenn z. B. in einer Rasenfläche von 100 m^2 Gesamtgröße 30 Lichtschächte von je 2 m^2 Einzelgröße (= 60 m^2) liegen, werden diese Lichtschächte übermessen, also 100 m^2 Rasenfläche abgerechnet. Dies gilt aber nur dann, wenn das Leistungsverzeichnis nur von „Rasenflächen" spricht. Anders liegt der Fall, wenn das Leistungsverzeichnis z. B. „Rasenflächen in Streifen von 0,5 bis 2 m Breite zwischen Lichtschächten" nennt. Dann wird nur die Fläche der Streifen zwischen den Lichtschächten bei der Abrechnung berücksichtigt.

Als weiteres Beispiel kann das Herstellen von Anschlußflächen um Aussparungen in Handarbeit bei Sportplatzdecken genannt werden. Ist hier eine eigene Position für diese Leistung aufgenommen worden, können diese Anschlußflächen nur unter Abzug der Aussparungsflächen abgerechnet werden, gleichgültig wie deren Einzelgröße ist. Der Bieter mußte mit dem Vorhandensein von Aussparungen rechnen, sie bei der Preisbildung berücksichtigt haben. Doch wird dieser Fall nicht die Regel sein und wohl nur bei zahlreich vorhandenen Aussparungen zum Einsatz kommen. Schließlich muß dabei auch die Begrenzung dieser Anschlußflächen zu den übrigen Flächen genannt werden, da sich sonst der vom Auftraggeber beabsichtigte Vorteil in das Gegenteil umkehren kann.

422 Der Begriff Einzelgröße bezieht sich nur auf die Aussparung. Liegen zum Beispiel zwei Schachtabdeckungen von je 1,5 m^2 Einzelgröße nebeneinander, ergeben sie zusammen eine Aussparung von 3 m^2, die nicht übermessen wird. Liegt zwischen diesen Schachtabdeckungen ein Trennstreifen der abzurechnenden Leistung und sei er noch so schmal, handelt es sich dann um zwei Aussparungen von 1,5 m^2 Einzelgröße, die zu übermessen sind.

423 Die Begrenzung auf 2 m^2 ist genau zu nehmen, d. h. 2,00 m^2 auch wenn dieser Wert durch Abrunden gebildet wird (siehe dazu auch Rdn 409).

5.1.9 **Bei den Naß- und Trockensaaten nach DIN 18 918 werden Aussparungen und Durchbindungen wie Felsflächen, Bauwerke u. ä. bis zu 100 m^2 Einzelfläche nicht abgezogen.**

424 Für besondere Saatverfahren nach DIN 18 918, das Naßsaatverfahren nach dem dortigen Abschnitt 4.2.1.1 und das Trockensaatverfahren nach dem dortigen Abschnitt 4.2.1.2 mit allen dazu genannten Einzelverfahren, wurde eine besondere Übermessungsregel geschaffen. Hier gilt 100 m^2 Einzelgröße als Obergrenze. Diese erhebliche Erweiterung gegenüber der 2 m^2 Obergrenze in Abschnitt 5.1.8 ist bedingt durch die Besonderheit der hier zur Anwendung kommenden Arbeitsweise (große, relativ ungenau arbeitende Maschinen und oft schwierige Geländeverhältnisse, die eine genaue Begrenzung meist nicht ermöglichen). Im übrigen gelten sinngemäß die Ausführungen zu Rdn 422 und Rdn 423.

5.1.10 **Bei Abrechnungen nach Längenmaß (m) werden Unterbrechungen durch Aussparungen und durchbindende Bauteile bis zu 1 m Länge nicht abgezogen.**

425 Bei der Abrechnung von Leistungen nach Längenmaß, wie z. B. Heckengräben, Pflanzriefen, Flechtwerke, Einfassungen u. a. werden Aussparungen oder Durchdringungen durch andere Bauteile bis zu 1 m Länge (Einzellänge) der abzurechnenden Leistung nicht abgezogen. Auch hier sind sinngemäß die Ausführungen unter Rdn 422 und 423 zu beachten.

5.2 **Es werden abgerechnet:**

5.2.1 **Aufnehmen von pflanzlichen Bodendecken, z. B. Rasenflächen, Heidekrautflächen, Schilfflächen.**

Sicherungen von Bodenflächen, Oberflächen, von Bodenlagerungen u. ä. durch Ansaaten, Abdeckungen, Festlegungen und dergleichen,

Einbau von Filter-, Drän-, Trag-, Deckschichten u. ä.,

Herstellen von Ebenflächigkeit und Gefällen der Oberflächen von Baugrund, Filter-, Drän-, Trag-, Deckschichten u. ä.,

Lockerung von Baugrund und Vegetationstragschichten, Verdichten von Baugrund, Filter-, Drän-, Trag-, Deckschichten u. ä.,

Einarbeiten von Dünger und Bodenverbesserungsstoffen, Herstellen von Rasendecken durch Ansaat, Fertigrasen u. ä.,

Herstellen von Deckschichten und Belägen aus mechanisch gebundenen mineralischen Stoffen, chemisch gebundenen Stoffen, hydraulisch gebundenen Stoffen, natürlichen und künstlichen Steinen,

Deckbauweisen des Lebendverbaues wie Spreitlagen u. ä.,

Pflegeleistungen wie Rasenschnitt, Rasenwalzen, Lüften, Senkrechtschneiden, Tiefenlockerung, Unkrautbeseitigung, Bodenlockerung, Säubern von Vegetationsflächen nach Flächenmaß (m^2).

5.2.2 Herstellen von Rasendecken durch Naß- und Trocken-Saaten nach Flächenmaß (m^2), wenn in der Leistungsbeschreibung nichts anderes vorgeschrieben ist, z. B. zur Begrünung von unebenen Fels- und Felstrümmerflächen Abrechnung nach Raummaß (m^3) der aufgewendeten Mengen.

5.2.3 Ab- und Auftrag von Boden,

Säubern des Baufeldes,

Entfernen von störenden Bodenarten,

Aufnehmen von Bauwegen und Wegen nach Flächenmaß (m^2) oder nach Raummaß (m^3).

5.2.4 Wässern bei Pflegeleistungen nach Flächenmaß (m^2), nach Zeiteinheiten (h), nach Wassermenge (m^3) oder nach Anzahl (Pflanzkübel o. ä.) der bewässerten Einheiten (Stück).

5.2.5 Lagerung von Boden, Kompost, Rundholz u. ä. nach Raummaß (m^3).

5.2.6 Faschinenverbau,

Flechtwerke,

Buschlagen,

Heckenlagen,

Einfriedungen,

Einfassungen,

Abgrenzungen,

Rinnen,

Pflanzgräben,

Pflanzriefen,

Markierungen auf Sportflächen,

Markierungen auf Verkehrsflächen u. ä.

nach Längenmaß (m).

5.2.7 Roden von Aufwuchs,

Winterschutzmaßnahmen bei Pflegearbeiten,

Pflanzenschutz gegen Krankheit und Schädlinge,

Schutzvorrichtungen an Pflanzen und Baumflächen nach Anzahl (Stück) oder nach Flächenmaß (m^2).

5.2.8 Schutzvorrichtungen an Gehölzen,

Einschlagen von Pflanzen,

Pflanzarbeiten,

Setzen von Steckhölzern und Setzstangen,

Verankerungen von Gehölzen,

Roden bzw. Herausnehmen von Pflanzen,

Schnitt von Gehölzen,

Leichtathletische Einzelanlagen,

Bänke,

Tische,

Wäsche- und Teppichgerüste,

Müll- und Abfallbehälter,

Spielgeräte,

Pflanzkübel.

Schilder u. ä.

nach Anzahl (Stück).

5.2.9 Pflanzgruben nach Anzahl (Stück) oder nach Raummaß (m^3).

5.2.10 Schnitt von Hecken nach Flächenmaß (m^2) der bearbeiteten Fläche oder getrennt nach Breite und Höhe nach Längenmaß (m).

5.2.11 Ausbringen von Dünger

Ausbringen von Bodenverbesserungsstoffen nach Anzahl (Stück), nach Gewicht (kg, t) oder nach Raummaß (m^3, l).

426 Bei den vorstehenden Einzelregelungen zur Abrechnung gelten, wenn mehrere Möglichkeiten der Abrechnung genannt werden (wie z. B. in Abschnitt 5.2.7 die Abrechnung nach Anzahl oder nach Flächenmaß), die zuerst stehenden Abrechnungsarten als Regelfall. Im Interesse einer Vereinheitlichung der Ausschreibungen, die z. B. durch Anwendung der elektronischen Datenverarbeitung zu rationell auswertbaren Daten führen soll, wird von einer Abweichung von den Regelfällen abgeraten.

427 Die Regelungen des Abschnittes 5 dieser ATV gelten für alle Leistungen, die in deren Abschnitten 3.2 bis 3.8 aufgeführt sind, also für die vegetationstechnischen Arbeiten nach DIN 18 915 bis 18 920 und für die Leistungen für Sportrasenflächen nach DIN 18 035 Teil 4 sowie für die Leistungen für Tennenbelag-Sportflächen nach DIN 18 035 Teil 5.

Während in der Fassung 1973 der DIN 18 320 im Abschnitt 3.6 „Sportplätze“ alle Leistungen an Sportplätzen nach DIN 18 035 genannt sind, beschränkt sich die Fassung 1976 in ihrem Abschnitt 3.6 auf die Sportrasenflächen und die Tennenflächen.

Diese vom Hauptausschuß Hochbau ohne Rücksprache mit dem zuständigen Arbeitsausschuß vorgenommene Änderung führt nun dazu, daß, z. B. für den Bereich der Kunststoff-Flächen (DIN 18 035 Teil 6), keine Abrechnungsregel vorliegen würde.

Der beteiligten Fachwelt kann daher an dieser Stelle nur geraten werden, daß sie sich der Auffassung des Arbeitsausschusses DIN 18 320 anschließt und diese Abrechnungsregeln auch für den Bereich der übrigen Teile der DIN 18 035 anwendet. Schließlich sind die entsprechenden Einzelvorschriften in dem Abschnitt 5.2 auch in der Fassung 1976 erhalten geblieben (z. B. Abschnitt 5.2.1 Herstellen von Belägen aus chemisch gebundenen Stoffen; Abschnitt 5.2.6 Markierung auf Sportflächen; Abschnitt 5.2.8 Leichtathletische Einzelanlagen).

Die Abrechnungsvorschriften anderer ATV, wie z. B. DIN 18 315 „Straßenbauarbeiten: Oberbauschichten ohne Bindemittel" sollten auch aus dem Grunde der Vertragseinheitlichkeit auch bei Sportflächen nicht zur Anwendung kommen.

428 Für alle sonstigen Leistungen, die im Rahmen eines Bauvorhabens des Landschafts- und/oder Sportplatzbaues anfallen können, gelten die Bestimmungen der betr. ATV einschl. der dort genannten Abrechnungsvorschriften, wie z. B. für Erdarbeiten für bautechnische Zwecke DIN 18 300, für Entwässerungskanalarbeiten DIN 18 306, für Wegebauarbeiten (nicht Sportflächen!) DIN 18 315 bis DIN 18 318, für Betonarbeiten DIN 18 330, für Mauerarbeiten DIN 18 331 usw.

429 Sollen für die Abrechnung von Leistungen aus dem Bereich der ATV DIN 18 320 die Abrechnungsregeln anderer ATV verwendet werden, muß dies ausdrücklich in den Ausschreibungsunterlagen angegeben werden.

Die am Landschafts- und Sportplatzbau Beteiligten müssen sich daher auch über die ATV DIN 18 320 hinaus mit anderen ATV der VOB/C beschäftigen, diese kennen und beachten, wie die VOB stets in allen ihren Teilen Gültigkeit hat und mit den allgemeinen Vertragsbedingungen nach VOB/B, § 1 Nr. 2 als Einheit verbindlich ist. Aus diesem Grunde sind nachstehend die bei Arbeiten des Landschafts- und Sportplatzbaues im Außenanlagenbereich in der Regel mit zu beachtenden ATV aufgeführt.

DIN 18 300 Erdarbeiten

DIN 18 303 Verbauarbeiten

DIN 18 306 Entwässerungskanalarbeiten

DIN 18 307 Gas- und Wasserleitungsarbeiten im Erdreich

DIN 18 308 Dränarbeiten für landwirtschaftlich genutzte Fläche

DIN 18 310 Sicherungsarbeiten an Gewässern, Deichen und Küstendünen

DIN 18 315 Straßenbauarbeiten; Oberbauschichten ohne Bindemittel
DIN 18 316 Straßenbauarbeiten; Oberbauschichten mit hydraulischen Bindemitteln
DIN 18 317 Straßenbauarbeiten; Oberbauschichten mit bituminösen Bindemitteln
DIN 18 318 Straßenbauarbeiten; Steinpflaster
DIN 18 330 Mauerarbeiten
DIN 18 331 Beton- und Stahlbetonarbeiten
DIN 18 332 Naturwerksteinarbeiten
DIN 18 333 Betonwerksteinarbeiten
DIN 18 334 Zimmer- und Holzbauarbeiten
DIN 18 360 Metallbauarbeiten, Schlosserarbeiten
DIN 18 367 Holzpflasterarbeiten

430 Modale Hilfsverben

Die Kenntnis der Art und Wirkung dieser modalen Hilfsverben ist von ausschlaggebender Bedeutung für das richtige Verstehen und Anwenden von Normen.

Dazu ein Auszug des betr. Abschnittes 4.1. und die darin genannte Tabelle 1 aus DIN 820 Teil 23:

„Die Hilfsverben ‚müssen', ‚sollen', ‚dürfen' und ‚können' und ihre Verneinungen drücken die Art und Weise aus, in der eine Aussage zu verstehen ist, sie heißen deshalb ‚modale Hilfsverben'. Sie werden in Normen im Indikativ, ‚sollen' jedoch auch im Konjunktiv, je nach der Bedeutung der Aussage und nach dem Grade der Bestimmheit angewendet. In Tabelle 1 ist für die Anwendung in Normen zusammengestellt, was die Hilfsverben bedeuten, wie sie umschrieben werden dürfen und welche Gründe zu ihrer Wahl führen. Wenn die Bedeutung einer Aussage als unbedingte oder bedingte Forderung (lfd. Nr. 1 bis 4) nicht ausdrücklich betont zu werden braucht, genügt das einfache Hilfsverbum ‚werden' im Indikativ, um den Inhalt der betreffenden Aussage als genormt darzulegen.

Die Konjunktivformen der Hilfsverben ‚müssen', ‚dürfen' und ‚können' sind in Normen nicht zulässig, weil sie den Charakter der Aussage und den Grad der Bestimmtheit verschleiern und gegen die Forderung der Eindeutigkeit verstoßen. Auf den Unterschied der Bedeutung von ‚können' und ‚dürfen' ist besonders zu achten. Umschreibungen der Hilfsverben dürfen der Aussage keine andere Bedeutung verleihen."

Tabelle 1: **Anwendungen der modalen Hilfsverben in Normen** DIN 820 Teil 23

Lfd. Nr.	modale Hilfsverben	Form	Bedeutung		Umschreibung	Gründe, die zur Wahl des Hilfsverbums fuhren (Beispiele)
1	muß, müssen	Indikativ	Gebot	unbedingt fordernd	ist (sind) zu . . . hat (haben) zu . . . darf (dürfen) nur . . . } *(mit Infinitiv)*	Äußerer Zwang, wie gesetzliche Bestimmung, sicherheitstechnische Forderung, Vertrag oder innerer Zwang, wie Forderung der Einheitlichkeit oder der Folgerichtigkeit.
2	darf nicht, dürfen nicht		Verbot		ist (sind) . . . nicht zugelassen ist (sind) . . . nicht zulässig wird abgelehnt	
3	soll, sollen	Indikativ	Regel	bedingt fordernd		Durch Verabredung oder Vereinbarung freiwillig übernommene Verpflichtung, von der nur in begründeten Fällen abgewichen werden darf.
4	soll nicht, sollen nicht					
5	darf, dürfen	Indikativ	Erlaubnis	freistellend	ist (sind) . . . zugelassen ist (sind) . . . zulässig . . . auch . . . [nicht: . . . kann (können) . . . . . . läßt (lassen) sich . . .]	In bestimmten Fällen darf von dem durch Gebot, Verbot oder Regel Gegebenen abgewichen, eine gleichwertige Lösung gewählt werden.
6	muß nicht, müssen nicht				braucht nicht . . . zu . . . *(mit Infinitiv)*	
7	sollte, sollten	Konjunktiv	Empfehlung, Richtlinie	auswählend, anratend, empfehlend	ist (sind) nach Möglichkeit zu . . . ist (sind) in der Regel zu . . . ist (sind) im allgemeinen zu . . . } *(mit Infinitiv)*	Von mehreren Möglichkeiten wird eine als zweckmäßig empfohlen, ohne andere zu erwähnen oder auszuschließen. Eine bestimmte Angabe ist erwünscht, aber nicht als Forderung anzusehen. Eine bestimmte Lösung wird abgewehrt, ohne sie zu verbieten.
8	sollte nicht, sollten nicht				ist (sind) . . .nach Möglichkeit nicht zu . . . ist (sind) . . . in der Regel nicht zu . . . ist (sind) . . . im allgemeinen nicht zu . . . } *(mit Infinitiv)* ist (sind) . . . nur ausnahmsweise zuzulassen	
9	kann, können	Indikativ	unverbindlich		es ist möglich, daß . . . läßt (lassen) sich . . . *(mit Infinitiv)* vermag (vermögen) . . . [nicht: . . . darf (dürfen) nicht . . . . . . ist (sind) nicht zu . . .]	Vorliegen einer Physischen Fähigkeit (die Hand kann eine bestimmte Kraft ausüben), einer physikalischen Möglichkeit (ein Balken kann eine bestimmte Belastung tragen), einer ideellen Möglichkeit (eine Voraussetzung kann bestimmte Folgen haben, eine Festlegung kann schon überholt sein, wenn . . .),
10	kann nicht, können nicht				es ist nicht möglich, daß . . . läßt (lassen) sich nicht . . . *(mit Infinitiv)* vermag (vermögen) nicht . . . [nicht: . . . darf (dürfen) . . . . . . ist (sind) zu . . .]	